건축계획

Architectural Planning

CONTENTS

I 총론

II 주거시설

Ⅲ 업무시설

Ⅳ 상업시설

V 숙박시설

VI 교육시설

VII 문화시설

VIII 의료시설

IX 산업시설 및 기타 계획

I. 총 론

Ⅰ. 총론

제1장. 건축과 건축가

1. 건축이란 무엇인가?

(1) 건축의 정의

① 건축이란 과학이나 예술의 중간 형태이다. ***_이발트 반스***

② 하나의 건축물이 건축으로서의 자격을 얻기 위해서는 건축물이 세워진 목적을 용이하게 충족시켜야 하며 구조상 튼튼하고 아름다워야 한다. ***_마르쿠스 폴리오***

③ 하나하나의 건축물은 세 가지 목적, 즉 생활에 필요한 사회적 · 경제적 요구를 충족시키는 것, 감각을 즐겁게 해주는 것, 사람들이 지니면서 마음껏 구사하고자 하는 모든 것을 상징화해주는 것 등에 기여한다. ***_조지 하우***

④ 훌륭한 건축은 그 건축이 이루어진 시대와 건축 예술뿐만 아니라 그 시대의 종교, 그 시대의 정부 심지어는 그 시대의 정치이론과 경제이론까지 항상 완벽하게 표현해 준다. ***_햄린***

⑤ 건축은 영감에서 시작해서 영감으로 끝난다. ***_루이스 칸***

⑥ 건축이란 기능적 통합과 구조의 개념, 시대정신이 있어야 하며 환경에 대한 배려가 있어야 한다. ***_루이스 설리반***

⑦ 건축은 시대와 시대, 세대와 세대를 이어 내려오는 위대한 삶의 창조적인 정신이다. ***_프랭크 로이드 라이트***

⑧ 건축은 얼어붙은 음악이다. ***_괴테***

⑨ 모든 사람들이 배워야 하는 예술이다. 왜냐하면 건축은 사람들과 관계되어 있기 때문이다. ***_존 러스킨***

⑩ 공간 속에 변화되어 가는 시대의 의지이다. ***_미스 반 데어 로에***

⑪ 장엄한 매스들의 연출이 빛과 함께 훌륭하게 이루어지도록 하는 것이다. ***_르 꼬르뷔제***

(2) 건축의 의미

건축의 의미는 건물을 창조하는 것에 있다. 이를 위해 건축가는 컨셉(개념, Concept)을 갖고 설계하여 건축물을 시공하고 평가하는 과정을 거치게 되며, 이러한 개념에는 인간과 철학, 역사, 도시, 구조, 재료, 설비, 경영 등의 다양한 요소들이 작용한다. 그리고 설계는 개념을 구체화 및 형상화하는 과정으로서 설계과정과 표현기법 등이 관여되어 있으며, 설계안에 따른 건축물의 시공은 비용, 공기, 공사용 기계, 안전관리, 품질관리 등이 연관되어 있다. 이러한 시공 과정 이후 최종 평가(Evaluation) 등의 절차를 거침으로써 비로소 건축물은 완성된다.

GRAPHIC DESIGN	OBJECT DESIGN	INTERIOR DESIGN	ARCHITECTURE	LANDSCAPE	URBAN DESIGN

← SMALL SCALE　　　　　LARGE SCALE →

그림 Ⅰ-1. 디자인 분야와 건축의 위치

2. 건축가

(1) 인간의 유형 *_에두아르트 슈프랑어(E. Spranger, _Type of Man, 1928)*

① 이론적 인간형

주요 관심사는 추상적 진실로서 철학, 수학, 물리학, 화학 등의 분야에 걸쳐 관심을 가진다. 이론적인 사람의 흥미는 인간 행위, 책, 지식으로서 그 자체를 목적으로 본다. 그는 신을 믿지 않을는지도 모르며 아마 그의 이상은 위대한 과학자일 것이다.

② 경제적 인간형

효용성과 실제성을 강조하여 돈, 시장 조건, 부동산, 생활 수준, 사업, 조직에 관심을 가진다. 그의 이상은 위대한 사업가일 것이다.

③ 심미적 인간형

관심은 시, 건축, 음악, 발레, 현대 회화, 문학, 조각, 골동품으로서 야외극, 감수성, 조화, 디자인에 높은 가치를 부여한다. 이기적인 성향이 있으며 그의 이상은 위대한 예술가일 것이다.

④ 사회적 인간형

인권에 관심을 가지고 애타적으로 사심이 없으며 복지사업으로 타인을 도우려고 하며 자발적으로 봉사활동과 상담을 하며 병자와 노인을 돌본다. 그의 이상은 위대한 개혁가일 것이다.

⑤ 정치적 인간형

정체, 정부, 지도력, 여론 형성, 논쟁에 관심을 가지며 타인을 지배하려는 욕망이 강하다. 게임을 하면 반드시 이기려고 하며 스스로 자연에 적대적이며 특권을 누리려고 한다. 그의 이상은 위대한 권력자일 것이다.

⑥ 종교적 인간형

특정 종교집단에 대한 믿음과 소속감이 강하고 정신적 계시, 예배, 정신적 영감, 영혼과 고통에 대하여 관심을 가진다. 범우주적 목적을 추구하며 우주의 의미를 전반적으로 이해하려고 한다.

(2) 건축가의 인간형

건축가의 성향이 일반인보다도 심미적인 값과 이론적 값이 평균 이상이고 경제적 값은 평균 이하라는 분석은 매우 함축적인 의미를 보여 준다. 또한 창조적인 건축가는 매력적인 개성이 있고 빈틈없고 예술적이며 지적이고 책임감이 강하는 등 자기 긍정과 융통성이 높은 반면 일체감과 소속감이 낮다는 사실도 밝혀졌다.

그리고 심리학적으로는 인간의 성격을 크게 나누어 외향성과 내향성으로 구분하기도 하는데, 외향성인 건축가는 환경에 빨리 적응하는 인간형으로서 기꺼이 대상을 조정하고 상황을 지각하지만 내향성인 건축가는 반대로 생각이 깊은 사람으로서 수줍음을 잘 타는 경향이 있고 자신이 모르는 것은 무엇이나 믿으려고 하지 않고 자신의 방법, 주장만을 고집하여 문제를 완전히 해결하고자 하는 경향이 있는 것으로 평가되고 있다. 그 가운데 창조적인 건축가들 중 2/3 이상은 내향적인 인간형의 성향을 가진 것으로 연구되고 있다.

일반적으로 창조성은 ①사고와 행동의 참신성과 독창성이 있고 ②합리적인 적합성과 현실성이 있으며 ③대상에 대한 독창적이며 끈질기게 유지할 수 있는 마음의 자세, 그것에 대한 평가, 숙고할 수 있는 태도, 완성에의 추진력을 포함한다.

(3) 건축가의 교육

① 비트루비우스의 건축가 교육

비트루비우스(Marcus Vitruvius, B.C 83~B.C 15)[1]는 "건축가의 교육에는 능숙한 소묘 솜씨, 기하학의 훈련, 역사의 통달, 자기 철학의 확립, 음악의 이해가 필요하며 어느 정도 의학 지식을 갖추고 법학자의 의견을 이해할 수 있어야 하며 또한 천문학과 천체(天體)이론에 익숙해야 한다"라고 언급하였다.

② 건축가의 5가지 능력 ***_르 꼬르뷔제***

㉮ 합리적 사고 : 건축물의 위치 선정을 위한 대지의 성질과 유용한 자원을 파악하는 합리적인 사고

㉯ 직관적 또는 창조적 사고 : 합리적인 사고에 대한 결과가 실제 나타나는 건축 형태에 대한 직관적 또는 창조적인 사고

㉰ 가치 판단 : 건축물 설계에 나타나는 여러 가지 요인의 중요성에 대한 우열을 판단할 때 필요한 가치 판단력

㉱ 공간 능력 : 건축물이 보여 주는 공간을 파악하는 능력

㉲ 의사전달 기술 : 자신의 디자인 의도를 다른 사람에게 알릴 수 있는 능력

(4) 건축가의 정의

① 건축가는 사회, 문화적 이상과 보다 더 고양된 직업정신으로 그의 예술을 실행한다. 건축가는 그의 임무를 더 잘 수행하기 위하여 그의 예술적, 과학적인 능력을 끊임없이 계발할 의무가 있다.

② 건축가는 인간을 위한 아름다움, 행복, 그리고 존엄성에 대한 고민 속에서 인간주거를 위한 보다 더 적합한 해결책을 수태하고 제기하고 조정하며 실현시킨다.

③ 어떤 시대의 정신적인 갈망과 필요의 충족을 표현할 수 있기 위하여 건축가는 물리학,

---

1) 그는 현존하는 가장 오래된 건축에 관한 책인 '건축10서 (The Ten Books on Architecture)'를 저술하고 훌륭한 건축물이란 구조, 기능, 미를 만족해야 한다고 정의하였다. 그 당시에는 건축가는 다방면에 대한 기술자를 말한다.

인구 통계학, 경제학, 정치학, 사회학 및 문화사에 대한 완전한 지식과 환경에 대한 완전한 이해를 가져야 하며 그러한 자세로 건축가는 생활하고 작품을 해야 한다.

④ 건축가는 기술자 속에 깃든 시인과 시인 속에 깃든 기술자가 함께하는 사람이다. ***_프랭크 로이드 라이트***

⑤ 건축가는 직업이 아니라 정신의 성향이다. ***_르 꼬르뷔제***

⑥ 아마도 우리 시대의 마지막 인본주의자라 할 수 있는 현대 건축가는 미학과, 공학, 사회학, 경제학, 생태학, 그리고 일반적으로 계획에 정통해야만 한다. ***_마리오 살바도리***

(5) 건축가의 3차원 형태의 구상 방식

건축가의 능력이나 관심은 주로 공간 능력, 특히 건물의 3차원 형태, 내부 공간, 건물 주변 공간을 구상하게 된다. 건축가는 오늘날까지 일반적으로 3차원 형태를 구상하는 데 있어 다음 4가지 방식, 실용적, 인습적, 유추적 그리고 규범적인 방식을 사용해 오고 있다.

① 건물이 필요한 이유는 물리적, 문화적 기후를 여과시키는 것이 가장 중요한 것이며 인간 요구에 조화될 수 있고 특정 지역의 기후조건에 특히 알맞은 것이어야 한다는 생각으로 건축물을 설계하는 방법을 **실용적(Pragmatic)**이라고 한다.

② 기존 건물을 반복해서 동일한 형태가 되는 것은 전통적으로 사용한 자재나 공법 등을 **인습적(Iconic)**으로 사용하기 때문이다. 예를 들면 주택 형태가 반복해 동일한 형태가 되는 것은 대대로 기술이나 생활 양식이 전수되었기 때문이다.

③ **유추적(Analogical)**인 사고로 건축 형태를 다른 생물이나 물체의 모양과 비슷하게 형태를 모방하는 것이다. 예를 들면 연꽃, 버섯 모양과 비슷한 건물(프랭크 로이드 라이트의 존슨 왁스 빌딩)이나 소라 껍데기 모양과 비슷한 건물(르 꼬르뷔제의 롱샹 예배당) 등 이 이러한 유추적인 사고방식에 따른 아이디어를 보여주는 건물이라 할 수 있다.

④ **규범적(Canonic)**인 사고로서 도면 자체의 질서와 규칙성을 주는 것으로서 우주 구조의 기초로서 규칙적인 기하학적인 결정체로 되어 있다는 사고를 말한다.

이상과 같이 건축가들의 대상에 대한 추상적인 사고유형은 4가지로 나누어 설명할 수 있다. 하지만 위대한 건축물을 설계한 창조적인 건축가들의 사고는 이들 유형 가운데 하나로 특정지어 지기 보다는 대부분 이들 이 4가지 사고를 조합 이용하고 있다.

(6) 유명 건축가 소개

① 세계의 건축가들

㉮ 프랑크 로이드 라이트
Frank Lincoln Wright, 1867. 6. 8.~1959. 4. 9.

1867년 6월 8일 위스콘신에서 그가 태어나기도 전에 그의 어머니는 벌써 그가 건축가가 될 것이라고 결정해 두었다. 그녀는 일찌감치 그의 놀이를 이 방향으로 유도했다. 1885~1887년에 매디슨 엔지니어 학교에서 공부하면서 동시에 디자이너로 일했다. 1888년에는 아들러와 설리번 사무소에 들어갔다.

> 1889년에 캐더린 '키티' 토빈과 결혼했다. 두 사람은 여섯 자녀를 두었다. 라이트는 처음에 자녀에게 관심이 깊은 아버지였지만 곧 키티에게 모든 책임을 떠넘겨 버렸다. 라이트는 자녀들에게 악기를 한 가지씩 배우라고 요구했다. 그들의 교육에 그 이상의 간섭은 하지 않았다.
>
> 라이트는 1889~1890년에 시카고 교외 고급 주택가인 오크의 파크에 자신의 저택을 지었다. 그는 돈을 지불하기 위해서 상사 몰래 주문을 받았고 그 일로 인해서 1893년에 회사를 그만두어야 했다. 얼마 후 독립해서 오크 파크 저택을 증축하고 작업장을 냈다. 1897년에 그는 시카고에 사무소를 열었다. 여기서 미국 농가의 전통을 지킨 프레리 저택들이 나왔다. 1909년에 라이트는 키티를 떠났다. 작가이며 번역가인 마마 체니와 동거를 한 것이 큰 스캔들을 일으켜 사업에도 해가 되었다. 라이트는 이런 흥분을 이해하지 못했다. 창조적 정신을 지닌 자신은 인습에 얽매이지 않는다고 믿었기 때문이다. 체니와 그는 1년간 유럽 여행을 떠났다. 1911년 라이트는 탤리에신에 새집을 지었다. 1914년에 체니와 다른 일곱 사람이 그곳에서 살해당하고 건물을 불타 주저앉았다. 라이트는 놀랐지만 다시 집을 지었다. 1925년, 그는 올기반나 힌젠베르크와 결혼했고 그녀와의 사이에 딸 아이오반나를 두었다. 그들은 다시 탤리에신으로 이사했고 그곳에서 학생들을 끌어모았다. 외부 세계와의 접촉이 없이 그들과 함께 지냈다. 예순이 넘어서야 그는 비로소 정기적인 주문을 받았다. 그런데도 그는 매혹과 거만, 정도를 넘는 예산 초과 등으로 건축주들을 화나게 만들곤 했다. 70년의 활동기간 동안 라이트는 놀랄 정도로 다양한 형식과 생각들을 내놓았다. 1959년 4월 9일 피닉스에서 사망하였고 탤리에신에서 멀지 않은 곳에 묻혔다.
>
> [출처] 클라시커 50 _20세기 건축
> 크리스티나 하베를리크 지음/안인희(옮김), 해냄, 2002. 113쪽

"젊은 시절에 나는 정직한 오만스러움과 위선적인 겸손 중의 어느 하나를 택하지 않으면 안되었다. 나는 정직한 오만스러움을 택하였다. 그리고 그것을 바꿀 필요는 전혀 없었다……"

사망하기 1주일 전에 그는 제자들에게 다음과 같이 말하였다.

"진정한 건축가에게 있어 무엇이 근본적으로 중요한가"

"건축가는 건강하지 않으면 안 된다. 강인하지 않으면 안 된다. 무엇보다도 강한 성질, 강한 마음, 강한 근육을 갖고 있지 않으면 안 된다. 인생을 알지 않으면 안 된다. 인생을 배움으로써 알아야 한다. 그러면 인생을 훌륭히 직접 배우려면 어떻게 해야 하는가?

살아감으로써 배우는 것이다. 인생을 살아간다는 것은‥‥우선 자연을 익히는 길이다‥‥

여러분의 인생은 앞으로 생겨날 형태를 만들고 그 형태를 결정하는 일이다. 여러분은 형태에 따르고 형태를 알아야 한다. 그렇지 않으면 여러분은 진정한 건축가가 아니다. 하지만 이러한 건축가를 만드는 데는 오랜 시간이 걸린다."

□ 프랑크 로이드 라이트의 주요 작품

- 로비 하우스(Frederick C.Robie House, 1909)
- 낙수장(Edgar J.Kaufmann House, "Falling Water", 1935~1937)
- 구겐하임 미술관(Solomon R. Guggenheim Museum, 1943~1959)

로비 하우스

낙수장

구겐하임 미술관

㉯ 미스 반 데어 로에

Ludwig Mies van der Rohe, 1886. 3.27.~1969. 8.17.

1886년 3월 27일 아헨(독일)에서 태어나 루트비히 마리아 미하엘 미스라는 이름을 얻었다. 그는 건축가로 입지를 굳혔을 때 어머니의 결혼 전 성인 〈반 데어 로에〉를 이름에 받아들였다. 열네 살에 아버지의 권고로 미장이 겸 석수 견습을 했고 1901~1905년에 장식 도안가로 활동했다.

1906~1907년에는 베를린에 있는 여러 건축 사무소에서 일하면서 미술전문대학에서 공부했다. 1908~1912년에는 페터 베렌스에게 고용되어 뒷날의 작업을 위한 결정적인 자극을 받았다. 1913년에 미스 반 데어 로에는 베를린에서 독립했다. 1914년 아다 브룬스와 결혼하여 세 딸을 낳았고 그중 한 명인 게오르기아 반 데어 로에가 뒷날 영화감독이 되어 아버지를 다룬 영화를 만들었다.

1914~1918년 군 복무를 마친 후 1919년에 베를린 사무소를 다시 열었다. 전통적인 주택 건설과 함께 고층 건물을 위한 혁명적인 설계로도 이름을 날렸다. 이런 건물에는 이미 완전히 유리로 덮인 정면부들이 등장한다. 1924년 모더니즘의 아방가르드 건축 노선을 지향하는 건축가 그룹 '반지'의 공동 설립자가 되었고 1927년에 슈투트가르트에서 열린 독일공작연맹 전시회 '주택'의 지휘를 맡았다. 이 전시회는 새로운 건축의 승리였다. 1927년 이후 그는 인테리어 건축가 릴리 라이히와 함께 일했다. 그들은 함께 바르셀로나 국제박람회 독일 전시관의 개념을 만들었다. 1930년 미스 반 데어 로에는 바우하우스의 교장이 되었다. 바우하우스는 1932년 데사우 시의회 극우파의 압력에 밀려서 문을 닫았다. 많은 바우하우스 건축가들처럼 그도 미국으로 망명을 떠났다. 1938~1958년에 그는 아머 대학과 그 후계인 일리노이 공과대학에서 건축을 강의했다. 동시에 시카고에서 자신의 건축 사무소를 운영했다. 많은 건축물에서 그는 유연성을 확보했고, 받침 벽이 없는 지층 비우기의 이상을 실현했다. 레이크 쇼어 드라이브 아파트와 시그램 빌딩(1954~1958년, 존슨과 공동작업) 등 그의 고층 건물 건축은 골조 공법으로 주목을 받았다. 그가 지은 빛이 통하는 전시관의 완벽한 예는 베를린 신 국립미술관이다. 그는 1969년 8월 17일 시카고에서 사망했다.

[출처] 클라시커 50 _20세기 건축
크리스티나 하베를리크 지음/안인희(옮김), 해냄, 2002. 89쪽

□ 미스 반 데어 로에의 주요 작품

· 바로셀로나 박람회 독일관(German Pavilion; International Exposition, 1928~1930)
· 튜겐하트 주택(Tugendhat House, 1928~1930)
· 판스워즈 주택(Farnsworth House, 1946~50)
· 레이크 쇼어 아파트먼트(Lake Shore Apartment, 1949~1951)
· 크라운 홀(Crown Hall, Illinois Institute of Technology, 1951~55)
· 시그램 빌딩(Seagram Building, 1954~58)

바로셀로나 박람회 독일관

판스워즈 주택

크라운 홀

시그램 빌딩

㉰ 르 꼬르뷔제
Le Corbusier, 1887.10. 6.~1965. 8.27.

1887년 10월 6일 르 꼬르뷔제는 스위스 라쇼드퐁에서 샤를-에두아르 잔레그리라는 이름으로 태어났다. 아버지는 디자이너, 어머니는 음악선생이었다. 1900년에 미술학교에서 조각을 공부했고 18살에 철저히 신양식(유겐트 스틸)의 색채를 지닌 첫 번째 주택인 빌라 팔레(1905 ~1907년)를 지었다. 건축지식은 독학으로 습득한 것이었다.

1908~1909년에 파리에 있는 페레 형제 아틀리에에서 디자이너로 일하면서 철근 콘크리트 구조를 익혔다. 1910~1911년에 몇 달 동안 베를린의 페터 베렌스 사무소에서 일했고 스위스로 돌아와 미술전문학교에서 강의했다. 그 밖에도 건축 이론에 몰두하여 도시건설에 대한 책을 썼다. 1917년에 그는 완전히 파리로 이주했다. 그곳에서 아메데 오장팡을 알게 되었고 르 꼬르뷔제는 그림을 다시 시작했다. 회화는 뒷날 그에게 건축적 해결의 시험장이 된다. 1919년에는 오장팡과 함께 미적·문화적 문제들을 다룬 잡지 〈에스프리 누보〉를 창간했다. 1922년에 그는 사촌 피에르 잔느레와 함께 건축 사무소를 열었다. 1927년에 두 사람은 바이센호프 주택단지에 2채의 주택을 건설했다. 르 꼬르뷔제는 건축뿐만 아니라 건물 내부의 물건들에 대해서도 관심이 있었다. 그가 설계한 가장 유명한 가구는 1928년에 나온 소파이다. 1942~1948년에 르 꼬르뷔제는 인체의 비율을 건축의 척도로 삼는 '모듈(MODULOR)' 이론을 발전시켰다. 그는 도시개혁 계획들을 만들어냈는데 그것은 과격성으로 오직 일부만 실현되었다. 인도에서 도시 전체를 계획해 달라는 주문을 받았고 1950년대에 그는 롱샹 순례자 교회 건설로 대단한 주목을 받았다. 1957년에는 도미니크 수도원과 취리히 박람회관을 설계했다.

르 꼬르뷔제는 1965년 8월 27일 오전에 지중해 마르탱 갑 근처에서 물에 빠져 죽었다. 그가 일부러 태양을 향해 헤엄쳐 나갔다고 전해진다.

[출처] 클라시커50 _20세기 건축
크리스티나 하베를리크 지음/안인희(옮김), 해냄, 2002. 85쪽

□ 르 꼬르뷔제의 현대건축 5원칙

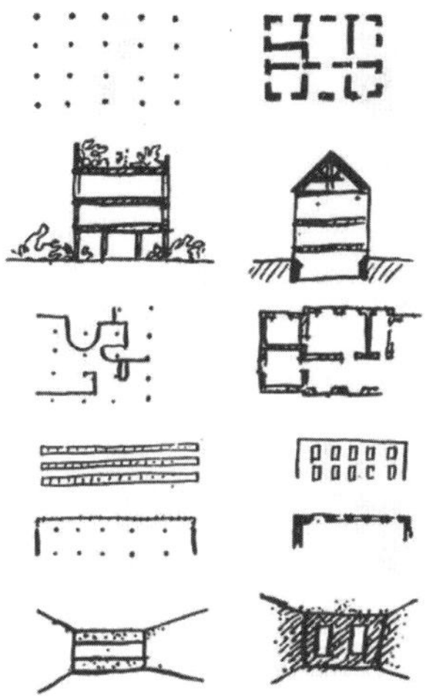
그림 I -2. 르 꼬르뷔제의 근대 건축 5원칙 스케치

- **필로티(Pilotis)**

  건물을 지면에서 떼어내어 들어 올려서 그 결과로 대지를 개방하고, 그 건물 아래는 바닥을 빠져 나와 자유로이 뜰을 연결할 수 있는 설계방식이다.

- **옥상 정원**

  도시의 토지가 전부 건물로 뒤덮여 버렸을 때, 공중정원이라는 이름으로 잃어버린 토지를 되찾을 수 있는 의미를 가지고 있다.

- **개방적(자유로운) 평면 계획**

  구조물의 기둥을 될 수 있는 대로 적게 하고 기둥 사이를 넓게 하는 것으로 방의 칸막이벽이나 그 밖에 공간의 칸막음을 아주 자유로이 행할 수 있다.

- **수평 창**

  하나의 구조적인 지주에서 다음 지주까지 옆으로 곧게 뻗어 건물의 내부에 한결같이 햇빛을 비출 수 있다.

- **자유로운 전면부**

  두꺼운 외벽이 아닌 기능상 또는 미학상의 욕구를 충족시켜 주기 위해 자유로이 열거나 닫을 수 있는 것을 의미한다.

□ 르 꼬르뷔제의 주요 작품

- 슈타인 주택(Villa Stein, 1927)
- 바이센호프 주택(Villa Weissenhof, 1927)
- 사보아 주택(Villa Savoye, 1928~1929)
- 유니테 다비타시옹(Unite d'Habitation, 1952)
- 롱샹 교회(la Chapelle de Ronchamp, 1955~1955)
- 최고 재판소(High Court, Chandigarh, 1956)
- 라 뚜레뜨(la Couvent de la Tourette, 1957)
- 카펜터 시각예술센터(Carpenter Center for the Visual Arts, 1963)

사보아 주택

유니테 다비타시옹

롱샹 교회

② 국내 건축가들

㉮ 김중업 1922. 3. 9.~1988. 5.11.

1900년대 식민지와 6.25 전쟁의 소용돌이로 인해 세계 건축의 흐름에 '소외' 정도를 넘어 '고집'으로 일관된 우리나라의 건축적 상황에서 서구의 모더니즘을 한국건축으로 승화시킨 최초의 건축가이며, 자기만의 독특한 건축적 경지인 서양 건축의 한국화 혹은 한국건축의 현대화를 이룬, 한국 현대건축사에서 가장 독보적인 위치를 점하는 건축가가 바로 김중업이다.

1922년 평양에서 5남 2녀 중 차남으로 태어나, 어려서부터 감수성이 예민하여 시와 그림에 탐닉하던 그는 그림 교사의 권유로 요코하마 고등학교 건축학과에 입학하여 파리 에꼴 데 보자르 출신의 나까무라 준뻬이 교수 밑에서 가르침을 받았다. 그 후, 일본의 설계사무소에서 실무를 익힌 뒤 한국에 돌아와 서울대학교 건축학과 교수로 재직하다가 1952년 베니스 국제예술가 대회에 참가, 여기서 근대 건축의 건축가 거장, 르 꼬르뷔제를 만나 파리에 있는 그의 사무실에서 일하게 되면서 현대건축사에서 가장 중요한 건축물들이 설계되는 과정을 몸소 체험하였다.

1956년 한국으로 돌아온 후 자신의 사무실을 개설하면서 자신의 창조성을 보다 확대하고 미래를 향한 거대한 세계를 펼치는 작품활동을 하였으나 꼿꼿한 선비정신을 떠올리게 하는 성격, 비타협적인 작가의식 때문에 군사정권과 껄끄러운 관계를 유지해오다 1971년 11월 거의 반강제적으로 출국, 프랑스로 추방되어 해외에서 유랑생활을 하다가 1978년 11월 영구 귀국하여 1988년 5월 11일 66세를 일기로 세상을 떠나기까지 서울대 교수, 홍익대 교수, 프랑스 공인건축가, 하버드 객원교수 등을 거치면서 필그림 홀 계획안(56년), 부산대학교 본관 및 유수 대학의 건물들, 주한 프랑스 대사관(59년), 부산 충혼탑(80년), 서울 올림픽 기념비(85년) 등 국내외에 대략 200여 개의 프로젝트와 작품을 남겼다.

□ **김중업의 주요 작품**(서울 소재)

· 건국대학교 도서관(1956): 성동구 모진동
· 서강대학교 본관(1958): 마포구 신수동
· 한국미술관(구 주한 이탈리아 대사관, 1959): 종로구 가회동
· 주한 프랑스 대사관(1960): 중구 합동
· 서산부인과 의원(1965): 중구 신당동
· 삼일빌딩(1970): 종로구 관철동
· 선 플라자 태양의 집(1979): 영등포구 도림동
· 육군 박물관(1982): 노원구 공릉동 육군사관학교
· 중소기업은행 본점(1983): 중구 장교동
· 국제 방송 센터 IBC(1985): 여의도동
· 평화의 문(올림픽 상징조형물, 1985): 송파구 올림픽 공원

주한 프랑스 대사관

서산부인과 의원

삼일빌딩

평화의 문

④ 김수근 1931. 2.20.~1986. 6.14.

김수근은 1931년 2월 20일 함경북도 청진 신암동에서 김용환과 김우수 달 사이에서 장남으로 태어났다. 1938년 청진의 천마 소학교에 입학했으나, 한 학기만 다니고 서울의 교동 국민학교로 전학하였다. 그 후 경기 공립중학교에 입학하고, 그가 2학년이 되는 해에 그는 건축을 전공한 미국 병사에게서 영어 회화를 배운다. 미군 병사의 소개로 처음으로 건축에 대해 알게 되었고, 장차 건축가가 되기로 결심한다.

1950년에 서울대학교 건축학과에 진학하면서, 당시 서울대학교에 교수로 재직하던 김중업을 처음으로 소개받는다. 그러나 곧 한국전쟁이 일어나면서 휴교령이 내리고, 부산으로 피난을 간 후, 일본으로 밀항하게 된다. 1954년에 동경예술대학(東京藝術大学) 건축과에 입학하면서 요시무라 준조를 스승으로 만나게 된다.

그는 1958년 도쿄예술대학 건축과를 졸업하면서, 1960년 도쿄 대학교 대학원(재학 시 인근 연구실에 일본 건축가 이소자키 아라타(磯崎新)가 있어 친구가 되었다.)에서 석사 학위를 받았다.

1960년에 귀국하여 남산에 건립하려던 한국 국회의사당 건축 설계안 현상 모집에 일등으로 당선되었으나 5.16 쿠데타의 발발로 설계안은 백지화되었다. 1961년에는 김수근 건축연구소(현재 공간 그룹의 전신)를 창설했다. 1966년 건축, 예술 종합지인 월간 〈공간(空間)〉을 발행하였으며, 1971년 자신의 설계사무소인 "공간 사옥"을 건립하였고, 소극장인 '공간 사랑'을 전위극, 무용, 전통, 연희 등 각종 문화 활동의 장소로 개방하였다. 1986년 서울대학교 병원에서 간암으로 타계했다.

□ 미군 병사가 어린 김수근에게 건넨 조언

- 소설을 많이 읽어라! 그 이유는 상상력을 기르는 가장 좋은 방법이다.
- 사진을 공부하라! 물체를 보는 힘을, 흑백 명암을 구성하는 힘과 관찰력과 추리력을 기를 수 있다.
- 그림을 그려야 한다!
- 음악을 하라!
- 여행을 많이 하여 문물에 많이 접함으로써 안목을 넓혀라!

"사람이 견디기 어려운 때라면 생리적, 물질적, 정신적 어려움 등이 있다.
어려움을 이겨내는 데는 눈을 감고 기도하는 소극적인 것이 아니라 눈을 바짝 뜨고 이를 악물고 역학적 반작용 원리를 더욱 적극적으로 이용해서 대응해 나가는 마음가짐이었다. 나는 3가지 어려움을 나름대로 다음과 같은 방법으로 이겨냈다.

(1) 나는 생리적 어려움인 경우, 그것을 이겨내려 하기보다는 그 생리적 어려움을 즐거움으로 돌려버리는 일을 일부러 한다.
(2) 물질적인 어려움을 견디려는 방법은 우선 어머니 뱃 속에서 태어났을 때의 자신의 모습을 생각한다.
(3)정신적인 어려움을 견디기 위해서는
① 자신을 강요하여 극도의 이기주의자로 만드는 것이다. 오르막이 있어야 내리막이 있다함을 철저히 이용한다. 오르막 꼭대기 직전에 내리막의 경우를 대처하며 내리막 바닥 직전에 이미 오르막에 대한 준비를 해야 한다는 것을 배워서 이겨낸다.

② 무조건 커다란 백지(설계도에 쓰는 종이)를 준비하여 백지 위에 견디기 어려운 문제를 마구 그려낸다. 그리고 그리고 또 그려내노라면 백지 위에 그려진 어려움이 즐거움으로 변함을 알 수 있고 점차 내리막에서 오르막의 방향으로 전진하고 있음을 알 수 있다."

□ **김수근의 주요 작품**(서울 소재)

· 자유센터(1963): 중구 장충동
· 한국 과학기술 연구소 본관(1967): 성북구 하월곡동
· 세운 상가(1968): 종로 3가~퇴계로 3가
· 타워 호텔(1969): 중구 장충동
· 공간 사옥(1971): 종로구 원서동
· 서울종합운동장 올림픽 주경기장(1977): 송파구 잠실동
· 경동교회(1980): 중구 장충동
· 지하철 경복궁 역사(1981): 종로구 적선동
· 천주교 불광동 교회(1985): 은평구 불광동
· 라마다 르네상스 호텔(1985): 강남구 역삼동

자유센터

공간 사옥

서울종합운동장
올림픽 주경기장

경동교회

제2장. 건축의 과정

1. 건축물을 만드는 과정

(1) 기획

일반적으로 건축주(공사 발주자)가 직접 행하는 것으로 건설 목적, 건설 의도, 방향 설정, 운영 방법, 예산, 경영 방침, 설계에 대한 요구 사항, 제약 사항 등 건설의 전 과정을 예견하는 작업이다.

(2) 설계

설계 기획에 맞추어 건축주의 의도나 요구에 따라 건축에 관한 전문적 지식 및 기술을 이용하여 설계도나 시방서 등 관계 도서를 만드는 과정이다.

① 기본 설계: 기본 설계도, 설계 설명서, 공사비 계산서

② 실시 설계: 실시 설계도서, **계산서**, **시방서**, 공사비 예산서

(3) 시공

도급받은 시공자가 실시 설계도서에 표현된 내용을 실제의 건설공사의 과정으로 건축물을 현장에서 직접 생산해 내는 단계이다.

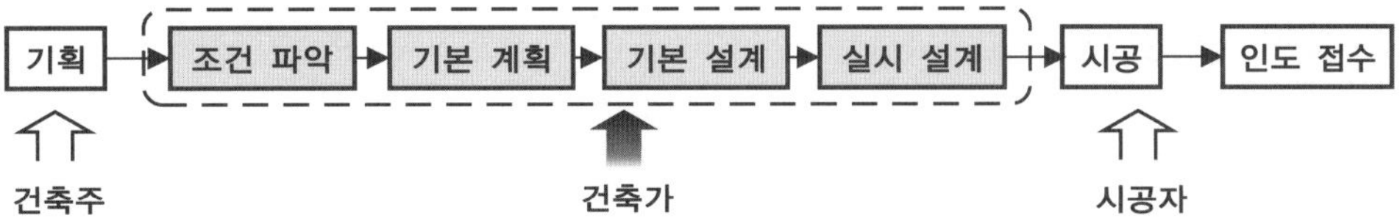

그림 I -3. 건축물을 만드는 과정

일반적으로 계획이란 기획 및 기본 설계단계까지의 작업을 의미하며, 설계는 기본 설계와 실시 설계로 나누어진다. 그리고 건물이 완공되고 일정기간 동안 사용한 후에 거주 후 평가(P.O.E; Post Occupancy Evaluation) 단계로 건축물이 완공된 후 사용 중인 건축물이 본래의 기능을 제대로 수행하고 있는지 여부를 인터뷰, 현지 조사, 관찰 및 기타 방법들을 이용하여 거주 후 사용자들의 반응을 진단, 연구하는 과정이 있다.

2. 건축의 참여자들

(1) Client(Owner) : 건축을 기획하고 자금을 들여서 건축을 주문하는 자

(2) Architect : 조형상 예술적 감정을 가지고 건축의 원안을 작성하며 각 분야의 전문 기술자의 기술을 통합 지도하여 유기체가 되도록 하는 종합자

(3) Registered Architect : 건교부 장관의 면허를 받아 건축물의 설계 또는 공사감리의 업무를 행하는 자

(4) Engineer : 기술에 능숙한 자 또는 기술을 업으로 하는 자 (구조, 토목, 시방서, 적산, 설비, 조경 등 설계에 필요한 기술자)

(5) Contractor : 도급계약을 맺은 당사자 중 일을 완성할 것을 약속한 자

□ **계약서**(Contract Agreement)

> 당사자의 한쪽이 어느 공사의 완성을 약속하고 다른 한쪽이 그 결과에 대하여 보수를 지불하는 것을 약속함으로써 성립하는 계약

3. 건축계획의 연구

BUILDING		HUMAN
STRUCTURE CONSTRUCTION FACILITY	**ARCHITECTURAL HISTORY ARCHITECTURAL THEORY ENVIRONMENTAL PSYCHOLOGY**	PHILOSOPHY ART, HISTORY SOCIOLOGY
HARDWARE		SOFTWARE

그림 Ⅰ-4. 건축계획 연구 분야의 위치

4. 건축계획의 결정방법

(1) 목표 설정 : 계획 결정의 제1단계

(2) 정보 및 자료 수집

- 정보: 초기 정보, 기술 정보, 아이디어 정보, 평가 정보, 프로그램 정보
- 자료 수집 및 조사 분석 : 법규 조건, 풍토 조건, 지질 조건, 지리 조건, 공공시설의 조건

(3) 조건의 설정 : 기능 설정, 규모 설정, 성능에 관한 내용, 성격, 주제에 관한 사항

(4) 모델화 : 추상적 단계의 설계 조건을 기준으로 해서 건축 공간을 구체화 시키는 과정

(5) 평가 : 비교법, 단계법, 점수법, 합의법, 직관법 등

(6) 계획의 결정 : 선택과 수정의 단계, 항목별 평가 등을 거쳐 최종적인 계획안을 결정

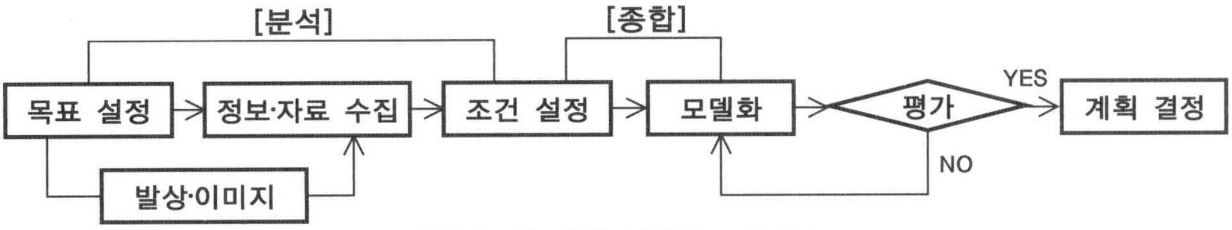

그림 Ⅰ-5. 계획 결정의 프로세스

5. 거주 후 평가(P.O.E : Post Occupancy Evaluation)

(1) 개념

거주 후 평가란 건축물이 완공된 후 사용 중인 건축물이 본래의 기능을 제대로 수행하고 있는지 여부를 인터뷰, 현지답사, 관찰 및 기타 방법들을 이용하여 거주 후 사용자들의 반응을 진단 · 연구하는 과정을 말한다.

(2) 목적

① 유사 건물의 건축계획에 직접적인 지침이 된다.
② 앞으로의 건축계획 및 평가에 필요한 정보를 제공한다.
③ 후에 건물을 개조할 때 좋은 지침이 된다.

(3) 평가 요소

① 환경 장치 ② 사용자 ③ 주변 환경 ④ 디자인 활동

제3장. 치수(Scale) 계획

1. 건축 공간과 치수

(1) 물리적 공간과 그 치수 : 인체 측정학(Anthropometry)

① 최소치+α : 문이나 개구부의 높이, 천장 높이, 인동 간격 등을 설정할 때 사용
② 최대치−α : 계단의 챌판 높이, 야구장 관중석의 난간 높이 등을 설정할 때 사용
③ 목표치±α : 출입문의 손잡이 위치와 크기 등을 설정할 때 사용

(2) 심리적 공간과 그 치수 : 프로세믹스(Proxemics)

① 개인 공간 : 친근 거리, 개인 거리, 사회적 거리, 공적 거리 등
② 프라이버시 : 프라이버시의 적정화
③ 영역상 : 1차 영역, 2차 영역, 공적 영역 등
④ 과밀

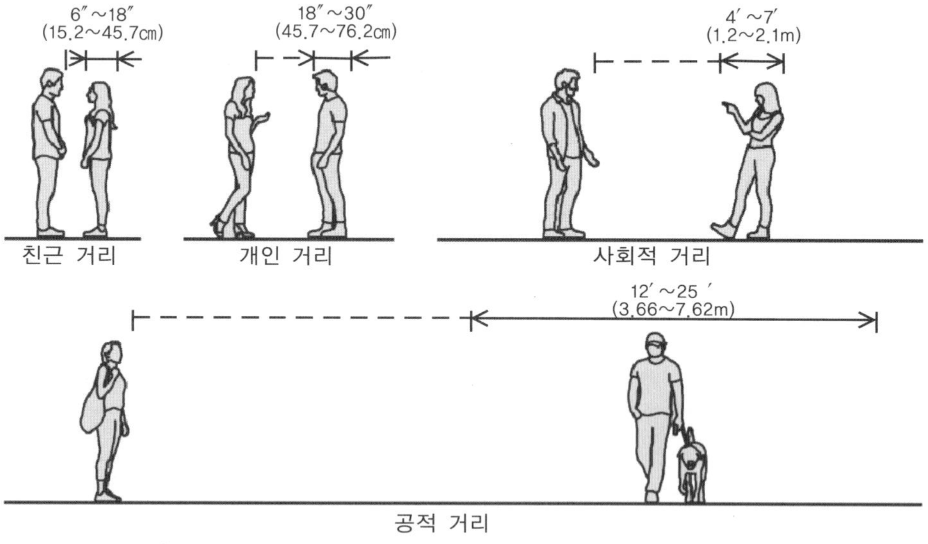

그림 Ⅰ-6. 심리적 공간과 거리(Edward T. Hall)

(3) 생리적 공간과 그 치수 : 실내 창문의 크기가 필요 환기량으로 결정하는 경우

2. 모듈(Module)

(1) 모듈(Module)

구성재의 크기를 정하기 위한 치수의 조직으로서 건축의 계획상, 생산상, 사용상에 편리한 치수 측정 단위이다.

(2) 종류

① **기본 모듈** : 기준 척도를 **10㎝**로 하고 이것을 **1M**으로 표시하여 **모든 치수의 기준**으로 한다.

② **복합 모듈** : 기본 모듈이 **1M의 배수가 되는 모듈**이다.

㉮ 20㎝ : 2M, 건물의 높이 방향의 기준

㉯ 30㎝ : 3M, 건물의 수평 길이 방향의 기준

(3) 모듈의 사용 방법

① 모든 치수는 1M(10㎝)의 배수가 되게 한다.

② 건물의 **높이**는 **2M**(20㎝)의 배수가 되게 한다.

③ 건물의 **수평 치수**는 **3M**(30㎝)의 배수가 되게 한다.

④ 모든 모듈 상의 치수 : **공칭 치수**를 말한다. 따라서 **제품 치수는 공칭 치수에서 줄눈 두께를 빼야 한다**.

⑤ 창호의 치수 : 문틀과 벽 사이의 **줄눈 중심선 간의 치수**가 모듈 치수이어야 하고 장막벽 등을 모듈 제품 사용이 가능해야 한다.

⑥ 조립식 건물 : **조립부재 줄눈 중심 간 거리**가 모듈 치수에 일치해야 한다.

⑦ 고층 라멘 건물 : 층높이 및 기둥 중심거리가 모듈 치수이어야 하고, 장막벽 등은 모든 모듈 제품의 사용이 가능해야 한다.

(4) 건축 척도의 조정(M.C. Modular Coordination)

모듈이란 구성재의 크기를 정하기 위한 치수의 조정을 말하며, 이 모듈을 사용하여 건축 전반에 사용되는 재료를 규격화하는데 이를 건축 척도의 조정이라 한다.

① 기본 사항 : M.C의 원리에 맞추어 설계하기 위해서는 건축 평면의 M.C화와 건축 단면의 M.C화로 분류해서 설정할 수 있다.

㉮ 우리나라 지역성을 최대한 고려한다.

㉯ 건물의 종류에 따라 그 성격에 맞추어 계획 모듈을 정한다.

㉰ 가능한 국제적 M.C의 합의사항에 맞도록 한다.

㉱ M.C화 되더라도 설계의 자유도를 높이도록 한다.

[장점]

- 설계 작업이 단순화되고 간편해진다.
- 건축 구성재의 대량 생산이 용이해지고, 생산 비용이 낮아질 수 있다.
- 건축 구성재의 수송이나 취급이 편리해진다.

- 현장 작업이 단순하므로 공시 기간이 단축될 수 있다.
- 시공의 균질성과 질의 향상을 도모한다.
- 국제적인 M.C를 사용하면 건축 구성재의 국제 교역이 용이해진다.

[단점]

- 건축물 형태에 있어서 창조성 및 인간성의 상실 우려가 있다
- 동일한 형태가 집단을 이루는 경향이 있으므로 건물의 배치와 외관이 단순해지므로 배색에 신중을 기해야 한다.

(5) 건축의 공장 생산화(Prefabrication)

건축의 각 부분을 공장 제품으로 대량생산하여 현장에서 조립함으로써 공기를 단축시켜 짧은 기간 동안 건축물을 대량생산하는 데 그 목적이 있다.

① 특징

㉮ 건축물의 품질이 향상된다.

㉯ 공기가 단축된다.

㉰ 가능한 국제적 M.C의 합의사항에 맞도록 한다.

㉱ 단가가 저렴해진다.

□ **르 모듈러**(Le Modulor)

- 휴먼 스케일을 디자인 원리로 사용한 르 꼬르뷔제(Le Corbusier)는 'Modulor'라는 설계 단위를 설정하고 모듈(Module)을 인체 척도(Human Scale)에 관련시켜 형태 비례에 대한 학설을 주장하고, 실천하였다.
- 인체의 수직 치수를 기본으로 해서 황금비를 적용, 전개하고 여기서 등차적 배수를 더한 것으로서 인체 각 부위의 비례에 바탕을 둔 치수 계열이다.
- 모듈은 미적 비례이므로 황금척(黃金尺)이며 인간적 기능의 척도이며 생산성을 높이는 척도라 하는 것이다.
- 인체를 황금비로 분석해서 생활에 적합한 건축과 고전적인 비례의 개념을 결부시켜 황금비를 단지 예술적인 문제 해결뿐만 아니라 공업 생산이란 목적에도 결부시켰다. 이러한 모듈의 원칙은 마르세이유 아파트 계획에 처음으로 적용되어졌다.

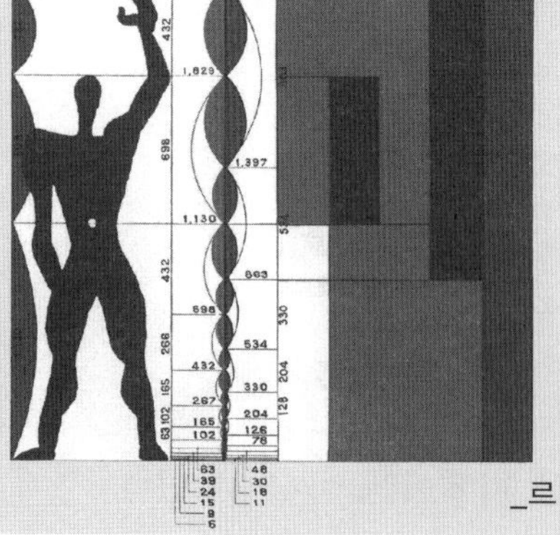

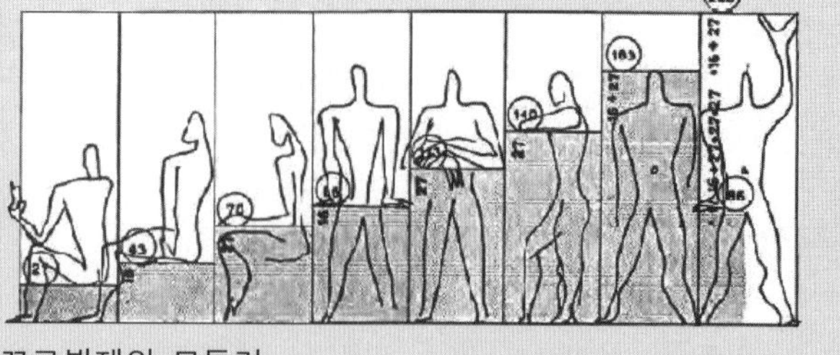

_르 꼬르뷔제의 모듈러

Ⅱ. 주거시설

II. 주거시설

제1장. 주거시설 개요

1. 주택의 특성과 주택 문제

(1) 주택의 특성

① 주택은 그 위치가 고정되어 있으며 주택이 자리잡고 있는 위치, 입지, 주변 환경, 지역사회 등과 밀접한 관계가 있다.
② 주택은 내구성이 강한 재화이다. 최소 20년에서 50~80년의 기간 동안 사용된다.
③ 주택은 주변 환경으로부터 큰 영향을 받고 동시에 영향을 미친다.
④ 주택은 정부 정책의 영향을 받는다.
⑤ 주택은 비동질성을 특성으로 한다.
⑥ 주택은 외인성의 영향을 받는다.
⑦ 주택은 그 생산과정이 장기적이다.
⑧ 주택은 다른 재화에 비하여 거래 과정이 복잡하고, 거래비용이 많이 요구된다.

(2) 주거학의 연구 분야

주거학의 연구 분야에는 주생활, 주환경, 주공간 계획, 주거 관리, 거주지 관리, 주거정책 등의 6가지로 분류할 수 있다.

표 II-1. 주거학 연구 분야

분야	주생활	주환경	주공간 계획	주거 관리	거주지 관리	주거정책
내용	자연과 주거 사회와 주거 생활행위-주거 주생활 변천 주 교육	실내 기후 주거 위생 주거 설비 주택 에너지 실내 의장 환경 평가	주공간 기능 거주 양식 주공간 계획 주공간의 설계	주거의 안전 주거 유지관리 주거 경영관리 공동 주택관리	근린 관계 근린 시설	주택 문제 주거 경제 주거 정책 주거 법률

(3) 일반적인 주택 문제

① 주택공급의 불균형적 배분
② 불량 주택의 상존
③ 주택가격의 상승과 주택 구매 능력

④ 주택가격의 상승과 그에 따른 주택 구매 능력 하락
⑤ 주거지 분리와 차별
⑥ 주택금융 및 주택 보조금 수혜 대상의 불공정
⑦ 지역 주택시장과 불공정 거래
⑧ 특수 집단의 문제
⑨ 도시 빈민과 사회주택
⑩ 노후 지역의 재개발에 따른 문제

(4) 우리나라 주택 문제의 특징

① 주택가격과 임대료의 급등 및 부동산 투기의 만연
② 주택자원 배분의 불균형 및 주택 수급의 불안정
③ 주택 점유 형태상 임차 가구의 증대
④ 주택자금의 배분적 형평성 결여

2. 주거계획의 방향과 적정 규모의 산정

(1) 주택계획의 방향

① 생활의 쾌적함 증대
② 가사 노동의 경감
③ 가족 본위의 주택
④ 개인 생활의 프라이버시 확보
⑤ 소규모이면서도 효율적인 주택

(2) 주생활 수준의 기준

가족이 건강한 주거생활을 영위하기 위해서는 1인당 일정 수준 이상의 주거 면적(공간)이 확보되어야 한다는 이론이다. 프랑스의 "숑바르 드 로브(Chombart de Lawve)"라는 학자는 병리 기준, 한계 기준, 표준 기준에 해당되는 1인당 주거면적을 규정한 바 있으며, 세계 가족단체 협회, 국제 주거 회의에서도 그 기준을 정하고 있다. 이러한 기준은 주로 개인적인 프라이버시를 확보할 수 있는 개인 공간(침실 등) 면적을 의미한다.

표 II-2. 주생활 수준의 기준

「숑바르 드 로브」 기준	병리 기준	1인당 $8m^2$ 이하이면 거주자의 신체적 및 정식적 건강에 나쁜 영향을 끼치게 된다.
	한계 기준	1인당 $14m^2$ 이하이면 개인 및 가족적으로 거주의 융통성을 보장할 수 없다.
	표준 기준	가족들이 건강한 주거생활을 영위하기 위해서는 적어도 1인당 $16m^2$ 정도의 순수 주거면적이 필요하다.
세계 가족단체 협회의 코로느(Cologne) 기준		$16m^2$/인 정도
프랑크푸르트 암 마인 (Frankfurt Am Main)의 국제 주거 회의		$15m^2$/인 정도

[순수 주거면적]

순수 주거면적은 가족 **개개인이 사용하는 침실면적을 의미**한다.
따라서 전체 주택 규모(주택 총면적)를 산정하기 위해서는 공동사용 공간(거실, 부엌, 식당, 화장실 등)을 산정하여야 한다. 일반적으로 **순수 주거면적은 주택 전체 바닥면적의 50~60%**(평균 55% 정도)로 추정한다.
예를 들면 가족이 4인이라고 주생활 수준에 알맞은 주택의 규모는 각 개인이 적정한 주생활을 영위하기 위한 공간(침실)과 함께 가족 4인이 공동으로 사용하는 공간(가족 수에 필요한 거실, 부엌, 식당 등 부속 용도의 면적)을 고려해야 한다.

3. 한식 주택과 양식 주택

(1) 한식 주택과 양식 주택의 비교

표 II-3. 한식 주택과 양식 주택의 특징 비교

구 분	한 식	양 식
평면의 차이	①방의 위치별 분화 ②조합, 은폐적, 분산식 [예] 안방, 건넌방, 사랑방	①방의 기능별 분화 ②분화 개방적, 집중식 [예] 거실, 식당, 침실 등
구조의 차이	①목조 가구식(가연성 구조) ②바닥이 높고, 개구부가 크다. (자연환경의 영향)	①벽돌 조적식(난연성 구조) ②바닥이 낮고 창이 작다.
관습의 차이	좌식 생활: 온돌, 탈화	입식(의자식) 생활: 침대, 착화
용도의 차이	방의 혼합 용도 (사용인에 따라 용도가 달라진다.)	방의 단일용도(침실, 공부방)
가구의 차이	가구는 부차적 존재 (가구와 관계없이 각 소요실의 크기와 설비가 결정)	가구는 주요한 내용물 (가구의 종류와 형태에 따라 실의 크기와 폭의 비가 결정)
공간의 융통성	높음(실 기능의 혼재)	낮음(실 기능의 독립)
공간의 독립성	약함(문으로 공간구획)	강함(벽으로 공간구획)
난방 방식	바닥의 복사난방(방마다 개별 설치)	대류 난방(한 곳에서 집중관리)

(2) 한식 주택 평면의 지방별 특징

조선 시대의 주택은 상류 주택과 서민 주택으로 분류할 수 있다. 상류 주택의 경우, 주인이 주로 기거하는 사랑채, 주부와 자녀가 주로 거처하는 안채, 그리고 행랑과 별당이 있으며 각각 안마당과 사랑 마당 행랑 마당, 별당 마당이 있고 이들을 연결하는 대, 중, 소문을 두었다. 서민 주택은 노부부 또는 부부가 쓰는 안방 또는 큰방과 건넌방 또는 작은 방이 있다.

① 함경도 및 평안도 등의 북부 지방 : 방 배치가 전자형(田字形)이 되고, 부엌의 바닥을 온돌방의 높이와 같게 하여 식사 및 작업을 하는 등의 방한과 보온을 고려한 평면 형식을 취한다.

② 평안도 및 황해도 : ㄱ자형 모서리에 부엌을 두어 양쪽 온돌방의 난방과 조리를 한 곳에서 동시에 할 수 있도록 하였으며, 마당을 향한 툇마루를 설치하였다.
③ 개성 지방 : ㄱ자형으로 툇마루와 대청을 연결하고 다수의 방을 설치할 수 있도록 하였다.
④ 충청도, 전라도, 경상도 : 일자형(一字型)을 주로 사용하였으며 부엌, 방, 대청, 방 순으로 배열되며 앞마당을 향한 툇마루를 두는 경우가 많다.
⑤ 제주도 : 일자형과 유사하나 방 뒤에 또 하나의 방을 두어 창고의 기능을 첨가하였다.

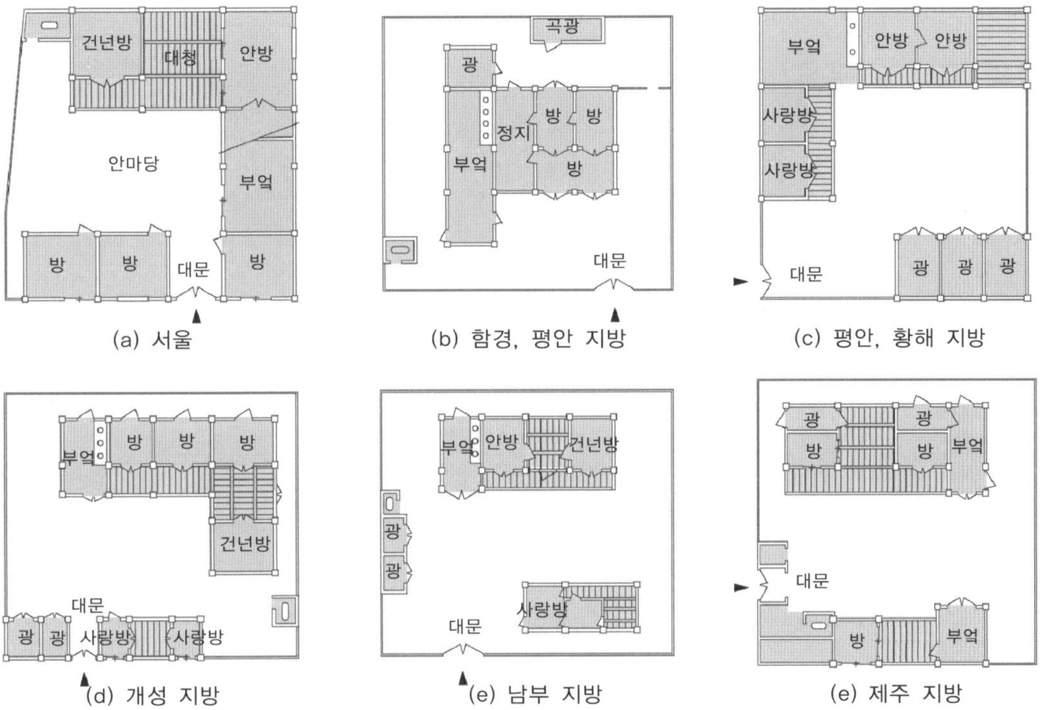

그림 Ⅱ-1. 조선 시대의 지방별 서민 주택 유형

제2장. 단독 주택

1. 주택의 평면상 분류

평면상으로 주택은 편복도형, 중복도형, 회랑 복도형, 홀형, 중정형, 일실형으로 분류된다.

표 II-4. 주택의 평면상 분류

유 형	내 용
편복도형	각 실을 일렬로 배치하고 각 실의 한쪽 면에 복도를 배치한 형식이다.
중복도형	건물 중간에 복도를 배치하고 그 양쪽 면에 각 실을 배치하는 형식이다. 고층화할 때 구조, 건설비 상 유리하고 대지에 대한 토지 이용률이 높으나 통풍, 채광, 프라이버시가 불량하다.
회랑 복도형	여러 실의 복도에 환상(環狀)형으로 배치한 형식으로 복도에 면한 모든 면에서 출입이 가능한 반면, 동선이 길어지고 각 실의 독립성이 결여될 수 있다.
홀형	복도를 설치하지 않고 공용의 홀(Hall)로부터 각 실을 접속하는 형식으로 각 실로 연결된 동선 면적을 줄여 실의 유효 면적을 높일 수 있다. 하지만 홀을 거실로 사용하면 거실이 통과 동선이 되어 거실의 기능을 상실할 수 있다.
중정형	중정을 중심으로 각 실을 배치하는 형식으로 대지 규모가 작은 주택에서 외부 공간으로부터는 폐쇄성을 띠되 대지 내에 보다 독자적인 외부 공간을 구성할 수 있다.
일실형	하나의 공간으로 각 소요실을 구획하지 않는 형으로 실 내부에 고도의 설비와 짜임새 있는 구성이 요구된다. 소규모 가족에 적합하다.

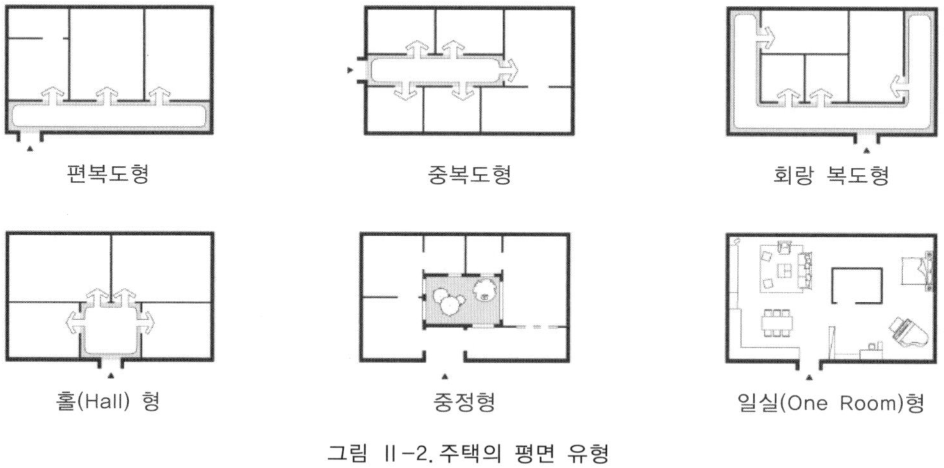

그림 II-2. 주택의 평면 유형

2. 주택 공간의 조닝(Zoning)

조닝(Zoning)이란 공간을 몇 개의 구역별로 나누는 것을 말한다. 주택의 평면 계획을 할 경우에 다음과 같은 사항을 고려하여 조닝을 한다.

(1) 조닝 계획 시 고려사항

① 구성원 본위가 유사한 것은 서로 접근시킨다.
② 시간적 요소가 같은 것끼리 서로 접근시킨다.
③ 유사한 요소는 서로 공용시킨다.
④ 상호 간의 요소가 다른 것은 서로 격리시킨다.

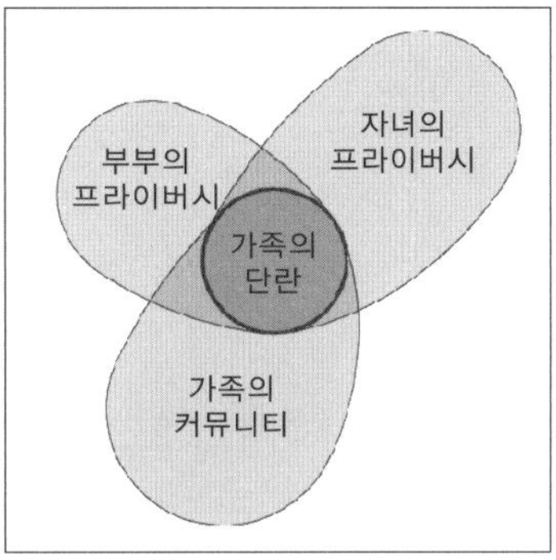

그림 Ⅱ-3. 주택의 해부

(2) 조닝 방법

① 생활공간에 의한 분류(개인 생활공간, 보건 · 위생 공간, 단란 생활공간)
② 사용 시간별 분류
③ 주(住) 행동에 의한 분류(주부, 주인, 아동의 생활 행동)

3. 주택의 동선 계획

① 동선은 일반적으로 사람이나 차량 또는 물건의 이동 궤적을 말한다. 동선은 **속도**, **빈도**, **하중** 등의 3요소와 관계가 있다.
② 동선 계획은 효율적이고 합리적인 동선을 유도하기 위한 계획과 이에 대응하는 시설 배치 등을 검토하는 일을 말한다.

[동선 계획의 원칙]

- 동선은 단순하고 명쾌하도록 한다.(특히 빈도가 높은 동선은 짧게 한다)
- 서로 다른 종류의 동선은 가능한 한 분리시키고 필요 이상의 교차는 피한다.
- 개인권(침실), 사회권(거실/식당), 가사 노동권(부엌 등)은 서로 독립성을 유지하도록 한다.
- 동선에는 공간(Space)이 필요하다.

4. 주택의 방위 및 실 배치

① 동쪽은 겨울철에는 아침의 햇빛이 실내에 깊숙이 들어오며 매우 따뜻하나 오후에는 춥다.(침실 · 식당 · 부엌)
② 서쪽은 여름철에는 오후의 햇빛이 매우 더우나 여름철 오후에 강한 일사를 받는 서쪽은 음식물 부패의 우려가 있으므로 반드시 피해야 한다.(건조실 · 세면기)
③ 남쪽은 여름철에는 햇빛의 고도가 높기 때문에 햇빛이 실내에 깊숙이 들어오지 않아 시원하며 겨울철에는 태양이 고도가 낮기 때문에 햇빛이 실내에 깊숙이 들어와 매우 따뜻하다.(식당 · 아동실 · 거실)

④ 북쪽은 일 년 내내 햇빛이 비치지 않으며 특히 겨울철에는 북풍으로 매우 춥다(아틀리에 · 저장실 · 냉동실 · 화장실).

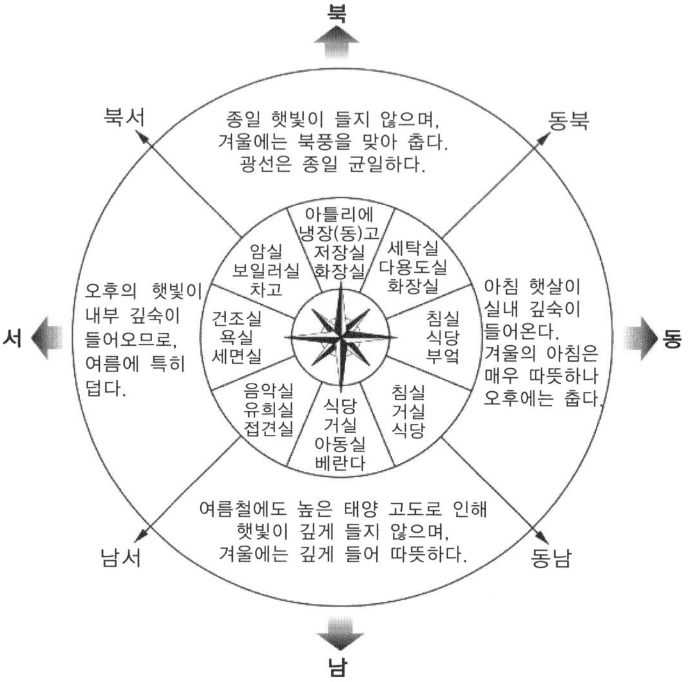

그림 II-4. 주택의 향과 실의 위치 관계

5. 각 실 계획

(1) 거실(Living Room)

거실은 온 가족이 모여 단란하게 쉬는 곳으로 가족생활의 중심이 되는 공간이다.

표 II-5. 거실 계획의 주요 내용

구 분	내 용
크 기	①거실의 1인당 소요 바닥면적: 최소 4~6㎡ 정도 ②거실의 면적 구성비: 건축 연면적의 30% 정도 ③거실의 천장 높이: 2.1m 이상
위 치	①남향이 적당하며 햇빛과 통풍이 잘되는 곳 ②통로에 의해 실이 분할되지 않는 곳 ③거실의 다른 한쪽 방과 접속하게 되면 유리하다. ④침실과는 항상 대칭되게 한다.
평면 계획상 고려할 점	①거실은 주택 중심부에 두고 각 방에서 자유롭게 출입할 수 있도록 한다. ②정원, 테라스와 연결하도록 하고 직접 출입하도록 한다. ③거실이 통로로 사용되지 않고 독립적인 공간을 확보하는 것이 좋다.

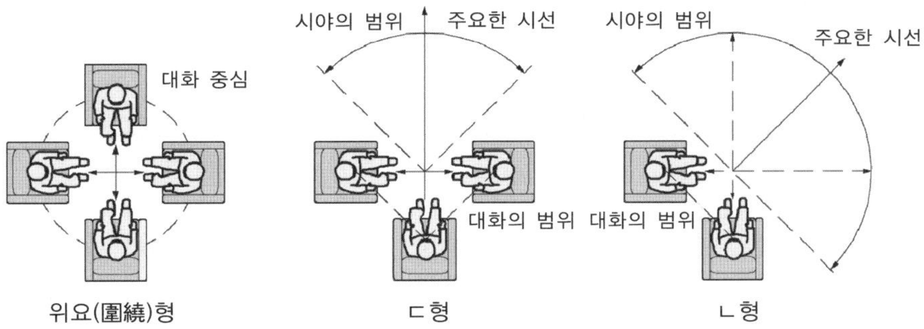

그림 Ⅱ-5. 거실의 좌석 배치와 시선의 전개

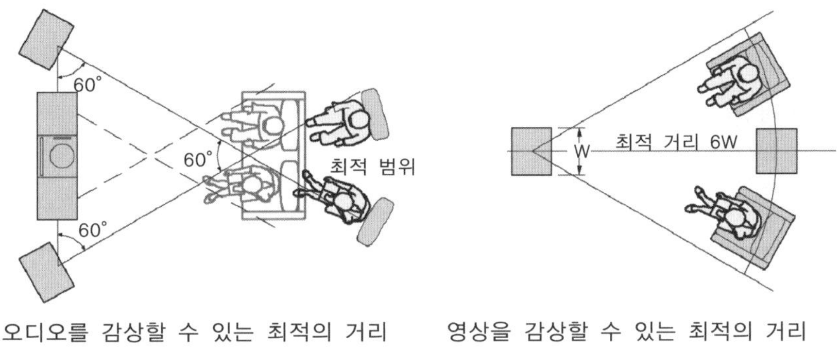

그림 Ⅱ-6. 음악 및 영상 감상을 위한 최적의 거리

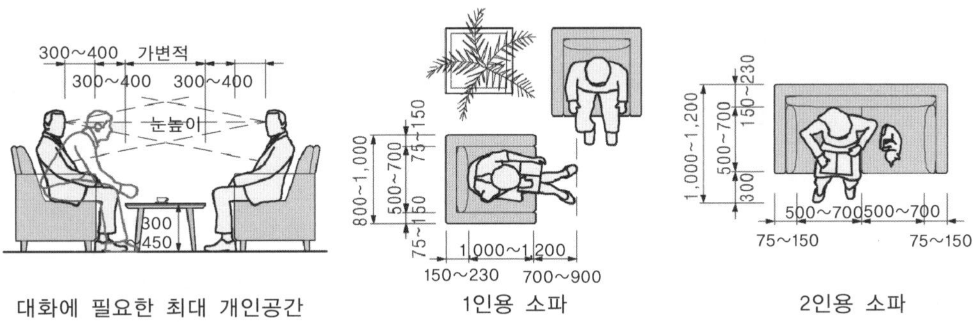

그림 Ⅱ-7. 거실 가구의 크기와 배치

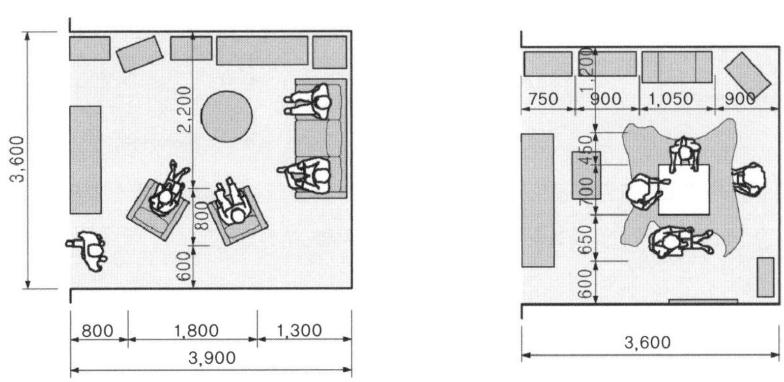

그림 Ⅱ-8. 거실 평면 계획의 예

(2) 식당(Dining Room)

식당은 그 위치에 따라 다음과 같이 구분할 수 있다.

표 II-6. 식당의 유형별 구분

구 분		내 용
분리형		거실이나 식사실, 부엌이 완전히 분리된 형식
개방형	**다이닝 키친** **DK** _Dining Kitchen	부엌의 일부에 간단히 식탁을 꾸미는 것으로서 부엌에서 바로 음식을 옮길 수 있기 때문에 가사 노동을 경감시키는 이점은 있으나 모든 가족이 단란하게 식사하기에는 분위기가 맞지 않다.
	리빙 다이닝 키친 **LDK** _Living Dining Kitchen	거실, 식사실, 부엌을 겸용한 것으로 주부의 작업 동선을 단축시켜 주부의 피로를 덜어주고 통로가 절약되어 바닥면적의 이용률이 높아 소 주택에 좋으며 부엌의 통풍, 채광이 우수하고 위생적이다.
	다이닝 알코브 Dining Alcove	거실의 일단에 식탁을 꾸며 놓은 것
	다이닝 포치 / 다이닝 테라스 Dining Porch Dining Terrace	여름철 등 좋은 날씨에 포치나 테라스에서 식사하는 것

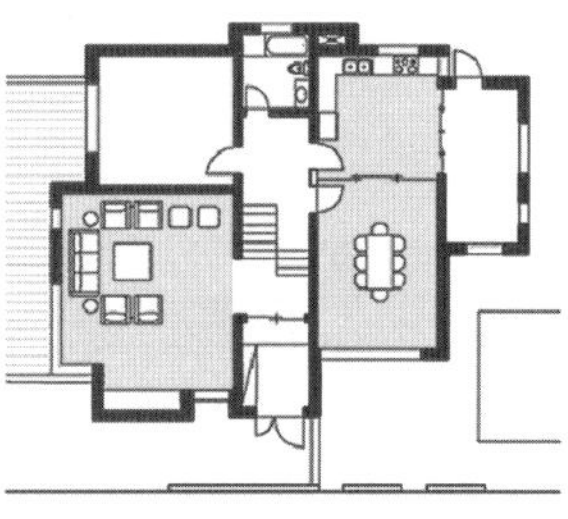

(a) 분리형

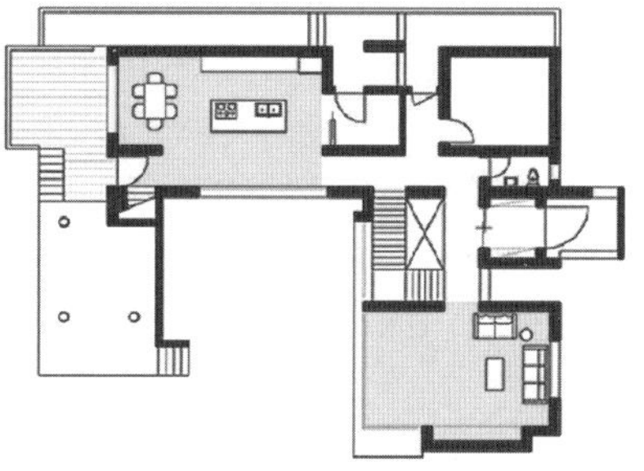

(b) 다이닝 키친

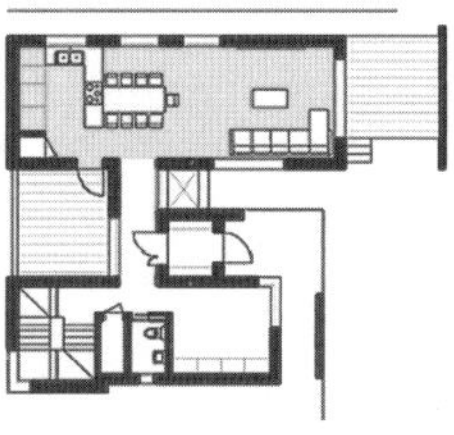

(c) 리빙 다이닝 키친

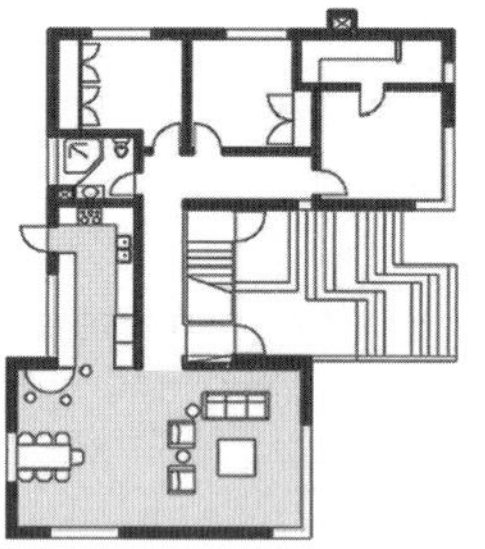

(d) 다이닝 알코브

그림 II-9. 식당의 위치별 분류

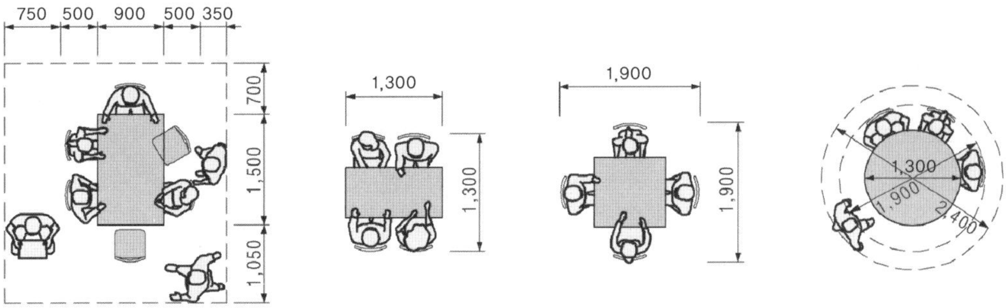

그림 Ⅱ-10. 식당의 가구 배치

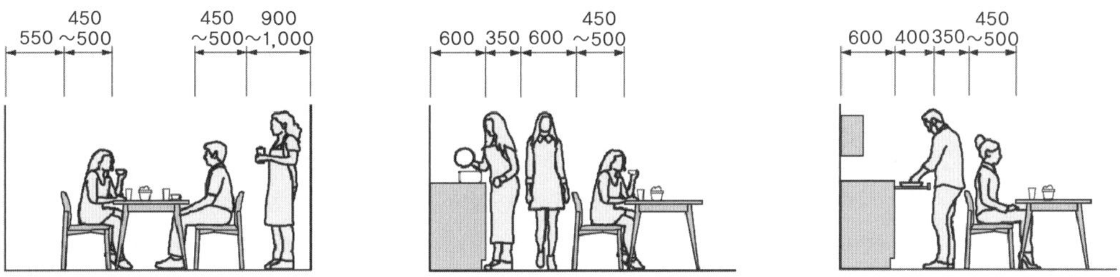

벽으로부터 최소간격은 접대방식에 따라 달라짐

식탁 끝과 작업대 사이의 소요 공간

서랍이 있는 작업대와 식탁 끝 사이의 공간

그림 Ⅱ-11. 식사와 관련된 소요 공간의 크기

(3) 부엌(Kitchen)

① 위치

㉮ 남쪽 또는 동쪽 모퉁이 부분이 유리하다.

㉯ 일사가 긴 서쪽은 음식물이 부패하기 쉬우므로 반드시 피해야 한다.

② 부엌의 크기 결정 기준

㉮ 작업대(개수대, 준비조리대, 레인지 및 배선대 등)의 면적

㉯ 작업자(주부)의 동작에 필요한 공간

㉰ 식기, 식품, 조리용 기구의 수납에 필요한 공간

㉱ 연료의 종류와 공급 방법

㉲ 주택의 연면적, 가족 수 및 작업 평균 인원수

③ 크기

㉮ 보통 건축 연면적의 8~12% 정도가 일반적이다.

㉯ 주택의 규모가 큰 경우(100㎡ 이상)는 7% 이하도 가능하다.

④ 부엌(주방)의 작업 순서

㉮ 오른쪽 방향으로 이동하도록 배치하는 것이 좋은 편이다.(왼손잡이인 경우→반대)

㉯ 준비→냉장고→싱크대(개수대)→조리대→가열대(레인지)→배선대

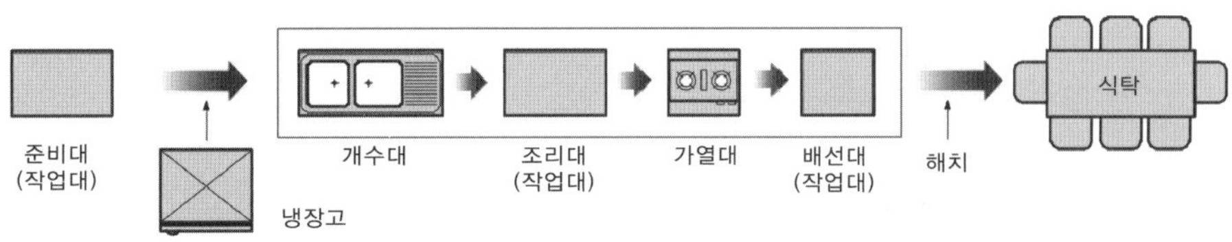

그림 Ⅱ-12. 주방 작업 순서

⑤ 부엌의 작업 삼각형(Work Triangle)

㉮ 부엌은 **냉장고**, **개수대**, **가열대**를 중심으로 보관하는 부분, 세척하는 부분, 조리하는 부분으로 구분되므로 **이 세 부분을 연결한 길이가 작을수록 효율적인 부엌계획**이라고 할 수 있다. 이 세 부분을 연결한 것을 **작업 삼각형**이라 한다. 작업 삼각형의 길이는 주부의 피로도를 좌우하며 기능적으로 **3.6~6.6m까지가 적당**하다.

㉯ 개수대는 창에 면하는 것이 좋다.

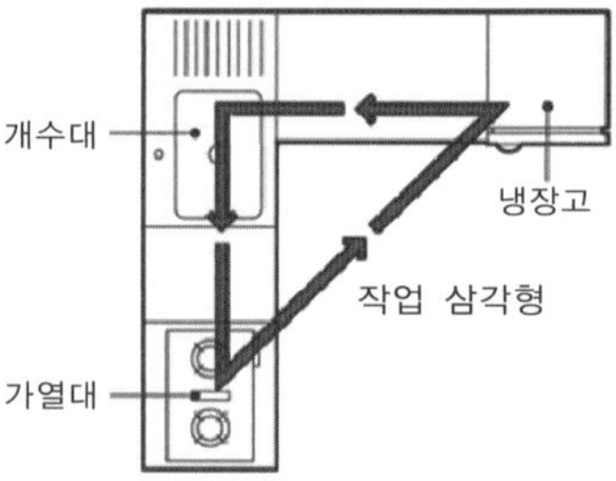

그림 II-13. 작업 삼각형

⑥ 부엌의 유형

표 II-7. 부엌의 유형별 구분

구 분	내 용
U자형	-ㄷ자형 배치라고 하며 벽면을 이용함으로써 대규모의 수납공간 확보가 가능 -작업 시 효율성이 높은 기능적인 배치이지만 주방 공간이 좁은 느낌을 부여 -여러 사람이 같이 일하기에는 불편하며 싱크대 등의 위치 설정이 어려움
L자형	-비교적 능률성이 높은 효율적인 배치로 여유로운 주방 공간의 연출이 가능 -정방향 주방에 적합한 유형으로 배치상 여유가 있는 형식 -싱크대의 코너 부분에 개수대는 레인지 설치가 불가능
일자형	-직선형 배치라고도 하며 싱크대 배치가 직선으로 작업 방향을 바꾸는 움직임이 많음 -소규모 주방에 적합한 유형으로 작업 동선상의 혼란이 없는 형식 -싱크대의 길이가 수평적으로 길어지는 관계로 작업 동선이 길어짐
Z자형	-병렬형이라고도 하며 여유 있는 규모의 주방에서 동선을 단축시킬 수 있는 유형 -몸을 좌우, 전후로 자주 돌아서야 하는 관계로 양쪽 작업대의 사이가 너무 떨어지면 불편하게 됨 -양쪽 작업대의 사이는 1.2m를 유지하는 것이 적당함
Island형	-분리형이라고도 하며 독립된 작업대를 모두 방향에서 접근 및 이용이 가능 -간단한 식사 및 차 테이블을 위한 카운터로 사용이 가능한 형식 -수납장 및 벽장의 설치 길이가 짧으며 작업 중 돌아서는 불편함이 많음

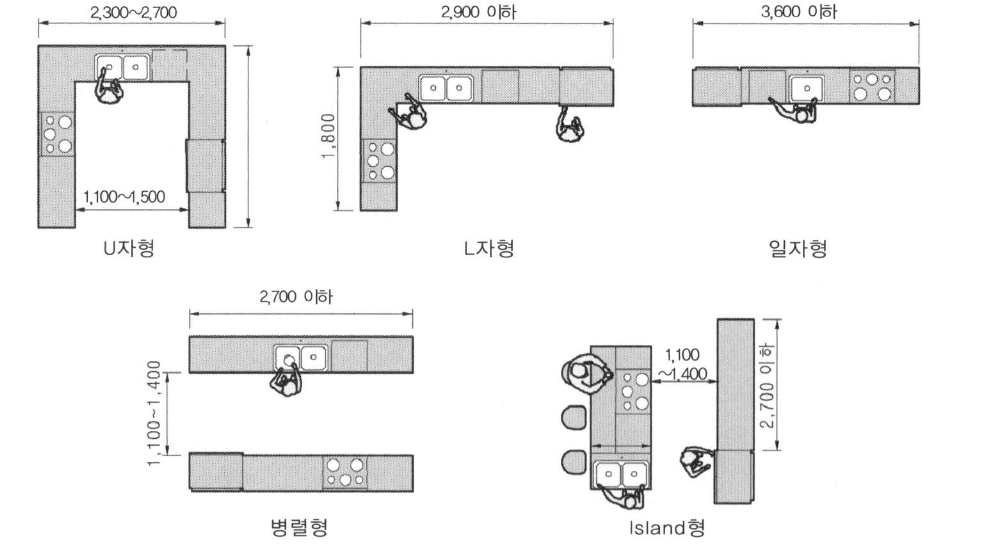

그림 II-14. 부엌의 유형

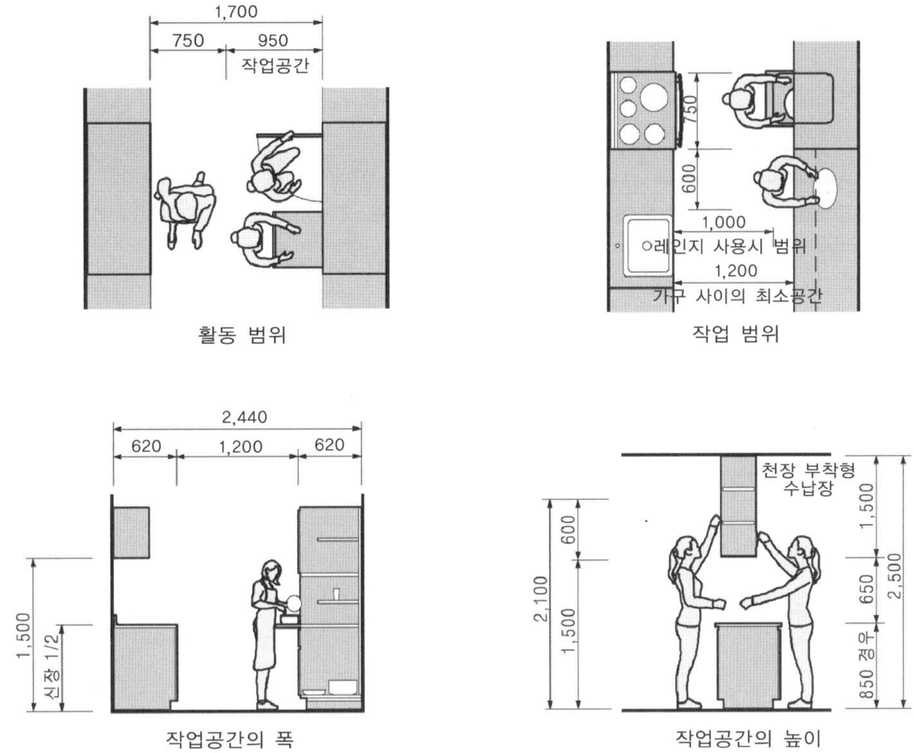

그림 Ⅱ-15. 부엌의 작업공간과 크기

(4) 침실(Bed Room)

① 침실의 계획

㉮ 침실 계획은 독립성을 유지하고 안정감을 가지도록 한다.

㉯ 취침자의 성별, 연령별 분리를 하여야 한다.

㉰ 취침 기능뿐만 아니라 휴식공간의 기능도 배려하여야 한다.

㉱ 개인 프라이버시와 거주자의 취향을 고려한 디자인이 되도록 한다.

㉲ 한식과 양식 구조에 차별화된 디자인이 되도록 가족 단위의 생활을 위한 연계성을 고려한다.

② 취침 시 필요한 호흡 공기량(氣積)에 의한 침실의 최소규모 산정

취침 시 **어른 1인당 소요 공기량**을 **50㎥/h**(어린이는 1/2)이며 **실내의 자연 환기횟수를 2회/h로 가정**하여 산정한다.

〈예를 들면 어른 1인이 건강하게 취침하기 위해서는 1시간에 필요한 신선한 공기량은 50㎥이지만 환기가 2회/h 되므로 실제 필요한 공기량은 25㎥이다. 따라서 천장 높이를 2.5m로 하면 1인용 침실은 최소 바닥면적은 10㎡ 정도가 된다.〉

③ 침대의 배치

㉮ 침대의 상부 머리 쪽은 될 수 있는 한 외벽에 면하도록 한다.

㉯ 누운 채로 출입문이 직접 보이도록 한다.

㉰ 2인용 침대의 옆면을 벽체에 500㎜ 이상 떨어져 배치하는 것을 원칙으로 한다.

㉣ 침대 양쪽에 통로를 두고 한쪽을 650(750)mm 이상 되게 한다.
㉤ 침실 내에서의 주요 통로 너비를 900mm 이상 되게 한다.
㉥ 침대 아래쪽은 발치에서 900mm 이상의 여유 공간 확보가 필요하다.

표 II-8. 침대의 유형과 크기

유 형	크기(길이×폭)
싱글(Single)	2,000×970
슈퍼 싱글(Super Single)	2,000×1,100
세미 더블(Semi Double)	2,000×1,200
더블(Double)	2,000×1,350
퀸(Queen)	2,000×1,500
킹(King)	2,000×1,600
슈퍼 킹(Super King)	2,000×1,800

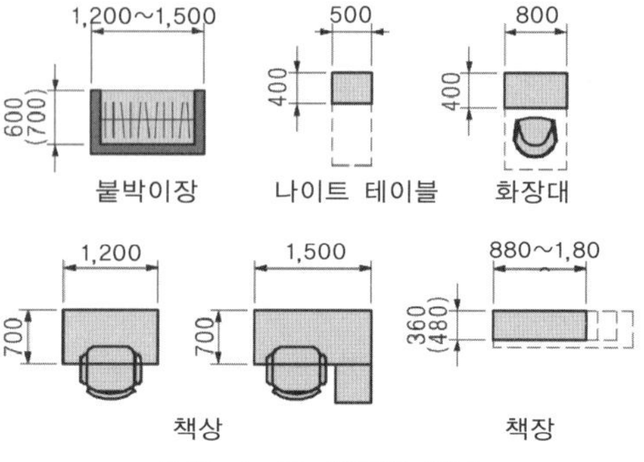

그림 II-16. 침실의 가구

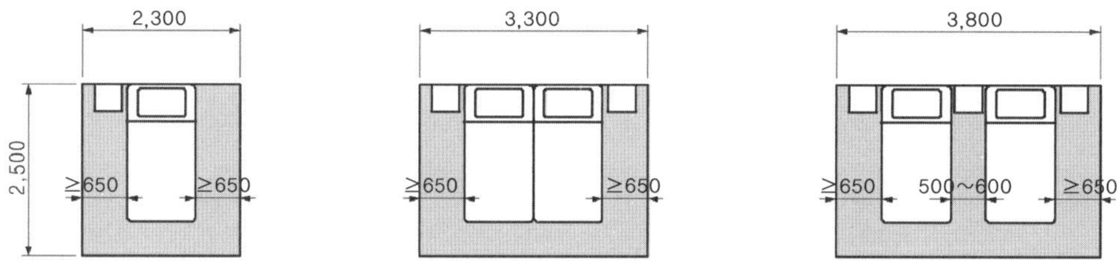

그림 II-17. 침대의 배치와 공간 치수

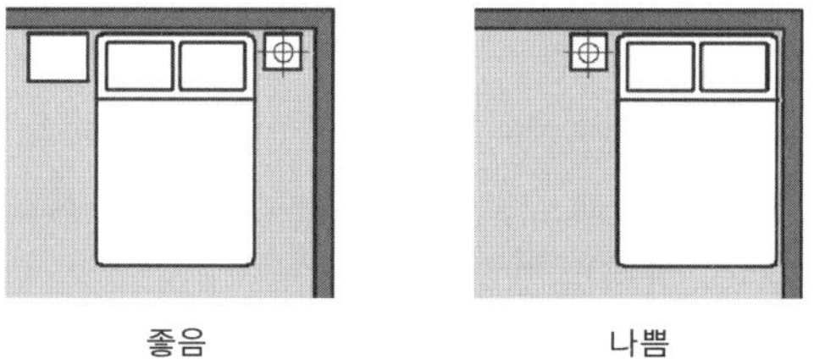

그림 II-18. 벽면과 침대 배치

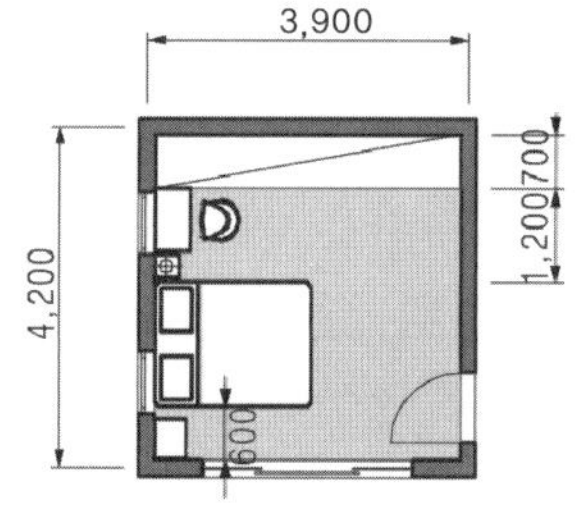

그림 II-19. 침실 배치의 예

(5) 욕실과 화장실

욕실과 화장실은 한곳에 모아 설치하는 경우가 많다. 하지만 주택 규모가 큰 경우에는 거실에서 쉽게 사용할 수 있는 화장실을 별도로 설치하기도 한다. 일반적으로 주택의 욕실은 가족용 및 부부 침실용 등으로 구분된다. 욕실의 크기는 그곳에 놓여진 위생기구의 배치에 따라 다양하다. 최소의 규모는 1.5m×1.5m 정도로 가능하지만 보통 1.7m×2.3m가 많이 쓰인다.

① 욕실
㉮ 보통 1.6~1.8m×2.4~2.7m
㉯ 최소 크기는 0.9~1.8m×1.8m
㉰ 천장 높이는 2.1m 이상으로 하되 적당한 경사를 주어 수증기나 물방울이 바닥에 떨어지지

않도록 한다.

② 화장실

㉮ 최소 크기 : 0.6×0.9m

㉯ 양변기를 설치할 경우 : 0.8×1.2m

㉰ 소변기를 설치할 경우 : 0.8×0.9m

㉱ 욕조, 세면기, 양변기를 함께 설치할 경우에는 최소 1.7×2.1m의 규모로 한다.

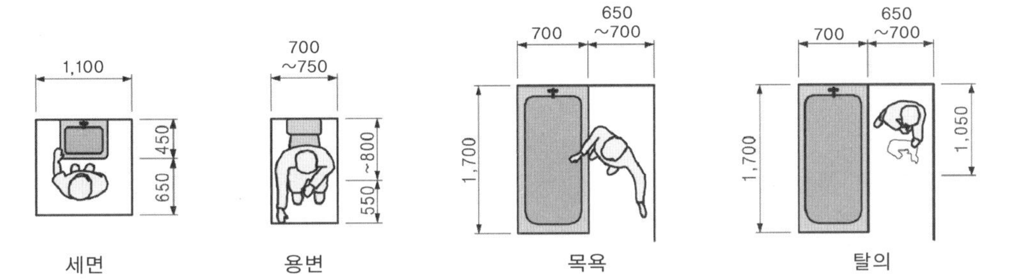

그림 Ⅱ-20. 욕실 및 화장실 내의 행위별 최소공간

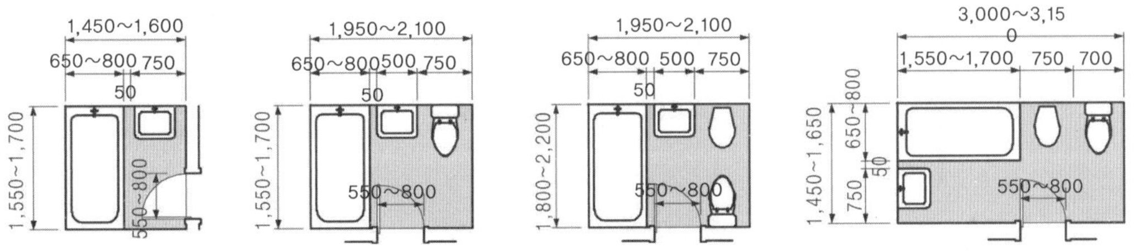

그림 Ⅱ-21. 욕실 및 화장실의 유형과 규모

(6) 현관

현관은 주택의 주 출입구이며 외부 공간과 내부 공간을 연결하는 곳이다. 현관의 위치는 대지 형태, 방위, 진입 도로와의 관계, 각실의 배치 관계 등을 고려하여 결정한다. 현관은 외부에서 알기 쉽고 내부로의 동선 처리가 좋은 곳으로 계획한다.

① 현관 계획 시 고려사항

㉮ 주택의 측면이나 후면보다는 정면에, 평면의 단부 보다는 중앙 배치를 고려한다.

㉯ 2층 이상인 주택의 경우 계단실과 가깝게 배치하여 동선을 짧게 한다.

㉰ 신발, 우산 보관 등을 위한 수납공간을 계획한다.

㉱ 포치(Porch)를 두어 방문객과 우천 시 대기공간을 배려한다.

② 현관의 크기

㉮ 최소 크기 : 너비 1.2m, 깊이 0.9m 이상

㉯ 현관문의 크기 : 가구 및 생활용품 운반을 고려하여 가급적 1,000㎜ 이상을 확보하고 그 이상인 경우에는 크기가 다른 양 여닫이문으로 계획한다.

㉰ 현관 바닥과 실내 바닥의 높이 차는 10~20㎝ 정도로 계획한다.

㉱ 수납장의 깊이 : 30㎝ 이상

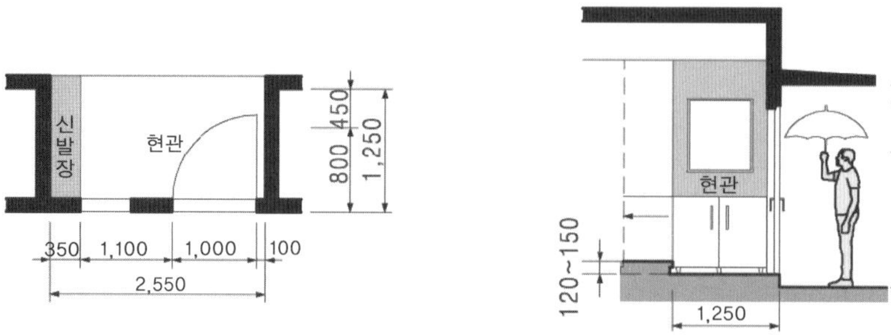

그림 II-22. 현관 각부의 크기

(7) 복도 및 계단

① 복도

복도는 각 실 및 공간들을 이어주는 동선 공간으로 주택 각 실의 적정 면적 확보에 제한을 받는 소규모 주택(50㎡ 이하)에서는 비경제적이다. 최소 폭은 90㎝ 이상, 일반적으로는 120㎝ 이상이 바람직하다. 복도에 면한 실의 문은 안여닫이로 계획한다. 연면적에 대한 복도의 면적 비율은 10% 정도가 적당하다.

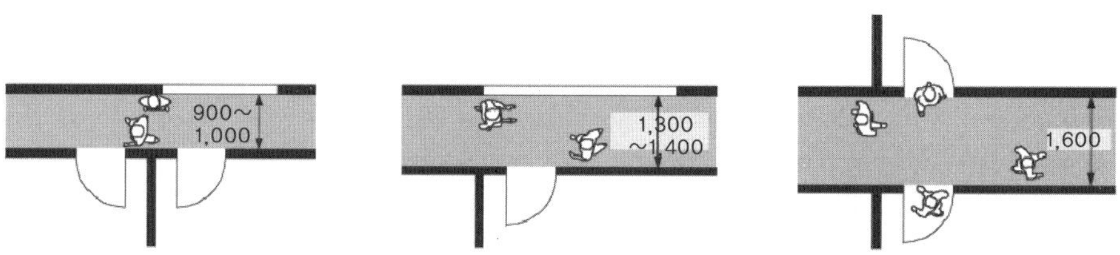

그림 II-23. 복도의 폭

② 계단

계단의 위치는 현관 가까운 곳에 두어 상하층을 효율적인 동선으로 연결한다. 계단의 폭은 75~100㎝ 정도이며 단 높이는 보통 18㎝ 내외(22㎝ 이하), 단 너비는 25㎝ 내외(21㎝ 이상)로 한다. 계단의 경사가 사용하는 연령층에 따라 적합한 단 높이와 너비를 결정하여야 한다. 계단에는 직선 계단, ㄱ자형 계단, ㄷ자형 계단, 회전 계단 등이 있으며, 계단의 다양한 형태와 재료는 건축 디자인에 중요한 요소로 작용한다.

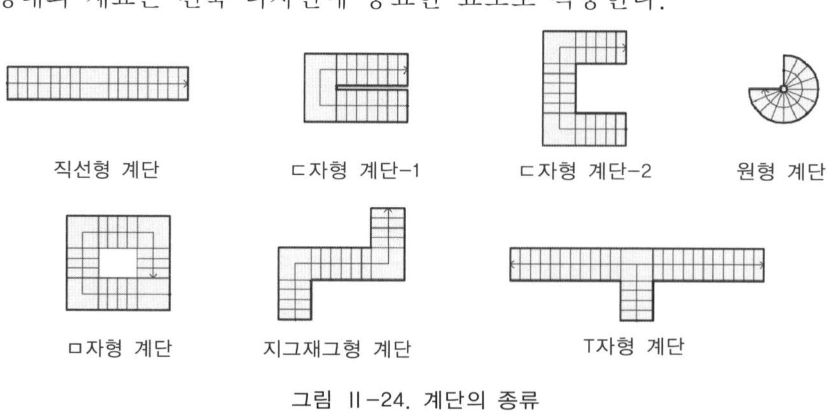

그림 II-24. 계단의 종류

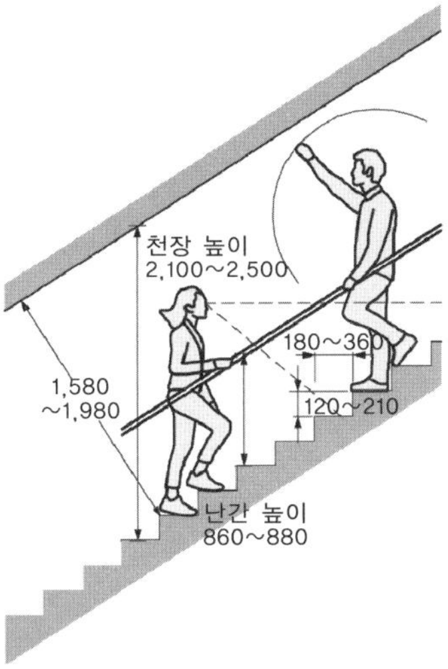

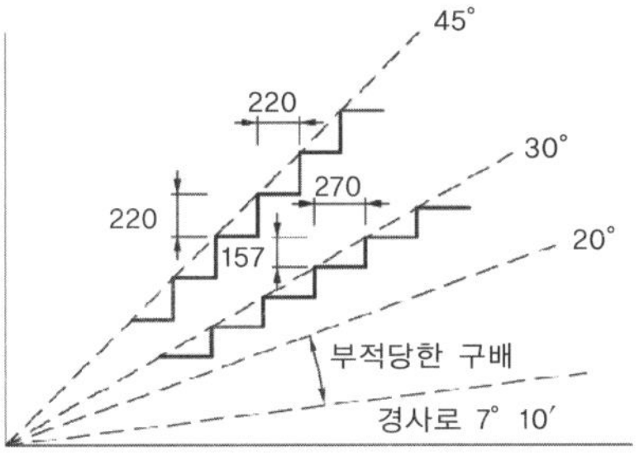

그림 Ⅱ-25. 계단 각부의 크기

(8) 주택의 연결 공간

① 테라스(Terrace) : 주택 전면부에 돌출되어 목재, 보도 블록, 혹은 잔디로 주위보다 약간 단을 높힌 층으로 실내와 옥외를 연결시키는 완충적인 옥외 공간이다.

② 서비스 야드(Service Yard) : 옥외작업장으로서 세탁장, 건조장, 우물, 연료 저장 창고, 장독대, 오물 처리 등 옥외작업에 관계되는 모든 시설을 말한다.

③ 유틸리티 룸(Utility Room) : 가사실로서 세탁, 다림질, 제봉 등의 작업을 하는 공간이다.

④ 다이닝 포치(Dining Porch) : 포치는 건물 출입구에서 밖으로 내어 달린 지붕 있는 장소로서 다이닝 포치는 식사가 가능한 포치를 말한다.

제3장. 공동 주택

1. 공동 주택의 개념과 변천

(1) 공동 주택의 장단점

우리의 주거 형태는 주로 단독 주택이었으나 60년대 이후 산업화로 인해 도시로의 유입인구 증가 및 핵가족의 영향 등으로 가용(可用)토지가 점차 줄어들게 되면서 좁은 토지에 많은 사람을 수용하기 위해서 공동 주택 형식의 개발은 필연적인 것이 되었다. 공동 주거형식의 개발은 1호당 건설비나 관리비를 줄일 수 있을 뿐만 아니라 주거 단지 생활에 필요한 상업적 문화적 공동시설을 만들어 생활협동체로서 주거환경의 질을 높일 수 있고 도시에서의 희박한 공동체(Community) 의식을 고양시킬 수 있는 장점을 가지고 있지만, 일반적으로 공간의 획일화와 생활의 변화에 대해 자유롭게 대응할 수 없는 단점도 가지고 있기 때문에 공동 주택 계획 시 이러한 복합적인 문제에 대한 인식과 대응이 필요하다.

(2) 공동 주택의 변천

① 고대 이집트의 카훈(Kahun) 유적(B.C 2,670년)

② 로마 시대의 인슐라(Insulae; 임대주택)

그림 II-26. 카훈의 노동 집단 주거지

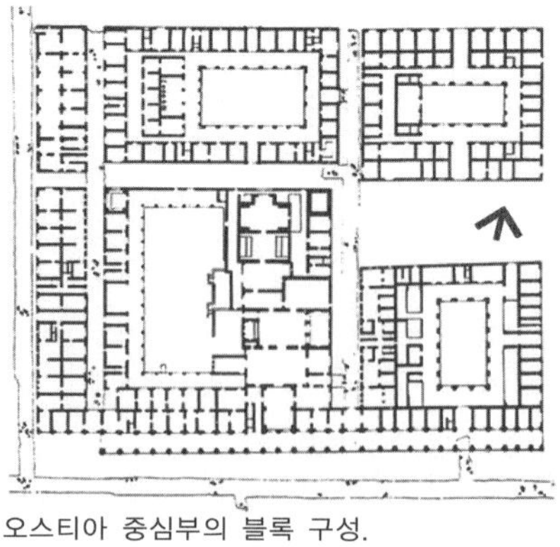

오스티아 중심부의 블록 구성.
중정이 있는 대규모 집합주택이 여러 채 있고,
선형의 집합주택도 일반화되어 있다.

그림 II-27. 오스티아 중심부의 블록 구성

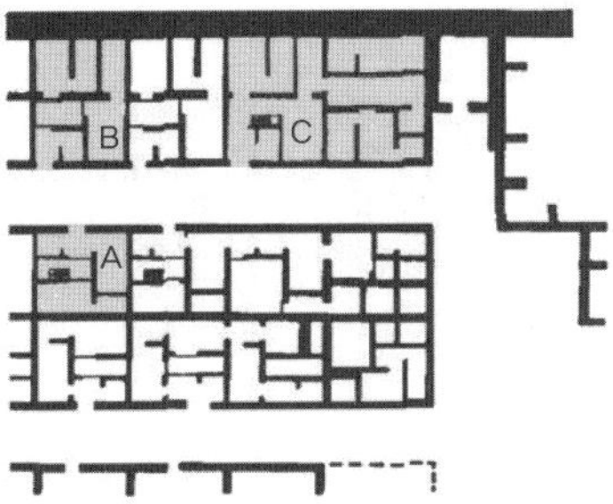

A:가장 작은 단위주택, B:중 규모의 주택, C:공동 주택

그림 Ⅱ-28.
오스티아 집단 주거지에서
파악된 일반 노동자용 주택의 공간 구성

오스티아 중심부의 블록 구성. 중정이 있는 대규모 집합주택이 여러 채 있고, 선형의 집합주택도 일반화되어 있다.

그림 Ⅱ-29.
오스티아 공동 주택의 모형도

③ 오늘날 공동 주택의 기원 → 산업혁명 이후 19세기의 노동자 주택

[19세기의 도시 문제]

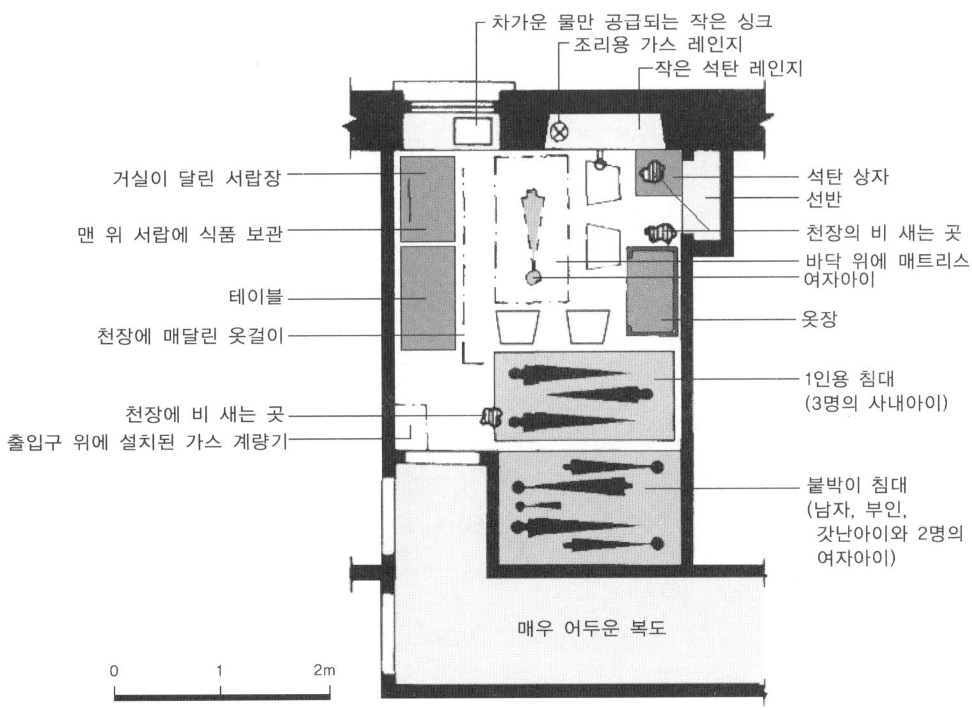

2.9m×3m 정도의 방에 9명의 가족이 기거하고 있다.
(엥겔스의 『영국 노동자 계급의 상태』)

그림 Ⅱ-30. 공업도시 글래스고우의 밀집형 셋집의 주거환경

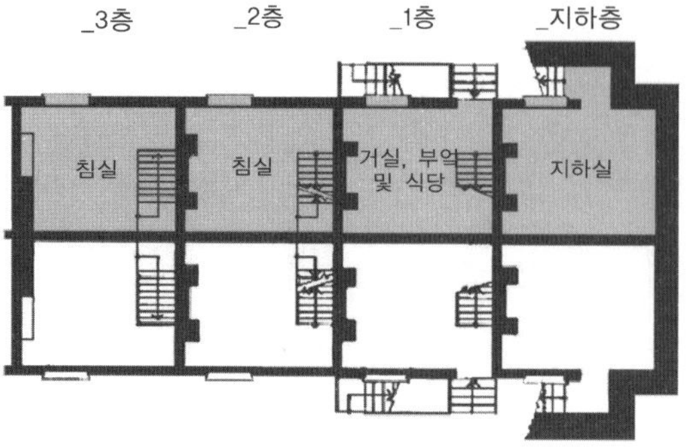

한 층의 면적이 3.8 m × 3.3 m 정도였다.

그림 II-31. 공업도시 리버풀에 건축된
백투백 주택 평면도

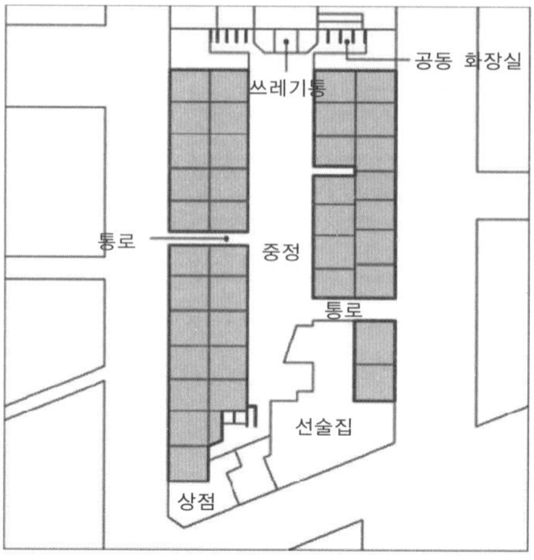

좁고 긴 중정을 중심으로 주택이 배열되고, 공동 화장실과 쓰레기통이 주변에 위치해 있다.

그림 II-32. 공업도시 노팅엄에 건축된
소규모 백투백 주택 지역 배치도

[19~20세기 초 : 전원도시 운동]

산업혁명과 함께 시작되었던 근대도시의 주거문제는 더욱 심각해졌다. 주거의 부족과 함께 주거환경의 황폐화에 따른 질적 개선 문제가 대두되었다. 하워드(E.Howard)는 1898년에 간행된 그의 저서 "미래, 진정한 개혁을 향한 평화적 방법(Tomorrow, a Peaceful Path to Real Reform)"을 통하여 이러한 문제를 해결하기 위해서는 대도시와 지리적으로 떨어진 지역에 도시와 시골(농촌)의 성격을 동시에 지니는 자족적인 도시(전원도시)를 건설하는 것이 유일한 방법이라고 주장했다. 도시와 농촌의 장점을 결합한 전원도시는 규모로 인구 32,000명, 마을의 면적 1,000에이커, 농지 5,000에이커 정도를 상정하였다. 또한 전원도시 이론에 근거하여 실제 1903년 런던에서 34마일 떨어진 레치워스(Letchworth)에 전원도시를 실현하여 이후 20세기의 주택 문제 해결방안으로서 커다란 영향을 미쳤다.

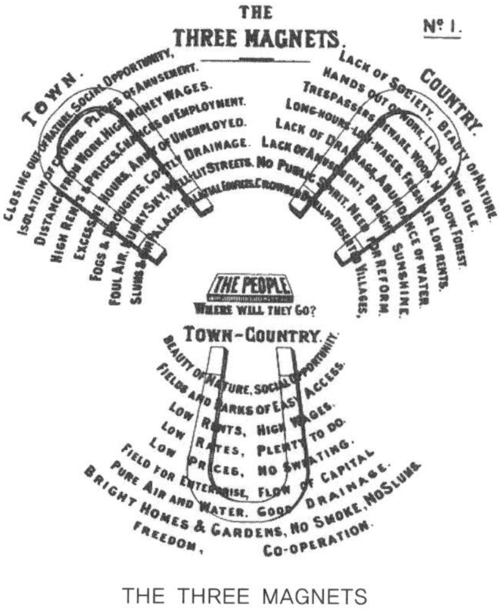

THE THREE MAGNETS

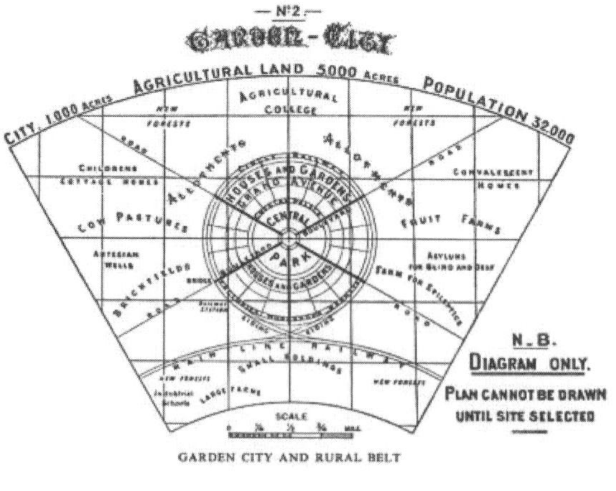

GARDEN CITY AND RURAL BELT

그림 II-33. 하워드의 전원도시

[에벤져 하워드(E.Howard) : 『내일의 전원도시(Garden Cities of Tomorrow)』]

Sir Ebenezer Howard(1850–1928) was a surprising founder for one of the most influential and successful of twentieth century 'planning' movements. Howard left school at the age of 16 and spent most of his working life(except for a brief and unsuccessful interlude farming in Nebraska) as a clerk and shorthand recorder for Gurney's, the Parliamentary reporters. He continued this modest career and his sparetime inventions even after he had become a public figure with the publication of Tomorrow(1898), the foundation of the garden city movement and the launching of Letchworth. On the platform he was commanding and persuasive: some contemporaries likened him to a preacher. In private he was as unassuming as his career might lead one to expect: a delightful man, much loved by his colleagues, neighbours and particularly by children.

[참고도서] 내일의 전원도시
에벤져 하워드/조재성 외 옮김/한울, 2006.

(3) 우리나라 공동 주택의 변천

일제 강점기에 건설된 공동기숙사를 제외하면 우리나라의 공동 주택의 역사는 약 50년 정도의 역사를 가지고 있다. 다음은 우리나라의 공동 주택 변천 과정의 주요 내용이다.

① 제1기 _1960년대
생활 양식의 간소화 공동생활의 습성을 향상, 부분 및 실내공간의 입식 생활 시작, 거실의 출현을 나타내는 아파트로서 마포 아파트, 한강 아파트 단지 등이 대표적이다.

② 제2기 _1970년대
설비체계 발전과 대체 원료 사용, 공동체 의식의 대두, 편익시설과 복지시설에의 관심 고조, 규모의 중형과 대형화, L.D.K의 공간 활용의 정착을 나타내었으며 대표적인 사례로는 광명 아파트, 여의도 아파트, 잠실 아파트, 반포 아파트, 태양열 주택과 조립식 주택을 들 수 있다.

③ 제3기 _1980년대
다양한 수요대상에 대응하는 방향으로 진행하고 개방공간과 미적 표현에 관심을 집중하고 거주인의 개성에 따른 변화 고려와 도시 집중인구 및 시설의 분산 계획의 특징을 들 수 있으며 사례로서는 이태원의 테라스 하우스, 다세대 주택, 재개발과 신도시, 신시가지 건설 등을 들 수 있다.

표 II-9. 우리나라 주거공간의 변천

1970년대	1980년대	1990년대~현재
· 주택의 대량 생산 · 상품의 기능과 가격 중시 · 서구식 개념의 계획 원리 · 공적 공간과 사적 공간의 분리 · 안방은 부부침실의 기능 개념 · 안방 및 개인실 북쪽 배치 · 공용실(거실, 부엌) 남쪽 배치	· 한국인의 주 의식 반영 · 안방과 거실 남향 배치 · 거실 중심적 실 배치 · 공용실 공간의 확장 · 3Bay 방식의 정착 · 획일적 공동 주택	· 소비자 중심의 상품 개발 · 다품종 소량 생산 · 선택사양 도입 · 향 변경형 주택(Tower형) · 마감재 선택형 · 마이너스 옵션제도 · 평면주문형 주택 · 가변형 주택

2. 공동 주택의 종류

(1) 공동 주택의 종류

독립 주거를 계획적으로 집단화한 것으로 수평, 혹은 수직으로 연결 또는 구성하는 방법에 따라 다음과 같이 분류된다.

표Ⅱ-10. 공동 주택의 종류

분 류		세 분류
연립 주택		-타운 하우스 Town House -로우 하우스 Row House -중정형 하우스 Patio House
다세대 주택		
경사지 주택		-자연형 -인공형
아파트먼트	평면 형식	-홀형(계단실형) Hall System, Direct Access -편복도형(발코니형) Single Corridor System -중복도형(속복도형) Double Corridor System -집중형(코어형) Concentration Type
	입체 형식	-단층형 Flat System -복층형(메조네트형) Duplex System -삼층형 Triplex System -스킵 플로어형 Skip Floor Type
	입면 형식 (U.S.A)	-저층(1~3층) Garden Apartment -중층(4~6층) Low-Rise Apartment -고층(7~14층) Medium Apartment -초고층(15층~) High-Rise Apartment

표Ⅱ-11. 주택의 종류와 규모에 대한 기준(건축법 시행령)

구분	단독 주택			공동 주택		
	단독 주택	다가구 주택	다중 주택	다세대 주택	연립 주택	아파트
정 의	단독세대 거주	2~19가구 거주 임대, 전세주택	학생, 직장인, 장기거주	동당 건축 연면적이 660㎡ 이하인 4층 이하의 주택	동당 건축 연면적이 660㎡ 초과인 4층 이하의 주택	5층 이상의 주택
분 양	가능	불가	불가	가능	가능	가능
층 수	제한 없음	3층 이하	3층 이하	4층 이하	4층 이하	5층 이상
연면적	330㎡ 이하	660㎡ 이하	330㎡ 이하	660㎡ 이하	660㎡ 초과	-
세대당 제한면적	495㎡ 이상 중과세 대상	495㎡	12~33㎡	세대당 전용면적이 297㎡ 이하		
국민주택 경우	1호당 전용면적이 85㎡이하			세대당 전용면적이 85㎡ 이하		

표 II-12. 접지 형식에 의한 분류

분 류	접지형	준 접지형	비 접지형
특 징	-각호가 대지에 접해있다. - 각호가 전용 뜰을 가지고 있다.	- 접지형과 비 접지형으로 구성된다. - 비 접지 주호는 뜰 대신에 테라스를 둔다.	- 대부분의 주호는 지면에 접하지 않는다. - 지상은 대개 공동 뜰로 사용된다.
건축물의 규모	저층(대개 1~2층)	저·중층(2~4층)	중·고층(3~5층 이상)
주호의 집합방식	독립 주택 횡적 연속 주택	종적, 횡적 연속 주택	종적, 횡적 연속 주택
접근방식 (Access)	-직접 접근 (지상에서 각 호의 입구로 접근한다.)	-직접 접근, 계단 접근 (계단을 전용으로 하여 접지형과 유사하게 구성할 수 있으며, 입면 구성을 다양하게 할 수 있다.)	-계단 접근 (저·중층은 공동 복도, 계단을 지나 각 호에 접근한다.) -엘리베이터 접근 (중·고층은 엘리베이터, 공용 통로를 지나 각호에 이른다.)
설계 형태	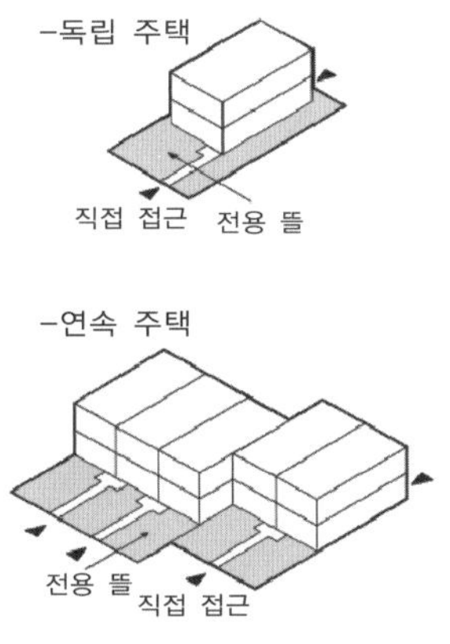	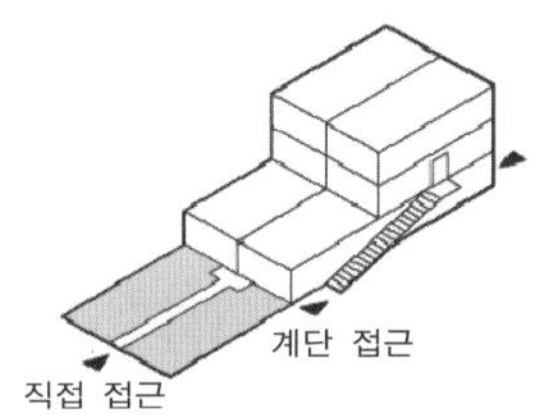	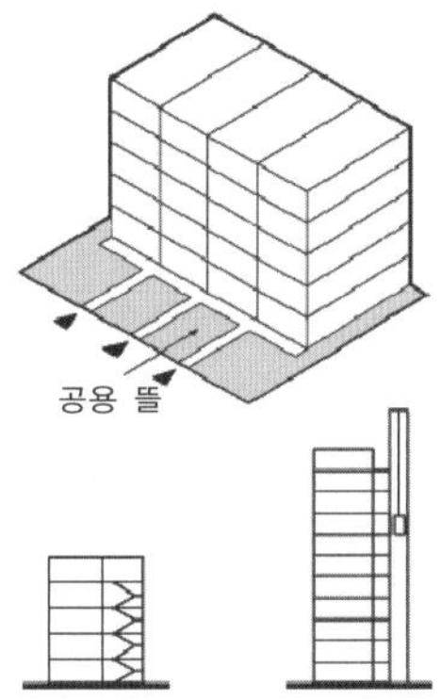

(2) 연립 주택

① 연립 주택의 개념

최근 도심지의 경사지나 소규모 택지, 재개발 지역 등에 연립 주택의 장점을 살린 저층 고밀도(Low-Rise, High Density) 집합 주택지가 타운 하우스 형식으로 건립되고 있는데, 이는 중 · 고층 집합 주택에 비하여 전용의 뜰을 갖고 있어 자연과 연결된 인간적인 주기 환경을 형성할 수 있는 이점을 가지고 있다.

② 연립 주택의 특징

㉮ 장점

- 토지의 이용률을 높일 수 있다.
- 테라스 하우스의 경우 각 세대마다 전용의 뜰을 갖는다.
- 접지성과 집합 형식에 따라 풍요로운 옥외 공간을 조성할 수 있다.
- 경사지, 소규모 택지의 이용이 가능하다.
- 대지의 형태 및 지형에 조화시켜 계획함으로써 다양한 배치와 외관의 변화가 가능하다.

㉯ 단점

- 벽체의 공유로 인하여 일조, 채광, 통풍이 불리하고 평면계획에 제약을 받는다.
- 프라이버시 유지에 불리하다.
- 계획이 성실하지 못할 경우에는 단조로운 공간과 외관이 형성된다.

③ 연립 주택의 형식

㉮ 타운 하우스(Town House)

토지의 효율적인 이용 및 건설비, 유지관리비의 절약을 잘 고려한 연립 주택의 형태로서 단독 주택의 장점을 최대로 활용하여 대개 1층은 거실, 식당, 부엌 등의 생활공간이고 2층은 침실, 서재 등 휴식 및 수면 공간이 위치한다. 이 유형은 건물동(建物棟)의 길이가 긴 경우에는 앞뒤로 전진, 후퇴시켜 다양한 변화와 프라이버시를 확보하기 위해 수목을 심을 수 있다. 특징으로는 프라이버시(privacy) 확보를 위한 경계벽 설치, 각 세대마다의 자동차 주차, 각자 관리할 수 있는 정원을 소유한다.

㉯ 로우 하우스(Row House)

토지의 효율적인 이용, 건설비의 절약, 유지관리비의 절감을 위하며 단독 주택보다 높은 밀도를 유지할 수 있는 도시형 주택의 이상형인데 우리나라에서 흔히 건설되는 연립 주택의 형태를 말한다. 2층 이상의 단위 주거가 경계벽을 공유하고 단위 주거 출입은 홀을 거치지 않고 지면에서 직접 출입하며 밀도를 높일 수 있는 저층 주거로 층수는 3층 이하이다.

㉰ 테라스 하우스(Terrace House)

지형에 따라 자연형, 인공형으로 구분할 수 있는데 자연형은 경사지를 이용하여 지형에 따라 건물을 테라스형으로 계획한 것이며 인공형은 자연형 테라스 주택의 장점을 평지에 테라스형으로 건립하는 것을 말한다. 형태는 경사도가 심할수록 밀도가 높아지는데 그 이유는 대지는 경사진 지표면을 따라 측정되는 것이 아니라 수평적으로 면적이 산출되기 때문이다. 우리나라 지형상 경사지가 많으므로 이 경사지를 이용한 테라스 하우스에 대한 많은 연구가 필요하다.

㉱ 중정 주택(Patio House)

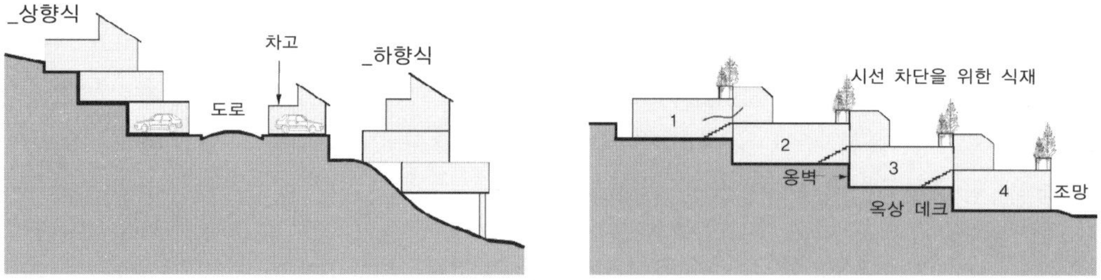

그림 Ⅱ-34. 테라스 하우스의 형식

격자형의 단조로움을 피하기 위해서 한 세대가 중정을 향하여 L자형으로 둘러싸고 있는 형식이다. 이 형식은 한 세대가 중정을 가지는 경우와 몇 세대가 하나의 중정을 공유하는 경우가 있다.

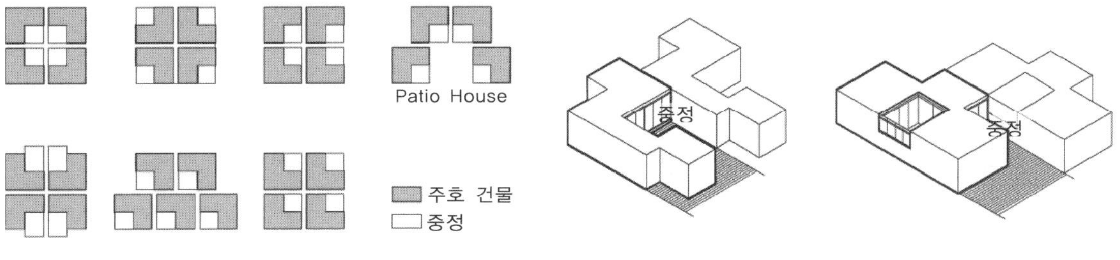

그림 Ⅱ-35. 중정형 주택

(3) 다세대 주택

서민 주택의 부족난을 해결할 수 있는 방안의 하나로서 도시의 소가족 또는 중·저소득층을 위하여 지하 1층, 지상 2~3층의 단일건물에 각층 별로 출입구를 달리하여 입주할 수 있는 일종의 공동 주택이다.

1985년 다세대 주택에 대한 시행령이 발표되어 2세대 이상이 거주할 수 있는 공동 주택을 다세대 주택으로 규정하여 대지 내의 통로 폭, 일조권 확보를 위한 건축물의 높이 제한, 인동 거리, 건축면적의 산정 등에서 부분적인 완화조치를 취하였다. 또한 지하실도 주거공간으로 이용하기 위하여 천장 높이의 2/3 이상이 지표 하에 있도록 하였으나 이를 1/2 이상으로 완화하였다.

다세대 주택의 장점으로는 ①주거 밀도를 높일 수 있다 ②저소득층의 기호에 맞는다 ③세대별 정원 확보가 가능하다 ④저층으로 사회적 친교가 쉽다 등을 들 수 있으며, ①출입구를 각기 사용하지만 각 세대의 프라이버시에 문제가 있기 쉽다 ②옥외 공간 활용에 있어 세대별 균등 분배의 어려움이 있기 쉽다 등을 단점으로 들 수 있다.

그러나 1986년 이후 건설된 다세대 주택은 인근 주택과의 일조권, 프라이버시 침해 시비가 일어나고 영세업자의 수익성만을 앞세운 집 장사꾼들에 의해 부실 시공하여 주거환경이 악화되는 등 여러 문제가 발생하고 있다.

(4) 아파트

아파트의 성립요인으로는 도시 인구 밀도의 증가, 도시생활자의 이동, 세대 인원의 감소 등이다. 아파트는 하나의 건물을 분할하여 사용한다는 의미를 가지고 있다.

① 평면 형식에 의한 분류

㉮ 홀형(계단실형, Hall System, Direct Access)

홀형은 흔히 계단실형으로서 우리나라에서 많이 사용되는 형식으로서 프라이버시가 양호하고 통로의 공용면적이 적어서 건물의 이용도가 좋은 편이다. 보통 2단위 플랜이 공용일 때는 각 세대가 균등한 조건으로서 배치되어 통풍, 채광, 프라이버시가 양호하나 단조로운 주거 환경을 형성하게 된다.

㉯ 복도형(Corridor System)

복도형은 편복도형과 중복도형으로 나눌 수 있는데 편복도형은 각 세대의 통풍과 채광이 양호하고 공용 복도에서는 프라이버시가 침해되기 쉬우나 비교적 이웃 간에 친교를 할 수 있는 기회가 많아진다고 볼 수 있으며, 중복도형은 대지에 대해 많은 세대수를 수용하여 토지 이용율은 좋으나 채광, 통풍, 프라이버시 등이 좋지 않은 단점을 갖고 있다.

㉰ 집중형(Concentration Type)

집중형은 코아(Core)형으로 탑 모양으로 계획되는 경우가 많으며 중복도 같이 토지 이용율은 양호하나 채광, 통풍, 프라이버시 등이 좋지 않은 단점을 갖고 있다.

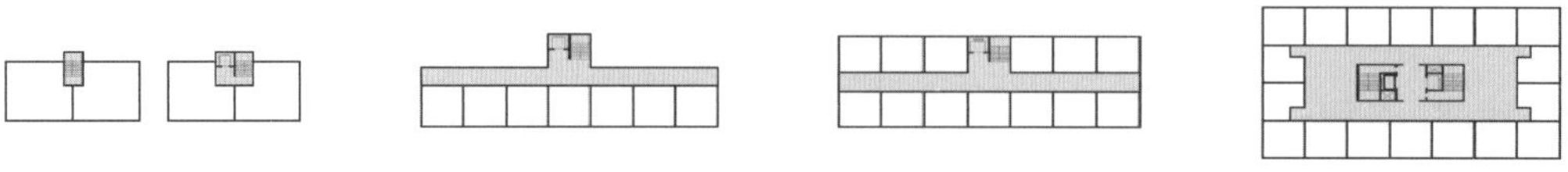

그림 II-36. 아파트의 형식

표 II-13. 평면 형식상의 장 · 단점

구 분		장 · 단점
계단실(홀)형	장점	독립성이 좋고 출입이 편하며 통행부 면적이 적으므로 건물의 이용도가 높다.
	단점	고층아파트일 경우 각 계단실마다 엘리베이터를 설치해야 하므로 시설비가 많이 든다.
편(갓)복도형	장점	복도 개방 시 각 주호의 거주성이 좋고 프라이버시는 좋지 않으나 고층 아파트에 적합하다. 통풍, 채광이 양호하다.
	단점	복도 개방 시 외부에 대해 무방비 상태이므로 위험하다. 복도 폐쇄 시 통풍, 채광이 불리해지며 고층아파트의 경우 난간을 높게 해야 한다.
중(속)복도형	장점	부지의 이용률이 높다.
	단점	프라이버시가 나쁘고 시끄럽다. 통풍, 채광상 불리하며 복도 면적이 넓어진다.
집중형	장점	부지의 이용률이 가장 높으며 많은 주호를 집중시킬 수 있다.
	단점	프라이버시가 극히 나쁘며, 통풍 채광상 극히 불리하고 복도 부분의 환기 등의 문제점을 해결하기 위해 고도의 설비시설을 해야 한다.

② 단면 형식에 따른 분류(층수와 층 구성)

층 구성에 따라 아파트는 단층형(Flat System), 복층형(Duplex, 매조네트형), 삼층형(Triplex형)으로 나누어진다.

단층형은 주어진 규모 가운데 각 실의 면적 배분이 1층에서 끝나는 형식으로 대부분 이용되는 방식이나 각 실이 서로 인접하여 배치되므로 독립성이 깨어지지 않도록 유의하여야 한다. 복층형은 각 세대가 주거 전체를 2층으로 나뉘어 사용하는 형으로 단층형에 비하면 각실이 1, 2층으로 나누어져 주택 내의 공간 변화가 있고 독립성이 좋고 통로 면적이 감소하여 임대면적을 증가시켜 전용 면적비가 크지만, 일반적으로 50㎡ 이하의 주택에서는 비경제적이라고 할 수 있다. 삼층형은 하나의 주거단위가 3층형으로 구성되는 것으로 프라이버시의 확보율이 높고 통로 면적도 복층형보다 유리하지만 주거 단위면적의 규모가 커야 하며 피난계단 계획의 어려움이 있다.

그 밖에 스킵형(Skip Floor Type)은 주거단위의 단면을 단층형과 복층형에서 동일층으로 하지 않고 반 층씩 어긋나게 하는 형식이다.

표 II-14. 평 · 단면 형식상의 장 · 단점

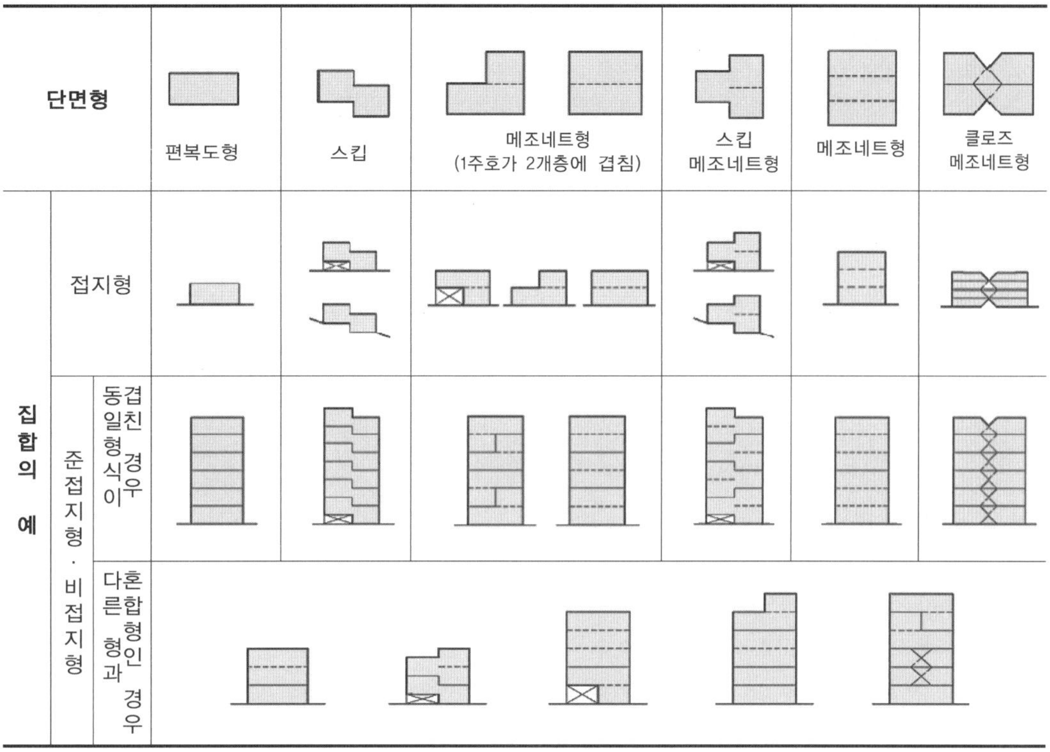

표 II-15. 입체 형식상의 장 · 단점

구 분		장 · 단점
단층형 Flat Type	장점	- 평면구성의 제약이 적다. - 작은 면적에서도 설계가 가능하다.
	단점	- 프라이버시 유지가 어렵다. - 각 주호의 규모가 커지면 호당 공용 부분의 면적이 커진다.
복층형 **(메조네트형)** Duplex Maisonnette	장점	- 엘리베이터의 정지 층수가 적어 운행면에서 경제적이고 효율적이다. - 복도가 없는 층은 남북면이 개방되어 좋은 평면계획이 가능하다. - 통로 면적이 감소되고 유효 면적이 증대된다. - 독립성이 좋다.
	단점	- 복도가 없는 층은 피난상 불리하다. - 소규모 주거에서는 비경제적이다.
삼층형 Triplex Type	장점	- 프라이버시의 확보와 통로 면적의 절약은 메조네트형보다 유리하다. - 통로가 없는 층의 채광 및 환기는 메조네트형과 같이 매우 유리하다. - 부지의 이용률이 가장 높으며 많은 주호를 집중시킬 수 있다.
	단점	- 상당한 주호(住戶)면적이 없으면 플랜상의 융통성이 없게 된다. - 주(主)피난계획이 곤란하다.

[스킵 플로어(Skip Floor Type) 형식]

스킵 플로어 형식은 한 층 또는 두 개 층을 걸러서 복도를 설치하고 그 밖의 층에서는 복도가 없이 계단실로 각 단위 주거에 도달하는 형식으로 엘리베이터는 복도가 있는 층에서만 정지한다. 특징은 다음과 같은 것을 들 수 있다.

㉠단위 주거의 프라이버시가 확보된다.
㉡두 측면(통로가 없는 층)에 개구부의 설치가 가능하므로 채광과 통풍이 좋다.
㉢엘리베이터의 이용률이 높고 정지 층수를 줄일 수 있다.
㉣엘리베이터에서 복도를 거쳐 다시 계단을 통하여 각 단위 주거에 도달하므로 동선이 길어진다.
㉤통로 면적을 감소하고 유효면적을 증대시키므로 면적 이용률이 증대된다.

③ 입면 형식에 따른 분류

입면 형식에 따라 저층, 중층, 고층으로 구분할 수 있으나 명확한 기준이 있다기보다는 시대에 따라 달라진다. 현재 서울시 조례에 따르면 5~7층 아파트를 저층 아파트(Garden Apartment), 8~12층을 중층아파트(Low-Rise Apartment)로, 그리고 13층 이상을 고층아파트(Medium-Rise Apartment)로 구분하며, 50층 이상 또는 높이 200m 이상의 경우를 초고층 아파트(High-Rise Apartment)라 한다.

④ 공동 주택의 평면 계획

㉮ 아파트 주호 평면 구성

우리나라 아파트의 주호(住戶)평면을 분석해 보면, 침실과 거실을 중심으로 구성되는 거주 부분과 부엌·화장실을 중심으로 하는 비(非)거주 부분으로 크게 나누어지며 이러한 공간의 분화 현상을 분석하면 구성 요소에서 일정한 패턴을 보이고 있다.

㉯ 단위 평면(Unit Plan)의 결정 조건

- 거실에는 직접 출입이 가능하도록 한다.
- 침실에는 직접 출입이 가능하도록 하며 타실을 통하여 통행하지 않도록 한다.
- 부엌과 식사실은 직결하고 외부에서 직접 출입할 수 있도록 한다.
- 동선은 단순하고 혼란되지 않도록 한다.

㉰ 주거 단위의 실별 표시 및 생활의 특징

표 II-16. 주거단위 표시

구 분	특 징
DK형	-식사(D)와 취침은 분리하지만 거실(L)은 취침하는 곳과 겹친다. -소규모 주택형의 각 방을 분리하면 너무 협소하기 때문에, 일반적으로 부엌 겸 식당(DK)과 거실 겸 침실은 개방적으로 연결된다.
LDK형	-최소한의 넓이로 공용실(共用室: 식사와 단란하게 보내는 곳)과 사실(私室: 취침 등)를 분리한다. -LDK가 일체가 되므로 안정된 거실은 확립이 안된다. -LDK의 면적이 크면, 간단한 칸막이로 K와 D를 분리할 수 있다.
LD+K형	-LD는 같은 방으로 하고 K를 분리한다. -식사실을 중심으로 단란한 생활형에 적합하다.
L+DK형	-DK는 같은 방으로 하고 L을 분리한다. L을 독립시켜 생활에 충실을 주는 경우에 적합하다. -DK는 가사의 편리함과 주방일을 하면서 단란하게 모이므로 생활에 편리하다.
L+D+K형	-L, D, K를 각각 분리한다. -각 방을 각 용도에 따라 분리할 수 있다.
S형	-LDK의 공간 이외에 특별한 용도의 공간을 만든다. -접객용, 서재, 플레이 룸, 기타 취미에 따른 용도로 한다.

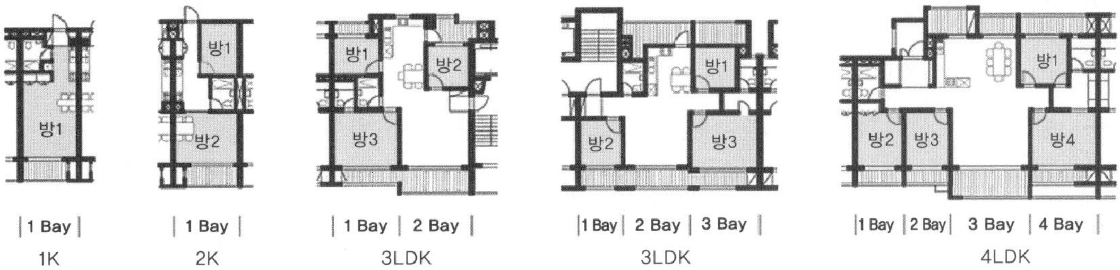

그림 Ⅱ-37. 주거 단위의 표시

㉣ 블록 플랜(Block Plan)의 결정 조건

- 각 단위 플랜이 2면 이상 외기에 면할 것
- 중요한 거실이 모퉁이에 배치되지 않도록 할 것
- 각 단위 플랜에서 중요한 실의 환경은 균등하게 할 것
- 모퉁이에서 다른 주호가 들여다보이지 않을 것
- 현관은 계단에서 6m 이내일 것

[아파트 평면 설계의 시대적 변화]

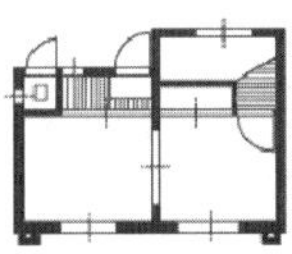

1956년 서울 회기동
연립주택
(연탄 아궁이 방식)

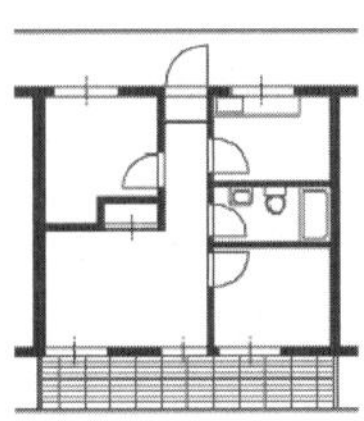

1962년 서울 마포 아파트
15평형 평면도

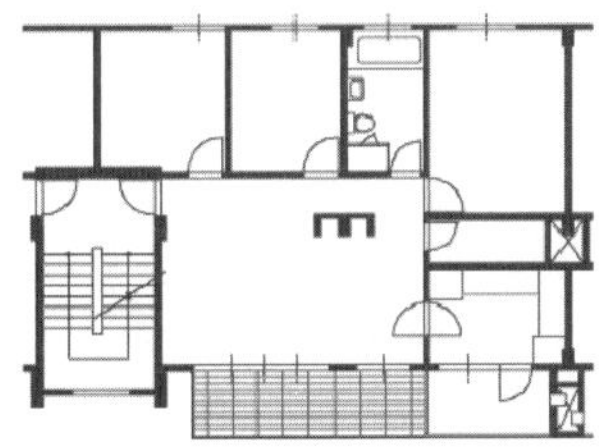

1970년 서울 한강 아파트
(수납공간이 별도로 구성)

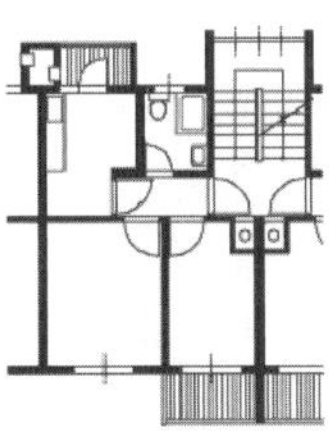

1970년대 중앙집중
난방 방식과 가스연료의
이용에 따른 아파트 평면

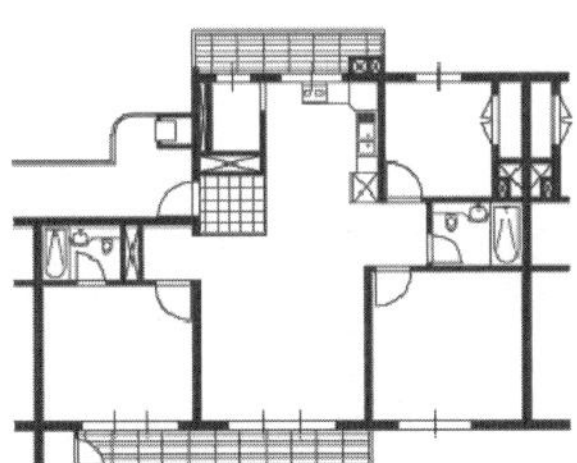

1980년대 서울 상계동 지역
3대 가족형 아파트

1992년 경기도 분당 건영 아파트
(수요자들의 다양한 요구에 따른
발코니 면적 확대)

□ **60~70년대** _각 실의 기능 중시

국내 아파트 평면은 공공부문 위주의 공급이 이루어진 1960년대 이후 다양한 평면형이 시도되었으나, 1970년대에 들어서면서 평면 설계에 있어서 주·야간 생활별로 공간을 분리가 시작되었다. 특히 주거생활에 적절한 대응이 가능하도록 각 실의 기능을 중시했다. 하

지만 당시 완공된 한강맨션 아파트의 경우 좌식생활을 벗어나 서양식 생활 양식을 도입하여 온돌방이 전혀 없고 모든 공간이 입식으로 설계되어 노인층으로부터 외면을 받기도 했다. 이때부터 민간 주도의 공급이 본격화됨에 따라 평면의 고정화 현상이 심화되었다.

또한 1960년대 이후 등장하여 보편화되기 시작한 아파트는 주택 내부에 마당을 갖는 것이 불가능해짐에 따라 이와 같은 전통적인 생활 내용을 수용할 수 있는 별도의 공간에 대한 배려가 필요하게 됐다. 이에 따라 다용도실이라는 공간개념이 도입되기 시작하여 별도의 다용도실을 계획하거나 부엌 후면에 서비스 발코니를 배치하는 것이 일반화되었다.

□ **80년대** _개별 공간의 다양성 반영

70년대에는 아파트 평면이 획일적이어서 방이 3개인 경우에도 화장실이 1개만 있는 핵가족 위주의 평면이었던 반면, 80년대 아파트 평면은 거주자 선택의 폭을 넓혀주기 위해 전용면적 안에서도 욕실의 개수를 달리해 디자인하는 등 개별 거주자의 다양성을 반영한 시도가 나타났다. 또한 평면 유형의 다양화와 자재의 고급화, 실내 가변형 융통형 아파트, 3세대 동거형 아파트가 등장하였다. 공공 부문에 있어서도 1980년대에 새로운 유형들이 등장, 평형대별 고정화 현상이 나타난다. 면적대별로 고정화된 평면을 살펴보면 전용면적 50㎡ 이상 70㎡ 미만의 범위에서는 3L/DK형이 주종을 이루고, 59㎡ 미만의 평면에서는 2L/DK형과 거실을 방으로 전용할 수 있는 3DK형도 나타난다. 3L/DK형은 남측 전면을 2bay, 북측 후면을 3bay로 나누어 전면에 거실과 주 침실(안방)을 두고 후면에 2개의 방과 DK를 배치한 형과, 폭 방향을 2bay로 나누고 깊이 방향을 3bay로 나누어 전면 2bay에 거실과 주 침실, 중앙부 2bay에 화장실과 DK, 후면 2bay에 2개의 방을 배치한 것이 전형적이다.

80년대 후반기에 이르러 주된 주택 설계 방향은 소형공간을 어떻게 유효적절하게 활용할 수 있도록 평면 및 공간을 계획할 것인가에 집중됐다. 이에 따라 각 실의 구획을 단순화하여 사장되는 공간을 최대한 줄이고 발코니에 세탁 및 수납공간을 설치하되 선반을 두어 수직적으로 공간 활용도를 높였다.

□ **90년대~현재** _내부 평면 설계의 다각화 추진

가족 구성원의 개성이 분화되고 이로 인해 개별적인 공간이 적극적으로 요구되는 90년대 이후는 주거공간의 개별화 역시 심화되는 시기였다. 특히 주택시장이 본격적인 상품 경쟁체제에 돌입하면서 내부 평면 역시 수요자들의 입맛을 맞추기 위해 다양해졌다. 우선적으로 꼽을 수 있는 변화는 안방에 별도의 욕실을 설치했다는 점이다, 이전에는 침실 4개 이상의 중대형 규모의 주택에서만 안방 전용 욕실이 설치되었지만 1990년 이후에는 전용면적 85㎡ 규모에까지 설치하는 것이 보편화됐다.

2000년 이후 최근에는 기존 주상복합에서 선보였던 가변형 벽체가 아파트 공간에서 다각적으로 사용되는 추세다. 또한 다양한 평면을 원하는 수요자들의 취향을 극단적으로 반영하기 시작했다는 점에서 그동안 계획평면의 한계를 극복하기 위한 작업이 진행 중이다.

90년대 후반기까지 3bay가 강세였다면, 2000년대 이후부터는 4bay(30평형대)가 첫 선을 보이게 된다. 현재 기존 4bay의 구조는 개별 공간의 추가로 인해 매우 활발한 변화를 보이고 있다. 이러한 양상은 다양한 평면 패턴에 대한 소비자의 라이프 스타일 변화가 가장 큰 요인이라 할 수 있다.

현재 각 공간별 평면 설계에 대한 소비자의 취향을 살펴보면, 주방, 안방, 침실, 욕실 순으

로 나타난다. 주방의 경우 빌트인 가전의 확대와 이에 따른 수납공간 확보는 보조 주방을 탄생시켰고, 단순 음식 요리의 공간에서 파티의 한 장소인 문화공간으로 변하고 있는 추세이다. 이러한 소비자의 트렌드는 점점 주방의 고급화를 앞당기고 있다. 또한 침실의 경우도 많은 진화를 거듭하고 있는 중이다. 30평형대 아파트의 경우 기본적으로 4인 가구를 중심으로 방이 4개로 구성됐으나, 최근에는 출산율(평균 1.1명) 감소로 안방 이외의 방들이 커지거나 독립된 하나의 테마 공간을 형성하고 있다. 40평대에는 아예 방, 거실, 방 방식으로 4bay 평면을 구성하기도 한다. 주부들이 많이 활동하는 주방도 이런 차원에서 북쪽이 아닌 남쪽에 배치된다. 햇볕이 많이 드는 남쪽으로 주방을 둬 주부들이 밝은 분위기에서 요리할 수 있게 한다.

[아파트 명칭의 역사]

아파트가 도입된 시점은 지난 1950년대부터이다. 1958년 지어진 서울 종암아파트가 그 효시로 볼 수 있다. 이후 1960년대 말까지 아파트는 이처럼 지역명을 따서 붙이는 것이 유행이었다.

1962년 완공된 마포 아파트와 1969년 입주한 한남동 외인 아파트 등이 대표적이다. 건립된 지 불과 1년여 만인 1970년 4월 8일 붕괴되어 거주자 33명이 사망하고 39명이 중경상을 입는 인명 피해가 발생한 서울 마포구 창전동 와우 아파트도 지명을 사용했다. 1970년대 들어서 아파트는 건설회사 명을 이용하는 추세로 바뀐다. 늘어나는 건설업체 수와 아파트의 단지화 추세가 주된 요인이다. 1975년 현대건설이 '현대 아파트'라는 명칭을 사용했고 LG건설의 전신인 럭키건설은 1980년 '럭키 아파트'라는 이름으로 아파트 시장에 참여했다. 이후 쌍용건설과 대우건설, 삼성건설 등이 각각 회사명을 붙인 명칭을 쓰기 시작했다.

지역명과 기업명을 혼합해서 사용한 것은 1989년 'LG 수지 아파트'가 최초이다. 1년 뒤인 1990년 삼성건설도 '보라매 삼성 아파트'라는 명칭을 달았다. 사실상 아파트의 가치 향상이 시작된 시점이기도 하다. 주거시설로서의 아파트가 고급화 시대를 연 것은 1999년 외환위기 직후 IT(정보기술)산업이 발달하면서 아파트에도 정보통신이 본격적으로 접목되었고 환경친화적인 요소들이 아파트에 도입되기 시작한 시기였다.

삼성물산 주택부문(2002년 1월 삼성물산 건설부문으로 통합)은 '삼성 싸이버 아파트'라는 명칭을 도입, 정보통신 아파트로의 가치 상승을 노렸다. 부의 상징으로 불리는 서울 강남구 도곡동 '타워팰리스'가 처음 분양된 시점도 이때다. 쌍용건설도 당시 '스윗 닷홈'이란 명칭을 시장에 알렸다. 같은 해 철골조 아파트를 지어왔던 삼성중공업은 '쉐르빌'이라는 명칭을 도입했다. 업계 맏형이던 현대건설도 '하이페리온'이라는 명칭을 적용, 주상복합 아파트 시장의 **명품 브랜드화**에 불을 지폈다. 아파트에 붙이던 건설사 명 대신에 명품 브랜드의 경쟁 구도가 본격화된 것은 이보다 1년 늦은 2000년이다.

먼저 칼을 빼든 업체는 삼성건설이었다. 이 회사는 '래미안'이란 브랜드를 완성, 경쟁에서 한발 앞서갔다. 이에 현대건설도 '홈타운'이란 브랜드로 맞섰다. 이같은 양상에 위기감을 느낀 대형건설사들이 잇따라 자체 명품 브랜드를 개발했다. 대우건설이 '트럼프 월드'라는 주상복합 아파트 브랜드를 내놓았고 현대산업개발과 롯데건설이 각각 '아이 파크(I—PARK)'와 '캐슬'로 명명한 아파트 브랜드를 선보였다. 대림산업도 'e-편한 세상'이란 고유의 아파트 브랜드에 이어 주상복합 브랜드인 '아크로'시리즈를 시작했다. 또 SK건설도 'SK뷰'라는 브랜드를 소개했다. 포스코건설의 '더샵'은 2001년에 탄생했다. 대형업체들의 잇단 브랜드 론칭(Launching)에 자극받은 중견업체들도 앞다투어 브랜드 도입에 열중하였다.

월드건설이 유럽풍 브랜드인 ‘메르디앙’을 선보인데 이어 벽산건설이 ‘블루밍’을, 신동아건설이 ‘파밀리에’를 각각 아파트 브랜드로 사용하기 시작했다. 비슷한 시기 대우건설와 LG건설도 각각 ‘푸르지오’와 ‘자이’를 아파트 브랜드로 교체했다. 가장 최근인 2003년에는 금호산업과 이수건설이 각각 ‘어울림’과 ‘브라운스톤’으로 아파트 브랜드 경쟁체제에 본격 합류했다. 또한 공기업인 대한주택공사가 기존의 사명 브랜드를 버리고 ‘뜨란채’라는 새 브랜드를 도입하였으며, 최근 들어 다양한 평면 개발, 특화된 단지설계, 아파트의 브랜드화에 대한 경쟁은 더욱더 뜨거워지고 있다.

제4장. 주거 단지

1. 주거 단지와 공동체(Community)

주거 단지의 계획은 인간이 필요한 공간의 확보 여부, 대지의 조건, 주거지를 둘러싸고 있는 외부환경의 파악을 하고 실제적인 계획의 방법으로서 생활권의 형성, 주거 밀도의 적정 배분, 주거의 소득수준을 고려한 주거설계와 최종적으로는 토지이용계획에 의한 인간의 정주 환경을 형성하는 것을 목표로 한다. 이를 위해서 전문가가 계획을 할 때 ①기능의 충족성 ②이웃과의 유대 ③개발 비용의 효율성 ④건강과 쾌적성 ⑤변화에의 적응성 등을 고려하여야 한다.

주거 단지에서 주민의 정신적 결합과 유대관계를 긴밀하기 위한 공동시설은 아래와 같이 분류된다.

표Ⅱ-17. 공동시설의 종류

구 분	목 적	공동시설 종류
1차 공동시설	기본적 주거시설	급배수, 급탕, 난방, 환기, 전화설비, 통로, 엘리베이터, 각종 슈트, 소각로, 구급설비 등
2차 공동시설	거주 행위의 일부를 공유하여 합리화와 향상을 꾀한 것	세탁실, 작업시설, 어린이놀이터, 창고설비, 응접실 등
3차 공동시설	집단생활의 기능 촉진	관리시설, 물품 판매, 집회실, 체육시설, 의료시설, 보육시설, 채원, 정원 등
4차 공동시설	공공시설	우체국, 학교, 경찰서, 파출소, 소방서, 교통시설 등

주거 단지의 결정은 주거 단지 내 주민들이 자신의 문화관이니 경험 및 활동 등이 서로 공감대로서 같은 사회적 공동체임을 느낄 수 있어야 하며 또한 가치관을 공유하고 공동체에 대한 애착심을 가질 수 있는 정도의 크기이어야 한다. 이 단위를 근린 주구(近隣住區; Neighborhood)라고 한다. 근린 주구 이론은 1929년 페리(C.A Perry)가 주거 단지의 공동체(커뮤니티)의 조성을 위해 계획 단위로 적용한 것에 비롯된다.

2. 주거 단지의 체계

근린 생활권의 구성 체계는 인보구, 근린 분구, 근린 주구 등 3가지로 구분된다.

(1) 인보구

주택호수 20~40호, 0.5~2.5 ha로 인보적인 모임이며 공동시설로서는 유아 놀이터, 공동세탁소, 쓰레기 처리장 정도이다. 공동체의 단위로서 사회적인 의미는 미약하다.

(2) 근린 분구

주택 호수 400~500호(2,000명), 15~25ha로 일상 소비생활에 필요한 공동시설을 영위할 수 있는 모임이나 공동체의 단위로는 너무 작다고 할 수 있다. 공동시설로는 ①소비시설(잡화상, 술집, 과자점, 쌀가게 등) ②후생시설(공중 목욕탕, 이발소, 진료소, 약국, 우체국, 관리사무소) ③보육시설(어린이 공원, 유치원, 탁아소) 등을 설치할 수 있다.

(3) 근린 주구

주택 호수 1,600호(8,000~10,000명), 100ha로 초등학교를 중심으로 한 것이며 시가지의 간선도로로 둘러싸인 블록이며 일상생활에 필요한 점포나 공공시설을 갖추고 공동체의 최소 단위로 성립한다. 커뮤니티 센터의 설치가 바람직하다.

공동시설로는 점포 외에 병원, 초등학교, 운동장, 우체국, 동사무소, 집회장 등을 설치한다. 주민 수 10,000명, 학교에서 주택까지의 거리 500~800m의 범위이며 보통 3~4개의 근린분구가 모여 하나의 근린 주구를 이룬다. 그리하여 인보구, 근린 분구, 근린 주구의 형식으로 점차로 구성되어 근린 주구는 도시계획의 종합계획과 연결된다.

표Ⅱ-18. 주거 단지의 구성

단위 구분	면 적	호 수	인구 규모	해 설	중심 시설
인보구	0.5 ~2.5ha	20~40호	100 ~200명	철근콘크리트 3~4층, 아파트 1~2동	· 어린이 놀이터 · 공동세탁장
근린 분구	15 ~25ha	400 ~500호	2,000 ~2,500명	일상 소비생활에 필요한 공동시설을 운영할 수 있는 체계	· 소비시설: 잡화, 음식점, 쌀가게 · 보건위생시설: 공중 목욕탕, 약국, 이용소, 미용소, 진료소, 공중화장실 · 공공시설: 공회당, 파출소, 공중전화 · 보육시설: 유치원, 탁아소, 아동공원(2,000㎡)
근린 주구	100ha	1,600 ~2,000호	8,000 ~10,000명	초등학교를 중심으로 한 근린분구의 수 개의 집합체	· 교육문화시설: 초등학교, 도서관 · 행정시설: 동사무소, 우체국, 소방서 · 의료시설: 병원 · 공원시설: 어린이 공원, 운동장

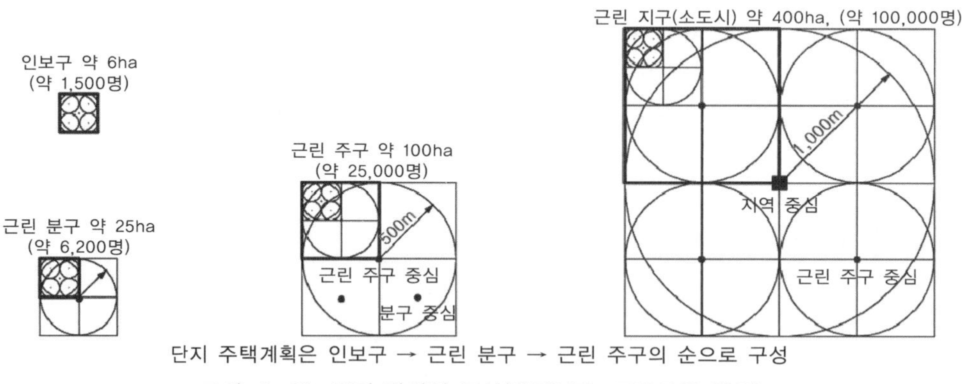

그림 Ⅱ-38. 주거 단위의 표시(우리나라, 고밀도의 경우)

3. 근린 주구 이론

(1) 하워드(Ebenzer Howard)

① 전원도시의 독창성(전원도시의 구상)

㉮ 도시와 농촌의 결합: 중심에 400ha의 시가지와 주변에 2,000ha의 영구 농지

㉯ 인구 규모의 제안 : 시가지에 32,000명으로 인구를 제한

㉰ 자족성 : 시청, 미술관, 병원 등을 중심부에 배치, 동심원상으로 상업지, 주택지, 공업지 등을 배치하여 자족성을 유지

㉱ 개발 이익의 사회 환원

② 「내일의 전원도시」(1898), 「레티워스 전원도시」(1903), 「월 윈 전원도시」(1920)

(2) 페리(Clarence Arthur Perry)

최초로 근린 (Neighborhood)의 정의를 설정하여 근린 주구의 이론을 주장하였다.

① 「뉴욕 및 그 주변 지역 계획」(1927) : 일조 문제와 인동 간격의 이론적 고찰을 하여 근린 주구 이론을 정리했다.

② C. A. Perry의 근린단위 방식

㉮ **규모**(Size) : 초등학교 하나를 필요로 하는 인구에 대응하는 규모

㉯ **경계**(Boundary) : 통과 교통이 내부를 관통하지 않고 용이하게 우회할 수 있는 충분한 넓이와 간선도로에 의해 구획되어야 한다.

㉰ **공지**(Open Space) : 소공원 및 레크레이션 공간의 체계가 적절히 통합되어야 한다. 근린공원 등 녹지면적을 전체 주구 면적의 10% 이상으로 한다.

㉱ **공동 건축 용지**(Institution) : 학교나 공공 건축용지는 중심 위치에 적절히 통합한다.

그림 II-39. 페리에 의한 근린 주구 모델

㉲ **근린 점포**(Shopping District) : 주구 내 인구에 적합한 1~2개소 이상의 상업지구가 설치되고, 위치는 주구 주위 교통의 결절점이나 인접하는 지구의 점포에 인접해서 배치되어야 한다.

㉳ **지구 내 가로 체계**(Interior Streets) : 폭은 좁고 구불구불한 Cul-De-Sacs한 길로 처리하고, 통과 교통에 상용되지 않도록 계획되어야 한다.

(3) 라이트(Henry Wright)와 스타인(Carence S. Stein)(1928)

① 뉴저지(New Jersey)의 레드번(Redburn) 설계

㉮ 주된 특징은 보행자와 자동차 교통의 분리이다.

㉯ 슈퍼 블록(大街區, Super Block : 간선도로에 의해 분할되지 않는 주구로 10~20ha로 구성)단위로 계획하여 주택들과 가구 안의 시설들, 학교 · 공원들까지도 보도에 의하여 연결된다.

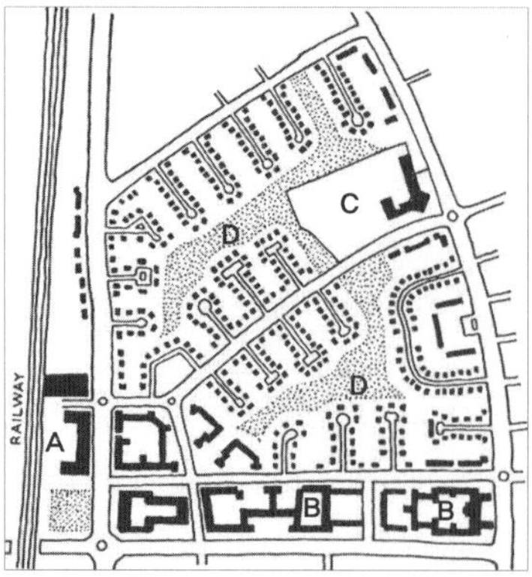

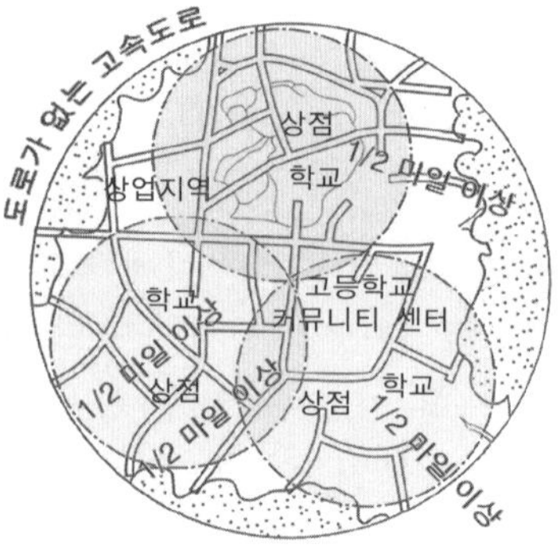

그림 II-40. 래드번의 근린 주구

(4) 페더(G. Feder)(1932) _「새로운 도시」(Die neue Stadt)

① 일(日) 중심, 주(週) 중심, 월(月) 중심의 단계적 일상 생활권 개념을 확립하였다. (독일 여러 도시의 상세한 통계적 분석)

② 인구 20,000명을 갖는 자급 자족적인 소도시를 지구 단계 구성에 의해 만들어내는 연구 논문을 발표했다.

(5) 아담스(Thomas Adams)(1934)
_「주거지의 설계」(Design of Residential Area),「소주택의 근린지」

페리(C.A. Perry)의 근린 주구와 거의 같은 규모로 1,300~2,050호를 제안하고 있으며, 중심시설은 공민관과 상업시설이다.

(6) 루이스(H. M. Lewis) _「현대 도시의 계획」(Planning the Modern City)

4. 주거 단지의 토지 이용

(1) 토지 이용계획의 의의 및 목적

토지 이용계획은 계획 대상지의 토지를 보다 효율적으로 이용하고 토지 이용에 관한 원칙과 질서를 부여하는 작업이다. 즉, 계획 대상지에서 예상되는 다양한 활동을 고려하여 각각의 활동별로 토지 수요와 적정 밀도를 예측하고, 이들 활동을 종합적이고 합리적으로 배분하는 일련의 과정을 의미한다.

그리고 토지 이용계획이 추구하는 궁극적인 목적은 공공의 이익을 전제로 거주자의 안정성, 보건성, 편리성, 쾌적성을 최대한 확보하는 동시에 경제성을 추구하는 것이다. 또한 토지 이용계획에는 장래에 발생될 다양한 활동에 대한 예측 역시 고려되어야 한다.

(2) 주거 단지의 토지 이용

주거 단지는 주거 기능 이외 거주자의 다양한 생활행위에 대응하는 다양한 용도로 이용하고 있는데 건축용지, 녹지용지, 교통용지, 기타용지로 구분된다.

각 용도별 토지 이용률은 전체 토지면적에 대한 비율로 나타내는데 주택지의 규모, 건축형식, 설계방침 등에 따라 변화하며 주거환경 수준의 판단지표로 이용된다.

(3) 주거 단지의 밀도(密度; Density)계획

① 밀도의 유형

밀도(密度; Density)는 복합적인 개념으로서 '얼마나 공간을 점유하고 있느냐?' 하는 관점에서 주거 단지를 구성하는 단위 기준의 건축물의 양, 또는 이를 이용하는 사람 수를 단위 토지면적(ha)에 대한 비율로 나타낸다.

주요한 밀도 종류에는 건폐율(建蔽率; Building Coverage), 용적률(容積率), 호수 밀도(戶數密度), 인구 밀도(人口密度) 등이 있다.

㉮ 건폐율

토지면적(대지면적)에 대한 건축면적이 얼마나 차지하느냐에 대한 비율이다. 대지면적에서 건축면적을 빼면 공지 면적(空地 面積; Open Space)이 된다.

> 대지(토지)면적이 300㎡, 1층 바닥 면적이 120㎡일 때, 건폐율은 40%이다.
>
> $$\frac{\text{건축면적}}{\text{대지면적}} \times 100 = \frac{120\text{m}^2}{300\text{m}^2} \times 100 = 40\%$$
>
> 공지 면적은 300㎡ - 120㎡ = 180㎡ 이고
> 공지율은 100% - 건폐율 = 100% - 40% = 60%가 된다.

㉯ 용적률

토지면적에 대한 건물 양(量)이 얼마나 차지하느냐에 대한 비율이다. 건물 양은 연면적(延面積; Architectural Area)이라고 하는데 건물에서 사람이 사용할 수 있는 바닥면적의 합계를 말한다.

> 대지(토지)면적이 300㎡, 1층 바닥 면적이 120㎡이고 8층일 때, 용적률은 320%이다.
>
> $$\frac{\text{연면적}}{\text{대지면적}} \times 100 = \frac{120\text{m}^2/\text{층} \times 8\text{층}}{300\text{m}^2} \times 100 = 320\%$$
>
> 따라서 건물의 형태가 단순하다면 용적률은 (건폐율×층수)로 구할 수 있다.

㉰ 호수 밀도

단위 토지면적에 세대수가 얼마나 있는가에 대한 비율이다. 단위로는 (호수/ha)로 표현하는데 공공시설이나 상수도의 배관 크기 등을 결정하는 데에 이용된다.

㉱ 인구 밀도

거주인구를 토지면적으로 나눈 것으로 일반적으로 거주 밀도라고도 하며 (인/ha)로 표시한다. 보통 인구 밀도는 호수 밀도에 호당 평균 가족 수를 곱하여 구하는데 호당 평균 가족 수는 생활 수준이나 주거환경 등에 따라 달라지며 과거에는 보통 4~5인이

한 호수를 형성하였으나 최근에는 2명 남짓한 숫자를 기록하고 있다.

② 밀도의 측정 방법

밀도의 측정 방법에는 주거 단지에서 주택용지와 비 주택용지와의 구별이 명확하지 않고 또 녹지용지나 교통용지 등을 포함시키느냐 혹은 제외시키느냐에 따라 밀도 값이 다르게 나오기 때문에 2가지 종류의 밀도가 존재한다. 즉, 녹지나 도로의 면적을 포함시킨 토지면적으로 구한 총 밀도(總 密度: Gross Density)와 녹지나 교통용지 등을 제외한 순(純) 주거용지 면적에 대한 것을 순 밀도(純 密度: Net Density)가 있다. 일반적으로 총(總) 밀도가 많이 쓰이고 있다.

③ 주거 단지의 적정 밀도

주거환경의 평가 지표로 일반적으로 밀도를 사용하지만 밀도가 높거나 낮다고 해서 반드시 주거환경이 좋고 나쁨을 나타내는 지표라 할 수는 없다. 하지만 밀도와 주거 환경과의 밀접한 관계가 있으므로 적정 밀도를 추정하는 것도 가능하다고 생각할 수 있다.

예를 들면 전원도시의 주창자인 하워드는 100~120인/ha, 페리는 100~120인/ha, 르 꼬르뷔제는 310인/ha(고층아파트 300만을 위한 도시), 일본에서는 276~320인/ha(중층 6층), 308~348인/ha(고층 12층) 정도를 적정 밀도로 보고 있으며, 우리나라 연구로서 윤정섭은 600인/ha(중층 6층), 750인/ha(고층 9층 이상) 정도를, 황희연은 350인/ha (중층 5층), 420인/ha(고층 12층) 정도를 주장하고 있다.

④ 주거 단지 배치에 따른 밀도의 변화

우선 건물과 건물을 배치할 때 주거 환경적인 측면에서 고려하여야 할 사항들을 고려하여야 한다. 일반적으로 공동 주택의 배치는 거실을 중심으로 일조, 채광, 통풍, 방화, 소음에 따라 배치가 결정되는데 이 중에서도 중요한 것은 인동 간격과 방위라고 볼 수 있다. 인동 간격에는 건물 간의 거리를 말하는데 전면(前面) 인동 간격과 측면 인동간격으로 구분된다. 이 거리는 프라이버시나 조망 등 주거환경에 영향을 받는다.

전면 인동 간격은 건물 1층 거실에서 햇빛을 받는 시간 즉 일조 시간에 따라 결정되는데 가장 불리한 일조 조건인 겨울 동짓날 정오를 중심으로 4시간 동안의 일조 시간을 확보하도록 되어 있다. 서울의 경우에는 앞 건물 높이의 2배 정도의 인동 간격이 필요하다. 그러나 토지 이용의 효율화를 위해 건물 높이의 1.5~1.0배 정도로 인동 간격이 좁아지는 실정이다. 건물 높이의 배수인 2.0, 1.5, 1.0을 인동 계수라고 한다.

그리고 건물의 측면거리(측면 인동 간격)는 원래는 방화를 목적으로 일정 거리 이상을 확보하도록 규정되어 있으나 지금은 방화보다는 조망을 결정하는 중요한 요소로 작용하고 있다. 이 측면거리는 일반적으로 건물 동(棟)길이가 길수록 넓게 확보하는 것이 바람직하다.

그 밖에 주거 단지의 밀도에 영향을 주는 중요한 요소에는 단위세대의 정면과 폭의 길이, 평균 층고, 층수 등이 있다. 결론적으로 주거 단지에서 밀도에 영향은 건물의 높이, 건물의 폭, 측면 및 전면 인동 계수와 관계가 있고 건물의 평균 층고, 건물의 폭, 인동 계수가 일정하다면 층수에 따라 변화가 생긴다고 볼 수 있다.

Ⅲ. 업무시설

제1장. 사무소 건축
제2장. 인텔리전트 빌딩

Ⅲ. 업 무 시 설

제1장. 사무소 건축

1. 사무소 건축의 개요

(1) 사무소 건축의 기원과 역사

사무소 건축은 산업혁명 이후에 상공업의 발달로 인해 비약적으로 증가와 함께 출현하였으며, 현대적인 사무소 건축은 19세기 후반 서구의 자본주의 경제의 발달 및 각 도시의 왕성한 기업활동으로 인해 시작되었다. 1853년 오티스(Elisha Otis)는 안전장치를 부착한 세계 최초의 안전승강기를 발명함으로써 고층 사무소의 건설을 뒷받침하였으며, 최초의 마천루라 할 수 있는 홈 인슈런스(Home Insurance) 건물이 세워졌다. 이후 제1차 세계대전을 기점으로 미국의 뉴욕 맨해턴에는 많은 고층 건물이 건설되었으며, 2차 세계대전 이후의 세계 각국의 도시 산업화 및 구조기술의 발달은 대규모 초고층 사무소 건물의 건설을 더욱 가속화시켰다.

(2) 사무소 건축의 분류

사무소 건축의 종류는 관리와 대여의 방법에 따라 분류된다. 관리상 분류는 전용 사무소, 준 전용 사무소, 준(準) 대여 사무소, 대여 사무소 등이고 대여 계획상의 분류로는 각 층을 여러 개의 블록으로 나누어서 대여하는 경우, 층별로 대여하는 경우, 전체 건물을 단일 회사가 사용하는 경우 등이 있다.

① 관리상 분류

㉮ 전용(專用) 사무소

완전한 자기 전용 사무소로 민간에서는 저층의 중소 사무소에서 이런 경우가 많다. 또한 공장의 부속 사무소와 관청도 분류상 이에 속한다.

㉯ 준(準) 전용 사무소

여러 개의 회사가 모여 그 건물에 관한 부동산 회사를 설정하고 그 회사에 의해 관리 운용되는 것으로 공동소유 형태이다.

㉰ 준(準) 대여 사무소

건물의 주요 부분을 자기 전용으로 하고 나머지를 대실하는 경우이다.

㉱ 대여 사무소

건물의 전부 또는 대부분을 대여하는 형태이다. 이런 경우 건물 주인의 회사가 입주한 경우, 관리인만 파견하는 경우 및 관리인도 전혀 파견하지 않고 건물을 대여하는 경우가 있다.

㉮ 용도 복합형

고층 사무소인 경우, 건물 일부를 호텔이나 백화점으로 대여하는 경우이다. 이런 경우, 복합용도의 성격이 건물 외관에 나타나기도 한다.

② 대여 계획상의 분류

㉮ 개실 임대

기둥 간격 단위로 해서 대여하는 형식이다.

㉯ 블록별 임대

기준층을 몇 개의 블록으로 내진벽 또는 방화구획에 의해 나누어 이것을 단위로 해서 대여하는 형식이다.

㉰ 층별 임대

층을 단위로 해서 임대하는 것으로 일반 복도는 거의 없으며 승강기에서 직접 사무실로 들어간다.

㉱ 전 층 임대

전체 층을 단일 회사가 사용하는 경우로 계획 초기부터 임대 회사가 있는 경우가많기 때문에 전용 사무소의 계획순서와 동일한 방법으로 진행된다.

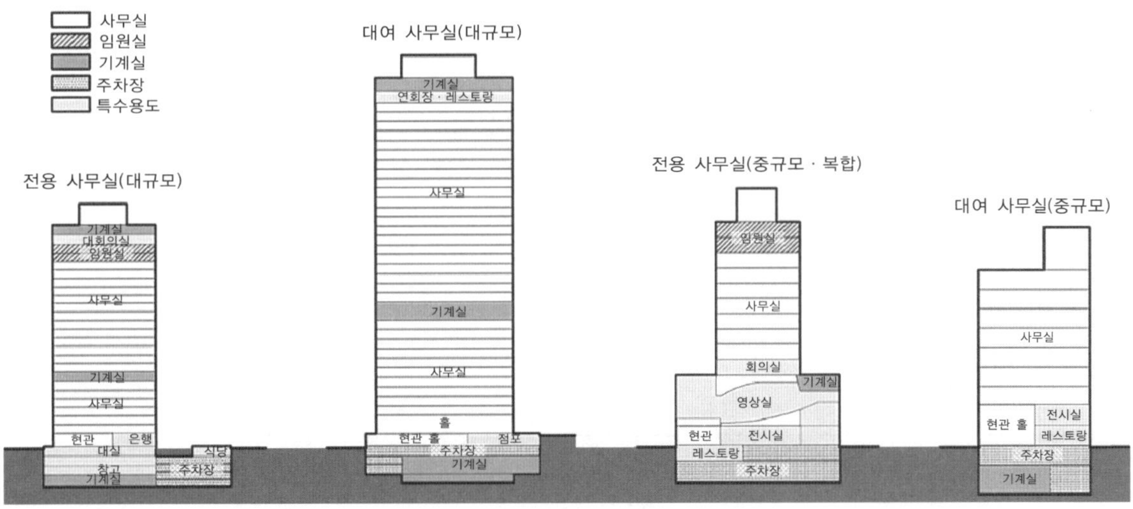

그림 Ⅲ-1. 사무실의 종류 및 단면 구성

(3) 대지의 위치 및 조건

① 대지 위치

㉮ 도심의 업무 중심가 지역(CBD, Central Business District) 또는 큰 도로변에 접하며, 교통이 편리한 곳이 바람직하다.

㉯ 도시가 갖는 경제성, 성격, 규모 등에 따라 사무소의 규모를 고려하도록 한다.

㉰ 전용 사무소는 지가와 주차장 확보 등의 이유로 도심 외곽이 유리하다.

㉣ 임대 사무소는 도심지 내 상업지역이나 역세권에 위치해야 임대가 유리하다.

② 대지 조건

㉮ 소음 공해가 적고 일조 조건이 양호한 곳이 좋다.

㉯ 너비가 넓은 도로에 접히고 2면 이상 접하는 것이 이상적이다.

㉰ 대지의 형상은 직사각형에 가까우며 전면도로에 길게 접한 대지가 바람직하다.

㉣ 고층 빌딩인 경우에는 전면도로 폭 20m 이상이 유리하다.

2. 일반 계획

사무소 건물의 규모 결정은 대부분 사무소 건축이 세워지는 지역이 지가(地價)가 높은 상업지역인 관계로 규모를 크게 하여 임대료의 수입을 증대하는 것이 중요하므로 허용되는 건축법 범위 안에서 토지 이용을 극대화하는 것이 일반적이다.

(1) 면적 구성비

① 연면적은 크게 유효면적과 공용면적으로 나눌 수 있다.

② **유효율**(렌터블 비: Rentable Ratio) : 연면적에 대한 대실 면적의 비율

$$\text{유효율} = \frac{\text{대실면적}}{\text{연면적}} \times 100\%$$

㉮ 연면적에 대한 대실 면적의 비율로 **전체 건물에 대해서는 70~75% 정도**이고, **기준층에서는 80% 정도**이다.

㉯ 사무소 건축계획은 지기를 포함한 정밀한 채산성 등을 고려한 후 실행되므로 유효율은 임대 사무소 경우 수익에 직접 영향을 미치는 중요한 요소가 된다.

③ 사무실의 크기 : 사무소 건축의 규모는 사무원 수에 따라 결정된다.

㉮ 대실 면적당 : 6~8m²/인(최소: 5m²/인)

㉯ 연면적당 : 8~11m²/인(10m²/인 정도)

(2) 남녀 구성비 : 사무소의 성격, 크기, 위치에 따라 다르다.

표Ⅲ-1. 남녀 구성 비율

구 분	남(%)	여(%)
일반 사무 관계	65~75	35~25
은행	60~70	40~30
점포	50~60	50~40

1. 임대면적(대실면적) 5,000m²인 사무실의 연면적은?

▸ $\text{유효율} = \frac{\text{대실면적}}{\text{연면적}} \times 100\% = 70\sim75\%$

$\therefore \text{연면적} = \frac{5{,}000\text{m}^2}{70\sim75} \times 100\% \fallingdotseq 7{,}000\text{m}^2$

2. 건축 연면적 2,000㎡인 임대 사무소에 수용할 수 있는 적정 인원은?
   ▸ 임대 사무소에서는 수용인원 1인당 연면적 10㎡ 정도이므로
   n = 2,000÷10 ≒ 200명

3. 수용인원 1,000명의 사무소 건축의 대실 면적 규모는?(단, 사무를 볼 수 있는 면적으로 함)
   ▸ 대실 면적(r) = 사무원 수(n)×1인당 대실 면적(k)
   대실 면적(r) = 1,000명×6~8(㎡/인) = 6,000~8,000㎡

3. 평면 계획

평면 계획을 할 때 가장 중요한 요소는 사무공간의 구획 방법과 기둥 간격의 결정이다. 사무공간의 구획 방법은 업무의 내용, 사람 및 정보의 이동, 회의, 응접 등을 종합적으로 검토하여 사무공간을 결정해야 한다.

(1) 실 단위에 의한 분류

① 개실식(個室式), 복도식(Corridor Type)
복도를 통하여 각 임대 사무소로 연결되는 방식으로 소규모 임대방식에서 나타나는 것으로 독립성은 크지만 공사비는 비교적 높다.

② 반(半) 개방식(Semi-Open Type)
일부는 복도형으로 구획하고 나머지는 칸막이벽을 없애고 전 면적을 유용하게 사용하는 방식이다.

③ 개방식(Open Type)
전체 층을 칸막이벽을 두지 않아 소음이 들리고 독립성이 결핍되어 있는 결점이 있으나, 전체 시스템으로서 의사전달의 융통성이 있고 공간을 절약하고 작업의 능률을 올릴 수 있는 장점이 있는 방법이다.

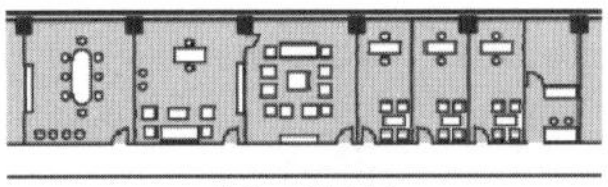
(a) 개실식

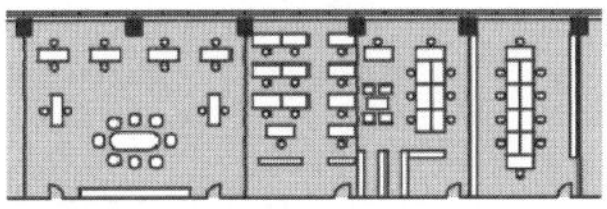
(b) 반 개방식

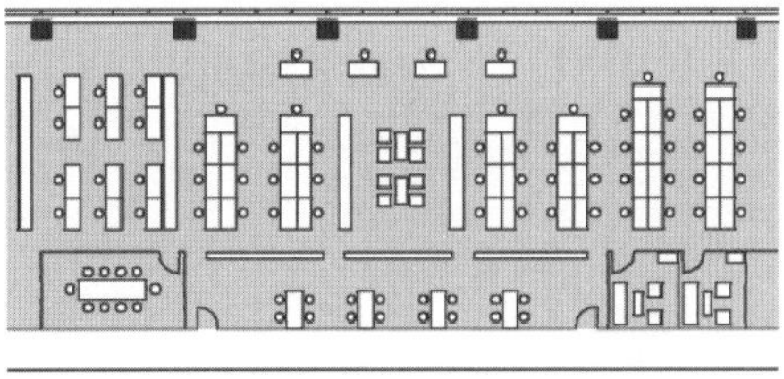
(c) 개방식

그림 Ⅲ-2. 실 단위에 의한 사무소의 유형

④ 오피스 랜드스케이프(Office-Landscape)
㉮ 배치를 의사전달과 작업 흐름의 실제적 패턴에 기초를 둔다.
㉯ 일정한 기하학적 패턴에서 탈피한다. 즉 작업장의 집단을 자유롭게 그루핑(Grouping)하여 불규칙한 평면을 유도한다.

㉰ 실내의 고정된 칸막이나 반(半) 고정된 칸막이를 하지 않는다.

㉱ 칸막이를 제거함으로써 청각적인 문제에 특별한 주의가 요구되며, 이를 위해 바닥에는 양탄자를 깔고 흡음 처리한 천장 구조, 이동 가능한 흡음 가리개와 주변 소음을 차단시키는 전자식 작동시스템의 채용 등의 다양한 방법을 고려하여야 한다.

표Ⅲ-2. 오피스 랜드스케이프의 장·단점 및 대책

구 분	내 용
장 점	-의사전달의 융통성이 있고 장애 요인이 거의 없다. -변화하는 작업 패턴에 따라 조절이 가능하며 신속하고 경제적으로 대처할 수 있다. -공간을 절약할 수 있다. -사무소 내의 적절한 관계 형성을 통해 작업의 능률 향상에 도움을 준다.
단 점	-칸막이의 철거로 소음에 대한 프라이버시가 결여되기 쉽다. -대형가구 등 소리를 반향 시키는 기재의 사용이 어렵다.
대 책	-바닥을 양탄자로 완전히 깔고 천장에 방음장치를 하는 등 배려가 필요하다. -소음을 일으키는 사무용 기기는 일상적인 작업장에서 격리된 위치로 이동한다. -서류철도 떨어진 장소에 설치하고 항상 필요한 것만 소형의 것을 이용하여 가까운 곳에서 사용할 수 있도록 한다.

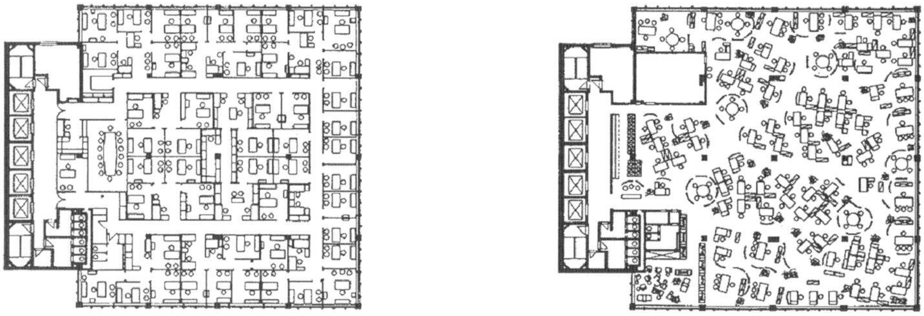

The plan of the Dupont test space compared with the plan of another floor in the same building that had conventional planning with partitions.
The famous Dupont test space in Wilmington by the Quickborner Team in 1967.

그림 Ⅲ-3. 개방식과 오피스 랜드스케이프(Dupont Test Space)

(2) 기준층 계획

집무 부문과 코어(Core) 부분으로 구성된 기준층은 면적이 클수록 임대율이 높아진다.

① 사무소 건축의 기준층 규모 산정 시 고려사항

㉮ 구조상 스팬(Span)의 한계

㉯ 중직 거리의 한계(동선상의 거리)

㉰ 임대면적 비율

㉱ 피난 시 최대 보행 거리

㉲ 각종 설비시스템의 한계(Duct, 배관, 배선)

㉥ 방화구획상 면적(법규상 방화구획, 배연 계획 등)
㉦ 자연광에 의한 조명 한계(실내 상시 보조 인공조명을 고려)

[그리드 플래닝(Grid Planning, 격자식 계획)

- 고층 Office Building에서 균질 공간(均質 空間)을 구성하기 위한 일반적인 계획 수법(균형 잡힌 계획으로 정리하기 위한 시스템)
- 균질 공간이란 일정한 실내 환경설비를 갖춘 어느 크기의 Space의 집합으로서 전체의 Office Space를 만드는 것을 의미한다.
- Sprinkler와 설비 요소, 책상의 배치, 칸막이벽의 설치, 지하 주차장의 주차 등

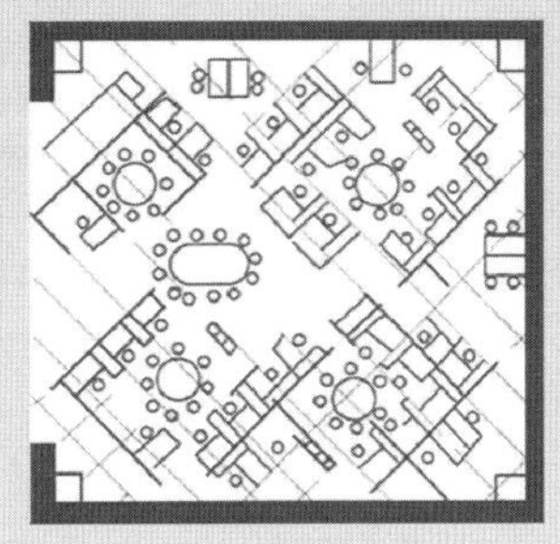

② 기둥 간격
㉮ 결정 요소
- 책상 배치 단위
  · 4조 직렬 : 사무 능률 및 1인에 대한 책상 면적당 공간이 적합하여 일반 사무실에서 책상을 배치하는 표준이 된다.(4.15㎡/인)
  · 3조 직렬 : 4조 직렬보다 기둥 간격이 작은 건물에서 많이 이용된다.(4.47㎡/인)
  · 2조 직렬 : 특수한 경우에 사용된다.(5.28㎡/인)
- 채광상 층고에 의한 안 깊이(채광 유효 단위)
- 주차 배치 단위
- 일반 사무실의 개실 크기

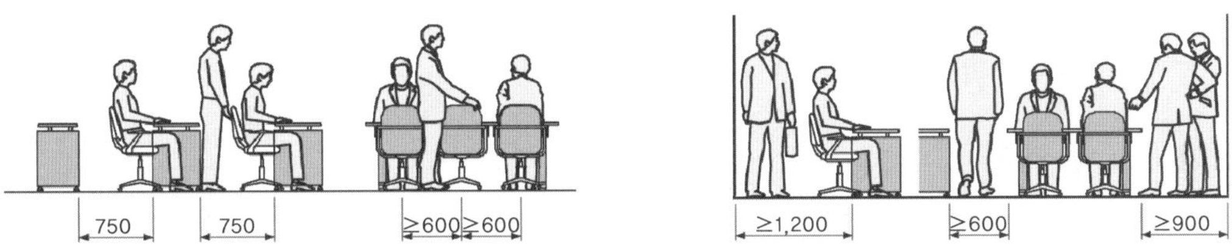

사무실 책상 사이의 간격 　　사무실 책상과 통로 간격

그림 Ⅲ-4. 사무용 가구 사이 및 통로 간격

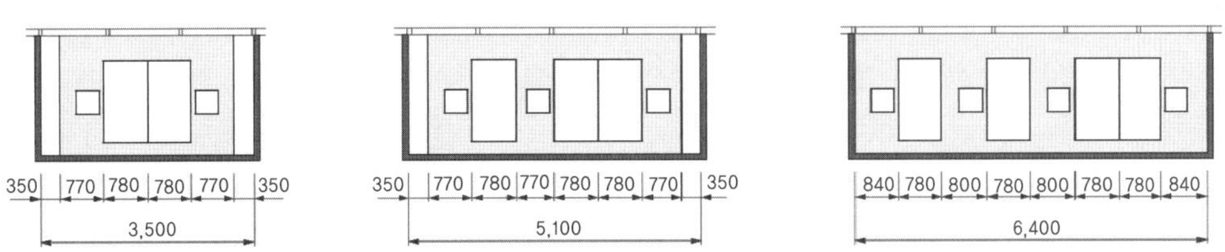

그림 Ⅲ-5. 기본적인 책상 배치와 소요 치수

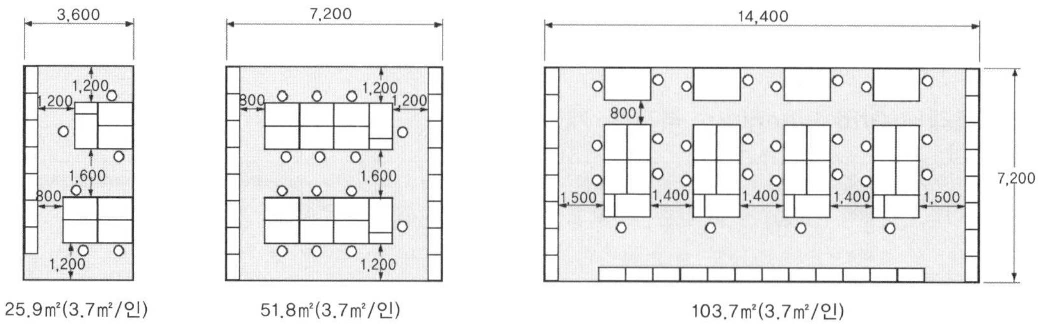

그림 Ⅲ-6. 사무실 책상 배치(Layout)에 따른 소요 공간

㉯ 분류

- 검토 사항
  - 건물 사용 목적에 맞는 치수
  - 구조상으로 적합한 치수
  - 건축법상 검토
  - 치수 조정상 검토(Modular Coordination) : 인간 행동 환경, 조명 설비 치수, Sprinkler, 감지기, 비상 조명 간격, 공조 설비의 치수, 주차 배치의 치수
  - 사무 가구의 치수
- 내부 기둥 간격
  - 철근 콘크리트 구조 : 5.0~6.0m
  - 철골 철근 콘크리트 구조 : 6.0~7.0m
  - 철골 구조 : 7.0~9.0m
- 창 방향 기둥 간격
  - 기준층 평면 결정에 가장 기본적인 요소로 실제 경제적인 책상 배열에 따라 결정한다.
  - 책상 배열에 따라 스팬(Span) 5.8m 정도가 가장 적절한 기둥 간격이다.
  - 지하 주차장의 기둥 간격 : 6.0m 전후(5.8~6.2m 정도)

(3) 코어(Core) 계획

코어는 사무소 공간의 합리적이고 능률 향상을 위해 공용시설(서비스 부분)을 집중시켜 동선을 단축하며 구조적 역할을 하는 부분이다. 코어 계획은 사무소의 유효(有效) 면적을 높이기 위하여 각 층의 서비스 부분을 사무공간에서 분리, 집약하고 각 실에 대한 만족스러운 서비스 시설 활용이 가능하도록 하는 것이다.

코어의 규모나 위치는 사무소 성격이나 평면형, 넓이 혹은 구조설계에 따라 달라진다. 코어 부분의 면적은 기준층의 약 30% 이하가 경제적이다.

① 코어의 역할

㉮ 평면적 역할 : 공용 부분을 한 곳에 집약시킴으로써 사무소의 유효 면적이 증대된다.

㉯ 구조적 역할 : 주 내력벽 구조체로 외곽이 내진벽 역할을 한다.

㉰ 설비적 역할 : 설비시설 등을 집약시킴으로써 설비 계통의 순환이 좋아지며 각 층에서의 계통 거리가 최단이 되므로 설비비를 절약할 수 있다.

② 코어의 종류

표 Ⅲ-3. 코어의 종류

분 류	코어형	특 징
편단 코어형 (편심형)	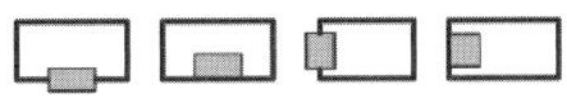	· 기준층 바닥면적이 적은 경우에 적합 · 너무 고층인 경우는 구조상 좋지 않다. · 바닥면적이 커지면 코어 이외에 피난 시설 · 설비 샤프트 등이 필요해진다.
중앙 코어형 (중심형)		· 바닥면적이 클 경우 적합하며 특히 고층, 초고층에 적합 · 유효율이 높다. · 대여 빌딩으로서 가장 경제적인 계획을 할 수 있다.
외 코어형 (독립형)	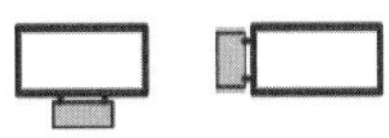	· 자유로운 사무실 공간을 코어와 관계없이 마련 · 설비 덕트나 배관을 코어로부터 사무실 공간으로 끌어 내는데 제약이 있다. · 방재상 불리, 바닥면적이 커지면 피난시설을 포함한 서브 코어가 필요해진다.
양단 코어형	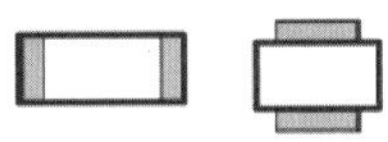	· 방재상 유리하다.(2방향 피난에는 이상적)
복합형 (기타)	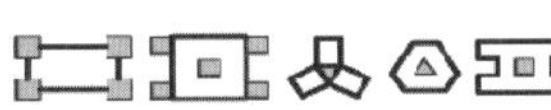	· a, b는 분산 코어형으로 방재상 유리한 방식 · c, d, e는 중심 코어형의 변형으로 구조 Cost가 높은 형식 · e 유형은 대규모의 공간을 분할하여 계획할 경우에 가능한 유형

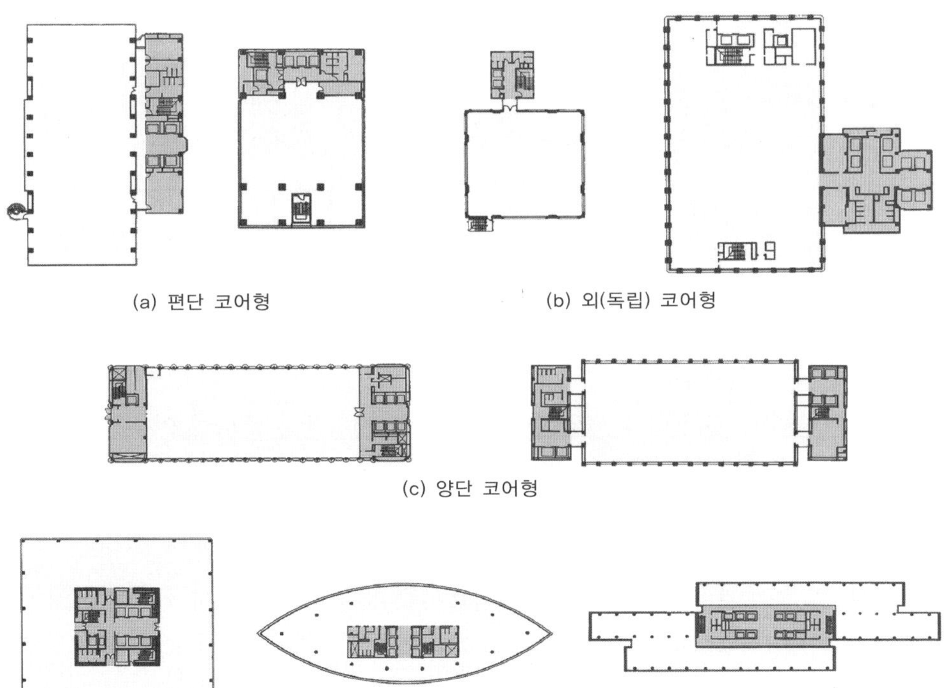

(a) 편단 코어형

(b) 외(독립) 코어형

(c) 양단 코어형

(d) 중앙 코어형

그림 Ⅲ-7. 코어 유형별 사무소의 평면 계획 예

③ 코어 내의 공간

㉮ 실 : 계단실, 변소(세면소), 잡용실, 급탕실

㉯ 샤프트(Shaft) : 엘리베이터, 파이프(급·배수, 전기, 통신), 덕트(공조·배연), 연돌, 더스트 슈트(반드시 코어에 설치하는 것은 아님)

㉰ 통로 : 엘리베이터 홀, 복도, 특별피난계단

④ 코어 내의 각 공간의 위치 관계

㉮ 계단과 엘리베이터 및 화장실은 가능한 한 접근시키고 피난용 특별계단 상호 간은 법정 거리 내에서 가급적 멀리 둔다.

㉯ 코어 내의 공간과 임대 사무실 사이의 동선을 간단히 한다.

㉰ 코어 내 공간의 위치를 명확하게 하고 특히 화장실은 그 위치가 외래자에게 잘 알려질 수 있도록 하되, 건물 출입구 홀이나 복도에서 화장실 내부가 들여다보이지 않도록 한다.

㉱ 엘리베이터 홀이 출입구 문에 바싹 접근해 있지 않도록 한다.

㉲ 엘리베이터는 가급적 중앙에 집중토록 한다.

㉳ 코어 내의 각 공간이 각 층마다 공통의 위치에 있도록 한다.

㉴ 계단실의 배치는 동선이 간단명료하고 최단의 위치에 두며 엘리베이터 홀에 근접하고 한쪽에 치우치지 말고 균등하게 배치하도록 한다.

㉵ 잡용실, 급탕실은 가급직 접근시킨다.

(4) 세부 계획

① 사무실

㉮ 사무실의 안 깊이(L)

- 외측에 면하는 실내(L/H) : 2.0~2.4
  (H : 층고)
- 채광정 측에 면하는 실내(L/H) : 1.5~2.0

㉯ 채광 계획 : 자연 채광과 인공조명을 고려한다.

㉰ 출입구 : 밖여닫이가 원칙이나 복도 면적을 많이 차지하므로 안여닫이로 한다.

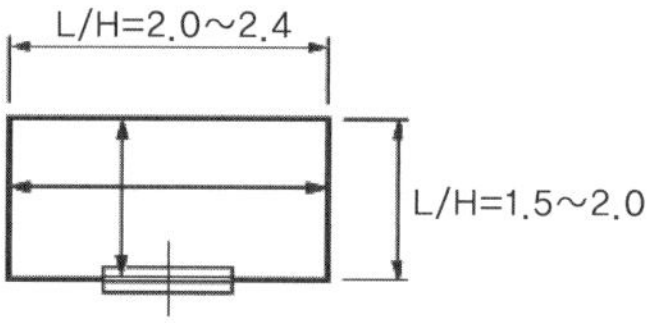

그림 Ⅲ-8. 사무실의 안 깊이

㉱ 책상 배치의 기본 모듈(Module)

- 1.2m Module : 특수한 Layout에 적당하다. 일반적인 배치에는 조화를 이루지 못한다.
- 1.5m Module : 마주 앉는 배치(Double Layout, 대면 배치) 방식
- 1.8m Module : 일 방향으로 앉는 배치(Single Layout)에서 책상 방향에 직각인 통로일 때

② 복도, 계단

㉮ 복도 폭 : 복도 폭은 편복도인 경우 2.0m, 중복도인 경우 2.0~2.5m(4인이 교행하는 데 지장이 없는 폭)로 한다.

㉯ 계단

- 동선은 간단하고 명료하며 최단 위치에 오게 한다. 주요 계단은 1층 주출입구 근처에 배치한다.
- 균등하게 배치하며, 엘리베이터 홀에 근접시킨다.
- 방화구획 내에서는 1개소 이상의 계단을 배치하며, 2개소 이상의 계단을 가져야 한다.

③ 화장실

㉮ 위치

- 각 사무실에서 동선이 짧은 곳으로 계단 및 엘리베이터 홀에 근접시킨다.
- 각층 공통 위치에 두고, 1개소 또는 2개소에 집중 배치한다.
- 위생상 외기에 접하도록 계획하고 접하지 않을 경우 충분한 환기설비가 필요하다.

㉯ 변기의 수 산정

- 대실 면적 : 120~160㎡/개, 인원 : 15~20인/개
- 남자용 : 남자 내실자의 20%, 여자용 : 여자 내실자의 10%

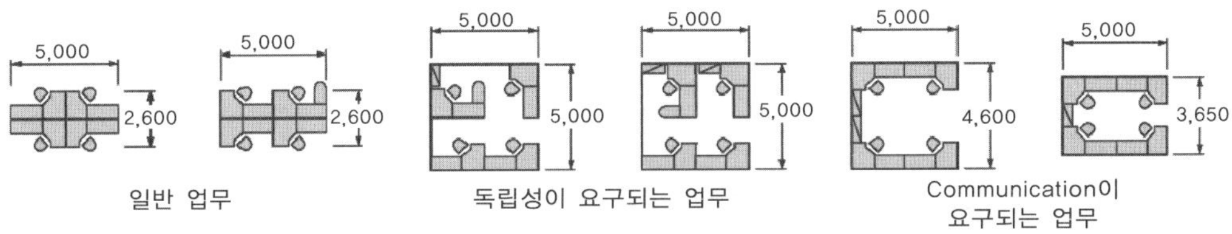

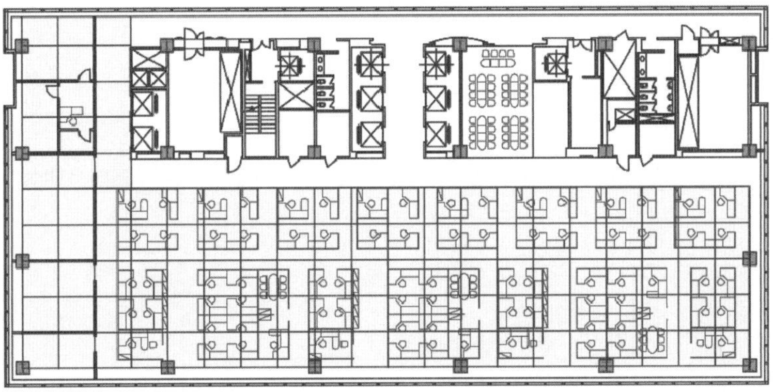

그림 Ⅲ-9. 모듈 계획이 적용된 사무실 계획의 실례

4. 입·단면 계획

(1) 입면 계획

① 고층 사무소 건물의 외관 구성

건물의 외관 디자인 결정은 크게 주관적 요인과 객관적 요인에 의하여 영향을 받게 된다. 이 가운데 주관적 요인은 건물과 관련된 사람들의 미감(美感) 및 선호, 의식구조에 관련된 사항이며, 객관적 요인은 보편타당한 원리로 종합되어질 수 있는 디자인의 기본 고려사항으로 적정한 디자인 방향을 결정짓는 요소들이라 할 수 있다.

객관적 요소로는 지역의 물리적. 문화적, 풍토성, 기술성, 주변과의 조화 문제, 환경적인 영향 등의 도시 환경적인 요소, 용도 및 기능성, 내구성, 편리성, 의장성, 경제성, 법규제약, 디자인 경향 등을 들 수 있다. 건물 외관에 대한 미감은 이들 제 요소에 대한 미적 가치평가로 측정할 수 있다.

② 외관 구성 요소

㉮ 건물의 형태

㉯ 창의 형태 및 비례

㉰ 입면 구성

㉱ 건물의 색상

㉲ 재질감

(2) 단면 계획

① 층고 결정 요소

층고와 깊이는 사용 목적, 채광, 공사비에 의해서 결정되며 사무실의 깊이는 책상 배치, 채광량 등으로 결정되지만 층고에도 관계된다.

② 층고의 크기

㉮ 1층

- 소규모 건물 : 4.0m 내외
- 은행, 영업실, 넓은 상점인 경우 : 4.5~5.0m
- 중 2층(Mezzanine)인 경우 : 5.5~6.5m

㉯ 기준층

3.3~4.0m(3.3~3.5m) 정도(냉난방 Duct를 천장에 매입 시는 30㎝ 추가)

㉰ 최상층

기준층의 +30㎝ 정도, 옥상의 단열과 물매를 고려하여 천장을 설치한다.

㉱ 지하층

- 중요한 실이 없는 경우: 3.5~3.8m
- 통상 난방 보일러실인 경우 소규모는 4~4.5m 정도가 필요하고, 대규모인 것에서는 냉방 기계실과 함께 5~6.5m 정도의 층높이가 요구된다.

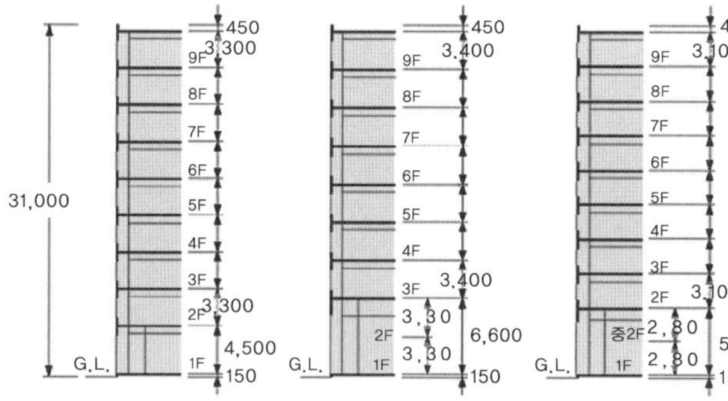

그림 Ⅲ-10. 층고의 실제 예

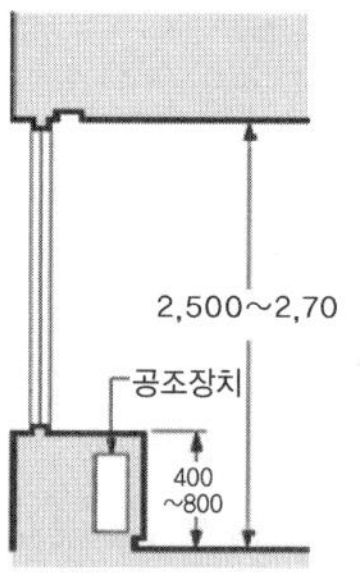

그림 Ⅲ-11. 사무실의 창대 및 천장 높이

③ 층고를 낮게 할 경우의 이점
㉮ 건축비를 절감할 수 있다.
㉯ 공조의 효과가 높다(동력 소비량 절감).
㉰ 법규 제한 범위 내 많은 층수를 확보할 수 있다.

5. 엘리베이터 계획

(1) 배치 계획

① 기본 사항
㉮ 주요 출입구의 홀에 직면 배치하도록 한다(단, 사무실 출입문에 가까이 접근하는 것은 금지함).
㉯ 각 층의 위치는 되도록 동선이 짧고 간단히 하도록 한다.
㉰ 외부인에게도 잘 알려질 수 있는 위치를 선정한다.
㉱ 가능한 한 엘리베이터는 1개소에 집중해서 배치한다.
㉲ 엘리베이터 홀은 그 그룹 엘리베이터 정원의 50%를 홀에 모이는 인원으로 보고 1인당 0.5~0.8㎡로 해서 산정하고 폭은 4m 정도로 한다.
㉳ 4대 이하는 직선으로 배치하고 5대 이상은 알코브(Alcove) 또는 대면 배치가 효과적이다.

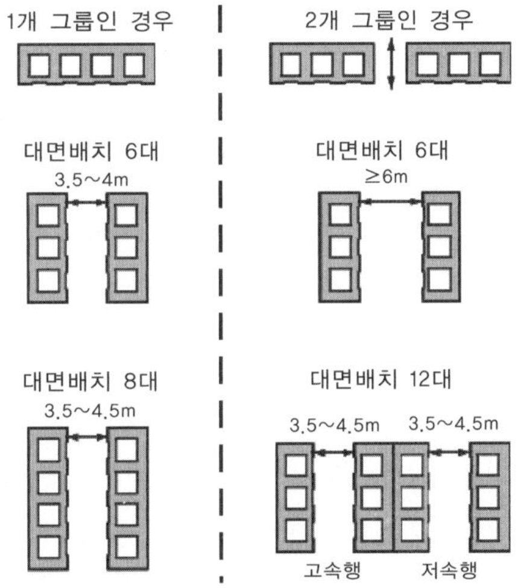

그림 Ⅲ-12. 승강기 평면배치 형식

② 계획 시 고려사항
㉮ 수송력 향상을 위해 대수를 늘리고, 대당 정원을 늘리며, 왕복 시간을 감축한다.
㉯ 대당 정원을 늘릴 경우 정원을 2배로 하더라도 대수를 절반으로 줄이지 않는다.
㉰ 엘리베이터는 정면 폭을 넓게 하고 정지 횟수가 적은 급행을 설치하여 왕복 시간을 단축한다.

(2) 대수 산정

① 대수 산정의 기본
1일 중 이용자가 가장 많은 시간은 오후 0~1시 사이이다. 그러나 단시간의 이용도가 가장 많은 때는 아침 출근 시 5분간으로 이때는 1일 전체 이용자의 1/3~1/10에 달한다. 따라서, 대수의 산정은 **아침 출근 시 5분간**을 기준으로 한다.

② 산정의 기본 가정
㉮ 2층 이상 거주자(n')의 30%를 15분간 일 방향으로 수송할 수 있도록 한다.
㉯ 1인이 승강하는 데 필요한 시간은 문 개폐 시간 포함하여 6초로 본다.

㉰ 엘리베이터의 한 층에서 대기 시간은 10초로 본다.

㉱ 엘리베이터 실제 주행 속도는 전속도(V)의 80%로 본다.

㉲ 정원(a_0)의 80%가 타는 것으로 한다.

㉳ 재주자가 차지하는 건물 내 면적은 그 건물 면적의 70%로 본다.

③ 대수 약산식

㉮ 대실 면적(유효 면적) 2,000㎡에 1대 정도

㉯ 연면적 3,000㎡에 1대 정도

㉰ 가정에서 추출된 식

(식1) $N\,(\text{대수}) = \dfrac{n' \times t}{2{,}400a_0}$ n' : 2층 이상 재주자, t : 시간[초], a_0 : 정원

(식2) $S = \dfrac{5 \times 60\text{초} \times a_0}{T}$ S : 5분간에 1대가 운반 해야 할 인원 수, a_0 : 정원
T : 일주시간 [초], N : Elevator의 대수

1. 지상 12층인 사무소 건축물에서 아침 출근 시간에 엘리베이터 이용자의 6분 최대 인수가 150인이고, 1대의 왕복 시간(1회)이 4분이라고 할 때 정원 19인승 엘리베이터의 필요 대수는?(단, 엘리베이터의 정원은 19인이나 여기서는 평균 수송 인원을 18인으로 본다.)

▸ $S = \dfrac{5 \times 60 \times 18}{4 \times 60} = 22.5\text{인}$

$\therefore N = \dfrac{5/6 \times 150}{22.5} = 5.5\text{대} \rightarrow 6\text{대}$

2. 기준층 1,000㎡인 20층 임대 사무소 건물에 왕복 시간이 200초이고 20인승인 승강기를 설치 시 몇 대가 필요한가?

▸ 1인당 연면적 : 10㎡/인
2층 이상 거주자 수 : 100 × (20-1)층 = 1,900명
출근 시 5분간 집중률 : 11~15%(약 12% 정도)
출근 시 5분간 집중 인원 : 1,900 × 0.12 = 228명
1대당 5분간 수용 가능 인원 : S = 5 × 60 × 정원수/왕복 시간
= 5 × 60 × 20/200 = 30명

∴ 승강기 필요 대수 N = 출근 시 5분간 집중 인원 / S = 228/30 = 7.6 → 8대

(3) 엘리베이터의 조닝(Zoning)

① 개념

엘리베이터의 정지 층수를 몇 층마다 분리시킨 것으로서 이용에는 다소 불편할 수 있으나 경제성과 엘리베이터의 이용률의 증가를 기할 수 있다.

② 목적

㉮ 경제성(설치 대수의 절약)

㉯ 수송 시간의 단축(아침 출근 시 유리)

㉰ 유효 면적의 단축(임대 면적상 유리)

③ 조닝 방식

㉮ **컨벤셔널 조닝 방식**(Conventional Zoning System)

건물을 몇 개의 구역(Zone)으로 구분하고, 각 구역에 1뱅크(Bank)의 직선 배치는 4대 이하로 하고, 알코브형 배치는 4~6대, 대면배치는 4대 이상 8대 이하가 적당하다.

㉯ 더블 데크 방식(Double Deck System)

2층식 엘리베이터를 사용하여 수송력을 높이고 또한 일반층의 효율을 높이는 방식이다.

[예] Chicago의 Time Building에서 최초로 채용

㉰ **스카이 로비 방식**(Sky Lobby System)

100층 정도의 초고층 사무소 건축에 채용하는 방식으로서 큰 존을 설정하고 스카이 로비(Sky Lobby)와 출발 층과의 사이에 대용량이며 초고속인 엘리베이터를 이용한 다음 스카이 로비에서 조닝된 승강기로 갈아타게 하는 시스템이다.

[예] 미국의 World Trade Center(110층), John Hancock Center(100층),
한국의 대한생명 빌딩(63층)

제2장. 인텔리전트 빌딩(I.B : Intelligent Building, 정보화 빌딩)

1. 개념과 목적

기존의 일반 빌딩 개념에서 벗어나 빌딩 자동제어 시스템(BA)에 의해 효율적으로 빌딩을 운영 및 관리하고 사무 자동화 기능과 통신 기능을 부가하여 통합 시스템으로 구축한 최첨단 빌딩을 IBS(Intelligent Building System)라고 한다. 빌딩 인텔리전트화의 궁극적 목적은 사무실 내에서 일하는 사람들에게 쾌적한 사무 환경을 제공함으로써 일을 보다 쉽고 편리하게 할 수 있게 사람들의 지적 생산성을 도모하는 것이다.

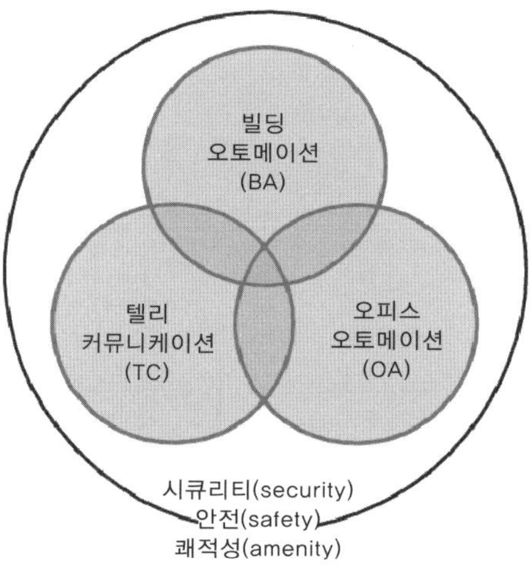

그림 Ⅲ-13. 인텔리전트 빌딩의 구성

2. 인텔리전트 빌딩의 구성 요소

인텔리전트 빌딩의 기본적인 구성은 빌딩 자동화(BA: Building Automation), 사무 자동화(OA: Office Automation), 정보 통신(TC: Tele-Communication), 건축 환경(AE: Architectural Environment) 등 4개 요소로 분류된다.

(1) 빌딩 자동화(BA : Building Automation) 시스템

① 24시간 감시가 가능한 시스템

② 건물관리 시스템
③ 보안(Security) 시스템
④ 에너지 절약시스템

(2) 사무 자동화(OA: Office Automation) 시스템

① 전략정보 시스템
② 사무지원 시스템
③ 사무관리 시스템
④ 정보관리 시스템

(3) 정보 통신(TC: Tele-Communication) 시스템

① 디지털 PBX(Private Branch Exchange : 구내 교환기)
② 음성 시스템
③ 화상 시스템

(4) 건축 환경(AE: Architectural Environment) : 쾌적 환경

① 인텔리전트 빌딩을 구축하는 계획과 함께 구조, 설비 기술의 업무개선과 보수하기에 용이한 시설을 구축하도록 한다.
② 소음 및 조명 대책과 책상 배열, 휴식공간 마련 등의 쾌적한 사무공간을 제공한다.
③ 공조 : 쾌적한 집무 환경을 위해 필요하다.

3. 인텔리전트 빌딩의 특징

(1) 경제성(Economic)

(2) 생산성(Productivity)

(3) 유연성(Flexibility)

(4) 쾌적성(Amenity)

(5) 독창성(Originality)

4. 건축계획 시 고려사항

(1) 평면 계획

대형의 정보화 처리장치나 통신 장치가 설치되고 배치가 변경되는데 지장이 없도록 평면

형상이나 기둥의 위치를 계획한다. 기둥 간격은 10m 이상이 필요하다.

(2) 공간 분할계획

가능한 한 창을 외기에 면하도록 하며, 평면 형상을 세장형, 다각형으로 하여 **요철이 반복된 건물 형태**를 도입한다.

(3) 평면 레이아웃

대향식의 데스크 레이아웃에서 PV 어닝(Awning : 공기가 순환되도록 하는 장치) 방식의 채택이 증가된다.

(4) 천장고 및 층고

OA 기기 배선공간을 확보하기 위해 천장고 2.6m 이상, 층고 4m 이상으로 한다.

(5) 적재하중

OA 기기 및 전자기기의 증가로 1인당 점유면적이 확대되고, 적재하중이 증가된다. 적재하중은 일반 사무실은 300kgf/㎡, 인텔리전트 빌딩은 500~600kgf/㎡ 정도이다.

(6) 인간공학을 고려한 작업 공간 계획

시스템 가구를 도입하고, 모든 워크스테이션(Workstation)은 창 부근에 배치하여 개인 스스로 온도, 공기, 밝기를 제어하며, 아트리움 또는 광정을 통하여 쾌적한 공간을 구성한다.

(7) 에너지 절약을 위한 건물 계획

자연형 냉·난방 디자인 방법의 사용

Ⅳ. 상업시설

제1장. 상점 건축
제2장. 백화점 건축
제3장. 쇼핑센터 건축

Ⅳ. 상 업 시 설

제1장. 상점 건축

1. 상점 건축의 개요

도시의 발달, 교섭 범위의 확대에 따라 물물교환이 성행하고 분업이 이루어져 물물교환을 전문으로 하는 생산과 소비 사이에 유통을 담당하게 되어 상점은 중요한 역할을 하게 되었다.

(1) 상점의 광고 요소

상점의 광고 요소 상점은 상업건축으로서 많은 통행객에게 상점 특유의 독자성을 표현하는 다섯 가지 광고 요소(AIDMA 법칙)가 정면(Facade) 구성에서 필요하다.

파사드는 쇼 윈도우, 출입구 및 홀의 입구뿐만 아니라 간판, 광고판, 광고탑, 네온사인 등을 포함한 점포 전체의 얼굴로서 기업 및 상품에 대한 첫 인상을 주는 곳으로 강한 이미지를 줄 수 있도록 계획한다.

[파사드(Facade) **구상에 요구되는 AIDMA 법칙**(구매심리 5단계를 고려한 디자인) **]**

- **A**(주의, Attention) : 주목시킬 수 있는 배려
- **I**(흥미, Interest) : 공감을 주는 호소력
- **D**(욕망, Desire) : 욕구를 일으키는 연상
- **M**(기억, Memory) : 인상적인 변화
- **A**(행동, Action) : 들어가기 쉬운 구성

(2) 판매 방식

표Ⅳ-1. 대면 판매와 측면 판매의 특징

분 류	특 징
대면 판매	**고객과 종업원이 진열장을 사이에 두고 상담하며 판매하는 형식** · 대상 : 시계, 귀금속, 카메라, 의약품, 화장품, 제과, 수예품 · 장점 : **설명하기 편하고, 판매원이 정위치를 잡기 용이하며 포장이 편리하다.** · 단점 : 진열 면적이 감소되고 Show-Case가 많아지면 상점 분위기가 부드럽지 않다.
측면 판매	**진열 상품을 같은 방향으로 보며 판매하는 형식** · 대상 : 양장, 양복, 침구, 전기기구, 서적, 운동용품 · 장점 : **충동적 구매와 선택이 용이하며, 진열 면적이 커지고 상품에 친근감이 있다.** · 단점 : **판매원은 위치를 잡기 어렵고 불안정하며, 상품 설명이나 포장 등이 불편하다.**

2. 일반 계획

(1) 대지의 선정 조건

① 교통이 편리한 곳으로 일반적으로 일용품점의 경우 약 15~20분 전후(1km 전후)의 왕복 거리 정도를 고려한다.
② 사람의 통행이 많고 번화한 곳으로 눈에 잘 띄는 곳이 좋다.
③ 도로에 변한 곳으로 가급적 2면 이상 도로에 접하도록 한다.
④ 대지가 불규칙적이며 구석진 곳을 피하도록 한다.
⑤ 전면도로의 폭이 너무 넓으면 좋지 않다.(일반적으로 8~12m 정도)
⑥ 대지의 형은 전면 폭과 안 깊이가 1:2인 것이 유리하다.

(2) 상점의 방위

① 부인용품점 : 오후에 그늘이 지지 않는 방향이 좋다.
② 식료품점 : 강한 석양은 상품을 변색시키므로 서측을 피한다.
③ 양복점, 가구점, 서점 : 가급적 도로의 남측이나 서측을 선택하여 일사에 의한 퇴색, 변형, 파손 등을 방지한다.
④ 음식점 : 도로의 남측 또는 좁은 길 옆이 좋다.
⑤ 여름용품점 : 도로의 북측을 택하여 남측 광선을 취입하는 것이 효과적이다.
⑥ 귀금속품점 : 하루 중 태양 광선이 직사하지 않는 방향이 좋다. 북측 채광을 취한다.

표Ⅳ-2. 상점 종류에 의한 입지 조건

상점의 종류	개 념	방 위	도로 기준
부인용품점	밝고 깨끗한 위치	남서향	도로의 북동측
식료품점	부패 방지	서향을 피한다.	
양복점, 가구점, 서점	퇴색 변형 방지	동향, 북향	도로의 남측, 서측
음식점	부패 방지	북향	도로의 남측
여름용품점	따뜻한 위치	남향	도로의 북측
귀금속품점	균일한 조도	북향	도로의 남측

3. 평면 계획

(1) 동선 계획

동선 계획은 평면 계획의 기본요소로 기능적으로 역할이 서로 다른 동선은 교차되거나 혼용되어서는 안 된다. 상점 내의 매장 계획에 있어서 동선을 원활하게 하는 것이 가장 중요하다. 고객, 종업원, 상품의 동선이 서로 교차되지 않게 판매장을 계획한다.

① 고객 동선 : 고객 동선은 길게 유도하여 매장의 진열 효과를 높인다. 고객을 위한 통로 폭은 최소 900㎜ 이상으로 한다.

② 종업원 동선 : 종업원 동선은 되도록 짧게 하여 보행 거리를 적게 하여 작업의 효율성과 피로의 감소를 고려하며, 고객 동선과 교차하지 않도록 계획한다. 종업원 동선의 폭은 최소 750㎜ 이상으로 하는 것이 좋다.

③ 상품 동선 : 반입, 보관, 포장, 발송과 같은 작업에 필요한 공간이다.

(2) 평면 배치의 기본형

상점의 평면 배치에는 상품의 종류와 판매 전략에 따라 굴절배열형, 직렬배열형, 환상배열형, 복합형 등으로 구분된다.

표Ⅳ-3. 상점 평면 형식의 유형

평면 배치형	특 징
굴절배열형	· 진열 케이스의 배치와 고객 동선이 굴절 또는 곡선으로 구성된 것 · 대면 판매와 측면 판매의 조합으로 이루어진다. · 대상 : 양품점, 안경점, 모자점, 문방구점
직렬배열형	· **통로가 직선이며 고객의 흐름이 가장 빠르다**. · 부분별로 상품 · 진열이 용이하고 대량 판매 형식도 가능하다. · 대상 : 침구점, 양품점, 전기용품점, 서점, 식기점
환상배열형	· **중앙에 판매대 등을 직선 또는 곡선으로 환상 부분을 설치하고 이 안에 계산대, 포장대 등을 놓는 형식**이다. · 중앙 환상의 대면 판매 부분에서는 소형 상품과 고액인 상품을 놓고, 벽면에는 대형 상품 등을 진열한다. · 대상 : 민예품점, 수예품점
복합형	· 위의 것들을 적절히 조합시킨 형이다. · 후반부에 대면 판매 또는 카운터의 접객 부분이 된다. · 대상 : 서점, 피혁제품점, 부인복점

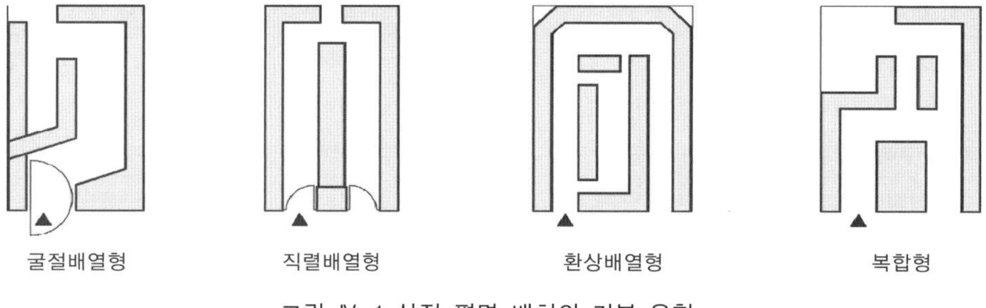

그림 Ⅳ-1. 상점 평면 배치의 기본 유형

(3) 숍 프런트(Shop Front, 점두)

숍 프런트는 점포 내, 외부와의 위치 관계에 따라 다음과 같이 분류할 수 있다.

표Ⅳ-4. 숍 프런트에 의한 유형 분류

분 류	특 징
개방형	· 손님이 잠시 머무르는 곳이나 손님이 많은 곳에 적합하다. · 서점, 제과점, 철물점, 지물포
폐쇄형	· 손님이 비교적 오래 머무르는 곳이나 손님이 적은 곳에 사용된다. · 이발소, 미용원, 보석상, 카메라점, 귀금속상
혼용형	· 개방형과 폐쇄형을 겸한 형식으로 가장 많이 이용된다. · 개구부의 일부는 개방하고 다른 일부는 폐쇄한 혼합형과 길 쪽을 개방하고 안쪽을 폐쇄한 분리형이 있다.

(4) 진열창(Show Window)

① 진열창은 형태에 따라 다음과 같이 분류할 수 있다.

표Ⅳ-5. 진열창 형태에 의한 유형 분류

분 류	특 징
평 형	· 점두의 외면에 출입구를 낸 가장 일반적인 형 · 채광이 좋고 점내를 넓게 사용할 수 있으며 채광에 유리하다.
돌출형	· 돌출형 점내의 일부를 돌출시킨 형으로 특수 도매상에 쓰인다.
만입형	· 점두의 일부를 만입시킨 형으로 점내 면적과 자연 채광이 감소된다.
홀 형	· 만입부를 더욱 넓게 잡아 진열창을 둘러놓은 형식으로 특징은 대체로 만입형과 비슷하다.
다층형	· 2층 또는 그 이상의 층을 연속되게 취급한 형으로 가구점, 양복점에 유리하다.

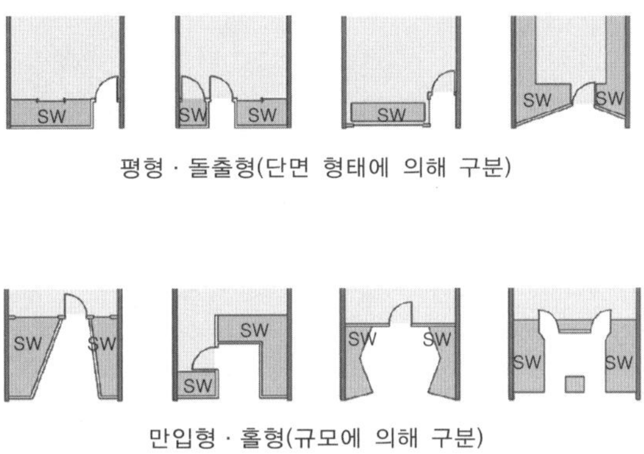

그림 Ⅳ-2. 평면에 따른 진열창의 유형 구분

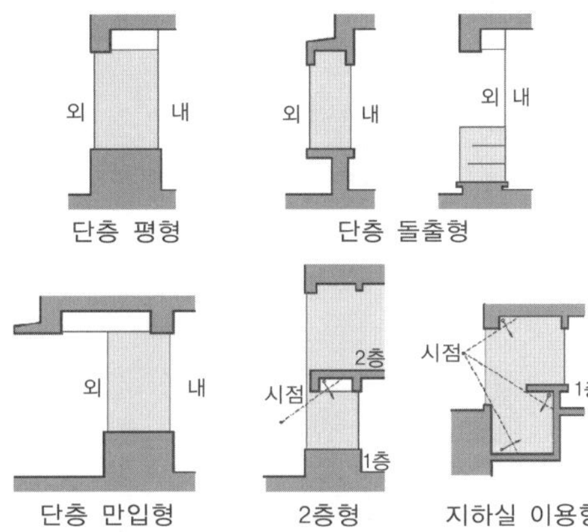

그림 Ⅳ-3. 단면에 따른 진열창의 유형 구분

② 진열창의 크기

㉮ 창대의 높이 : 0.3~1.2m 정도(보통 0.6~0.9m)

㉯ 유리의 크기 : 높이 2.0~2.5m 정도(그 이상은 비효과적)

㉰ 진열 높이 : 스포츠용품 · 양화점은 낮게, 시계 · 귀금속은 높게 한다.

㉱ **가장 눈을 끄는 상품은 선 사람의 눈높이보다 약간 낮게** 한다.

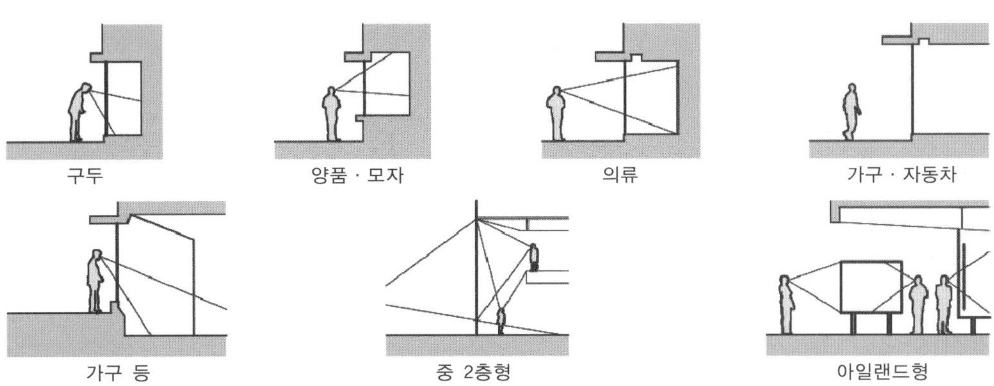

그림 Ⅳ-4. 상품에 따른 진열창의 설치 방법

③ 진열창의 흐림 방지 : 진열창의 내부와 외부의 온도 차가 생기면 유리면이 흐려서 내부의 진열 상품을 볼 수 없게 되므로 진열창에 외기가 통하도록 하고 창대 밑에 난방 장치를 하여 **내외의 온도 차를 적게** 한다.

④ 진열창의 반사 방지

㉮ 주간 시 : 외부의 조도가 내부의 조도보다 10~30배 정도 더 밝을 때 반사가 생긴다.

- **진열창 내의 밝기를 외부보다 더 밝게** 한다.(천공이나 인공조명 사용)
- 차양을 달아 **외부에 그늘**을 준다.(만입형이 유리)
- **유리면을 경사지게 하고 특수한 곡면 유리를 사용**한다.
- 건너편의 건물이 비치는 것을 방지하기 위해 가로수를 심는다.

㉯ 야간 시 : 광원에 의해 반사가 생긴다.

- **광원을 감춘다.**
- **눈에 입사하는 광속을 적게 한다.**

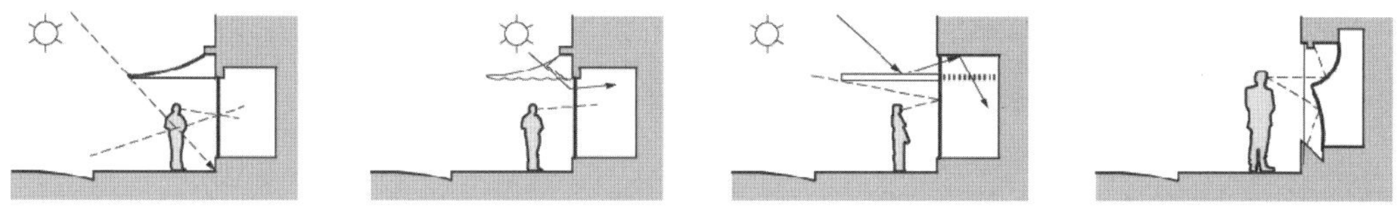

차양으로 일사를 차단한다.

차양의 접는 장치에 의해 점 내를 밝게 한다.

차양을 설치하여 길 쪽을 어둡게 하고 안을 밝게 한다.

곡면유리를 사용하여 밖의 영상이 객의 시야에 들어오지 않게 한다.

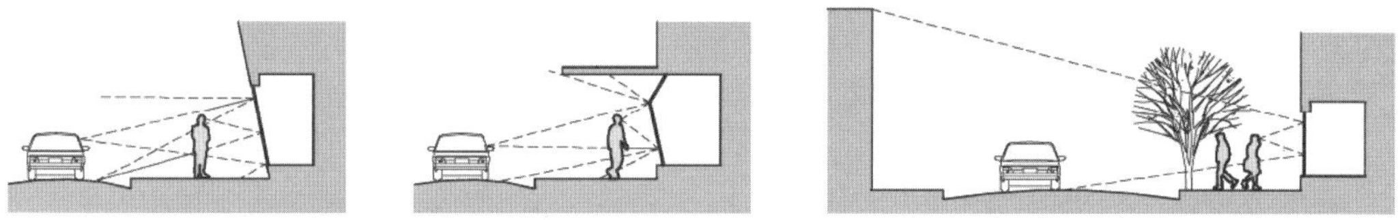

유리를 사면으로 설치하여 밖의 영상이 객의 시야에 들어오지 않게 한다.

건너편의 건물이 비치는 것을 가로수로 막아 준다.

그림 Ⅳ-5. 진열창의 반사 방지의 방법

⑤ 내부 조명

㉮ 상점 내부의 전반 조명과 주력 상품을 돋보이게 하는 국부 조명을 병용하는 것이 바람직하다.

㉯ 전반 조명으로는 형광등, 국부 조명으로는 불투명한 Spot Light가 적당하다.

㉰ 바닥면 상의 조도 : 최저 150ℓx가 표준이며 300ℓx 정도가 적당하다.

㉱ 주광색(晝光色)의 전구를 필요로 하는 상점 : 의류품점, 약국

[용도별에 따른 실의 조도(바닥면으로부터 85㎝ 위의 조도)**]**

- 사무소 : 300ℓx
- 상점 : 150~300ℓx
- 도서관(책상 위) : 600ℓx
- 은행(영업장) : 300~400ℓx
- 병원(수술실) : 700~1000ℓx

(5) **진열장**(Show Case)

① 배치 시 고려사항

㉮ **고객 쪽에서 상품이 효과적으로 보이게** 한다.

㉯ 감시하기 쉽게 하되 고객에게는 **감시한다는 인상을 주지 않도록** 한다.

㉰ 고객과 종업원의 동선을 원활하게 하여 **다수의 고객을 수용하고 소수의 종업원으로 관리하기에 편리하도록** 하여야 한다.

㉱ 들어오는 **고객과 종업원의 시선이 직접 마주치지 않게** 한다. 이를 위해 종업원의 위치는 상점 전면에서 직접 보이지 않게 하고, 슬며시 보이는 장소를 정한다.

㉲ 판매와 지불의 관계에 있어서 종업원의 동선은 짧게 한다. 또한 금전 자동계산기를 종업원 가까이에 둔다.

② 진열장의 크기 : 상점에 따라 각각 다르나 동일 상점의 것은 규격을 통일시키는 것이 좋으며, 이동식 구조로 한다.

㉮ 폭 : 0.5~0.6m

㉯ 길이 : 1.5~1.8m

㉰ 높이 : 0.9~1.1m(1m 정도)

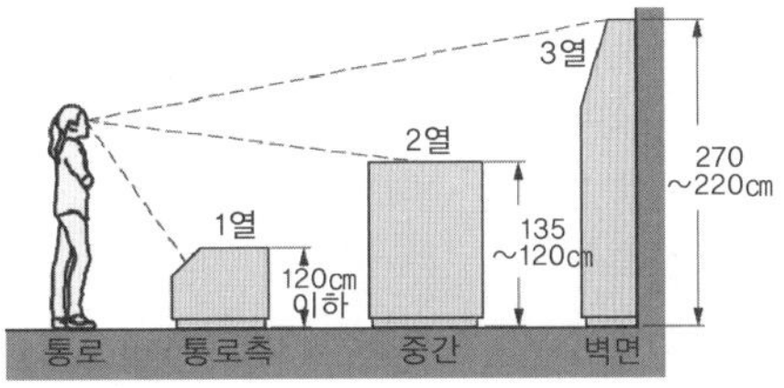

그림 Ⅳ-6. 진열장의 입체적 진열

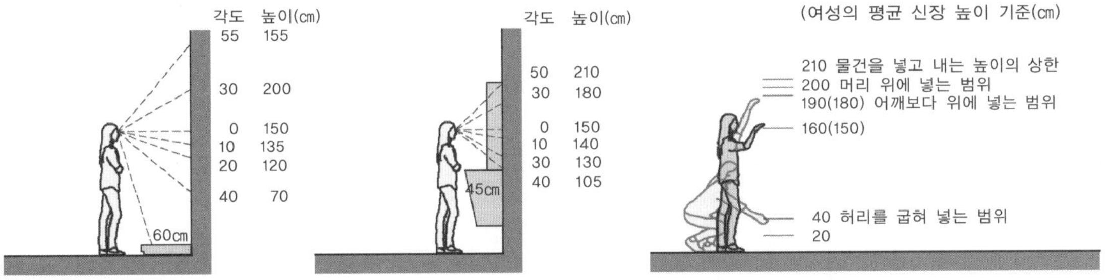

그림 Ⅳ-7. 진열의 범위를 위한 휴먼 스케일(Human Scale)

(6) 출입구 : 크기는 외 여닫이인 경우 0.8~0.9m의 넓이 정도

(7) 계단

① 일반 상점에 있어서 2층 이상을 판매장으로 사용하는 경우는 계단의 설치 위주와 주 계단과 부 계단의 관계, 계단의 경사도 등은 고객의 흡인력과 밀접한 관계가 있으며, 상점 내의 중요한 장식적 요소가 된다.

② 소규모 상점에 있어서 계단의 경사도가 너무 낮은 경우에는 매장 면적을 감소시키게 되므로 규모에 알맞은 경사도를 선택하여야 한다.

③ 상점의 깊이가 깊을 때에는 측벽에 따라 계단을 설치하고, 정방형에 가까운 평면일 경우에는 중앙에 설치하는 것이 좋다.

4. 슈퍼마켓(Supermarket)

(1) 기본 계획

① 출입구의 설정에 따라 고객의 흐름이 유도된다.

② 상점 배열과 구성은 상품 전체를 충분히 돌아볼 수 있도록 한다.
③ 고객이 많은 쪽을 입구로 하고 항상 넓게, 출구는 좁게 한다.
④ 식료품과 비식료품일 경우 배치는 항상 입구 근처에는 생활필수품과 식료품을 진열하며, 고객을 많이 끌어들이도록 유의한다.
⑤ 동선은 카트(Cart)를 넉넉히 밀고 다닐 수 있는 넓이, 즉 2대가 교차할 수 있도록 한다.

(2) 평면 계획

① 동선
㉮ 일방통행으로 계획하며 입구와 출구는 분리시킨다.
㉯ 통로의 폭은 1.5m 이상으로 한다.
㉰ 동선 배치는 대면 판매의 장소까지 직선으로 도입하고 거기서 각 코너로 분산시킨다.
② 시설물
㉮ 체크아웃 카운터 : 500~600인/대당(슈퍼 스토어 : 400~500인/대당)
㉯ 바구니
- 개점 시 : 총 고객 수의 1할×3(1할은 상점 앞, 2할은 stock에 둔다.)
- 개점 이후 : 총 고객 수의 1할 정도
㉰ 카트(Cart, 손수레) : 매장 면적 500m²당 40대

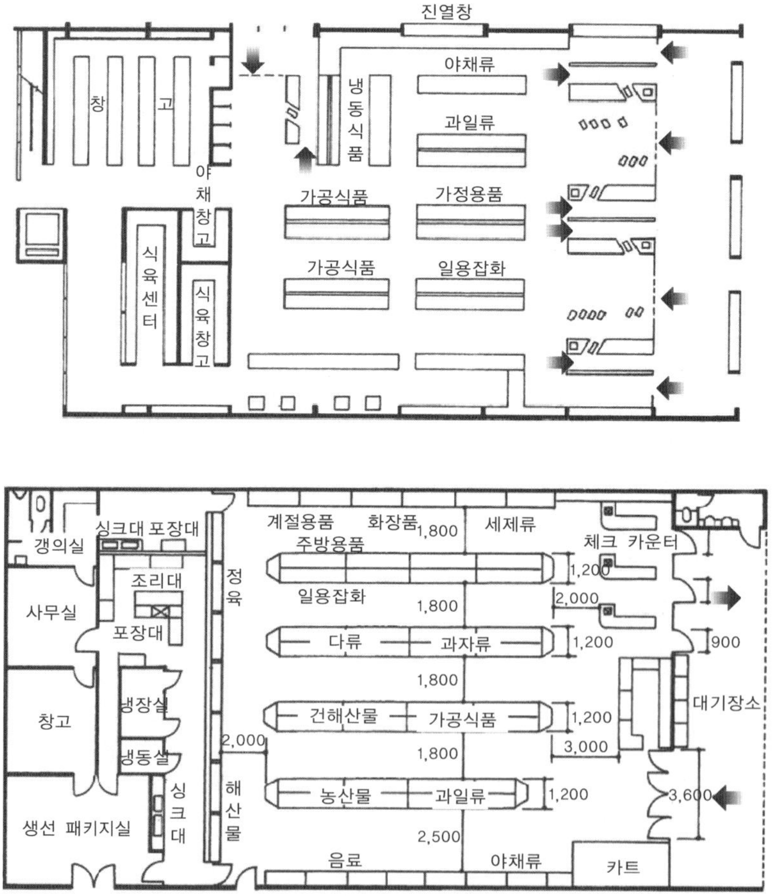

그림 Ⅳ-8. 슈퍼마켓의 평면 계획 예

제2장. 백화점 건축

1. 백화점 건축의 개요

백화점(Department Store)은 여러 가지 상품을 각 부분으로 나누어 진열 판매하는 규모가 큰 종합소매점으로 공장 생산품의 증가, 국민 소비력의 증진, 교통기관의 발달, 도시의 발달 등으로 공급과 소비의 매개체 역할을 하는 기능을 가지고 있다.

백화점 계획은 사무소 건축과 마찬가지로 수익성에 큰 영향을 받게 되며, 따라서 건축주는 입지 조건이 적당한가, 또는 어떠한 규모로 계획하여야 하는가에 대한 검토가 필요하다.

입지 조건은 내객 범위의 넓이와 그 인구수(내객 범위, 내객 이동 경향의 파악, 구매력의 예상), 교통기관에 관련된 사항(내객의 유출 및 유입량, 교통기관의 종류와 수송현황), 상업지역의 상호관계(상점가의 상호관계, 업종구성), 고객 유치를 위한 시설 등을 고려한다.

이러한 검토가 되면 백화점 규모에 따른 전(全) 건물 면적 중에서 판매장 면적을 산정하는데 보통 외국의 경우, 도시 인구수에 대한 판매장 면적은 인구 1만명 당 평균 650㎡으로 되어 있고 건물 연면적의 약 60~70% 정도로 계획한다.

(1) 백화점의 종류

입지 조건에 따른 백화점의 종류는 도심 백화점, 터미널 백화점, 쇼핑센터이고 그 외에 백화점에서 파생된 판매시설로서는 슈퍼마켓(Supermarket)과 슈퍼 스토어(Super- store), 드러그 스토어(Drugstore) 등이 있다.

표Ⅳ-6. 백화점의 종류

종 류	특 징
도심 백화점 City Department	대부분 도시 내에 있는 것이고 대규모로 풍부한 상품이 취급된다.
터미널 백화점 Terminal Department	대도시에 있어서 교외 교통망과 시내 교통망과의 접속점을 중심으로 상업지구에 있다. 주로 여객을 대상으로 하여 터미널 업무에 지장이 없는 범위에서 터미널을 입체화해서 상품 및 음식의 판매를 행하는 백화점이다.
쇼핑센터 Shopping Center	교외 주택지의 교통 중심지에 설치되는 것으로 미국에서 발달한 백화점 형식인데 건물은 2~3층의 저층이나 대규모이며 넓은 주차장을 갖고 있는 것이 특징이다.

기타	**슈퍼마켓** Supermarket	단독경영의 종합 식품점으로 셀프 서비스 방식을 채용한다.
	슈퍼 스토어 Superstore	일용필수품 등의 비식품을 중심으로 한 셀프 서비스 형식이다.
	드러그 스토어 Drug Store	약, 잡화, 과자, 간이식사 등을 취급하고 있는 약국 부분과 잡화 부분이 병설된 형식이다.

(2) 백화점의 구성

백화점은 공급과 소비의 매개체 역할뿐만 아니라, 인간의 사회생활과 유기적인 관계를 가지고 있다. 백화점은 영업을 통하여 고객에게 봉사하고 편리함을 도모하며 고객과 더불어 공동이익을 추구하는 이념 아래 고객에게 만족을 주는 것이어야 한다. 백화점에서 판매를 구성하는 요소는 고객, 상품, 그리고 종업원이며, 이 3가지는 각기 다종 다수(多種多數)인 것이 특징이라 할 수 있다.

백화점 건축의 구성은 고객권, 판매권, 종업원권, 상품권의 4가지로 구분된다.

표Ⅳ-7. 백화점의 기능

분 류	기 능
고객권	· 고객용 출입구, 통로, 계단, 휴게실, 식당 등의 서비스 시설 부분으로 대부분 판매권 등 매장에 결합되며 종업원권과 접하게 된다.
판매권	· 백화점의 가장 중요한 부분인 매장이며 상품을 전시하여 영업하는 장소이다. · 고객의 구매욕을 환기시키고, 종업원에 대해서도 능률이 좋은 작업환경이 조성되도록 한다.
종업원권	· 종업원의 입구, 통로, 계단, 사무실, 식당 기타 부분으로 고객권과는 별개의 계통으로 독립되고 매장 내에 접하고 있어 매장 외에 상품권과 접하게 된다.
상품권	· 상품의 반입, 보관, 배달, 발송을 행하는 계층으로 판매권과 접하며 고객권과는 절대 분리시킨다.

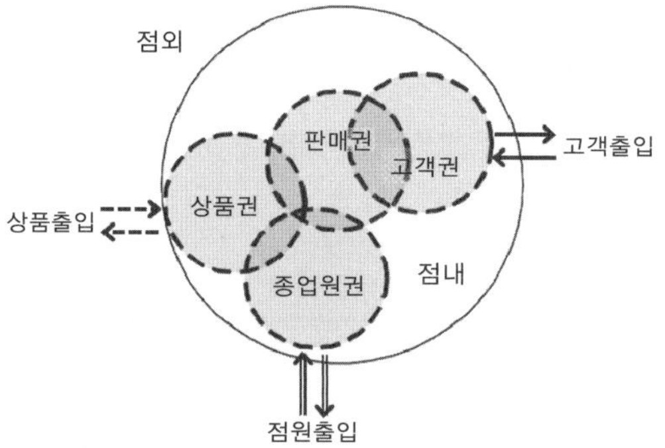

그림 Ⅳ-9. 백화점의 기능도

2. 일반 계획

(1) 백화점의 입지 조건 및 도로와의 관계

백화점의 입지는 예상 고객 수, 주변 교통 상황과 여건, 인근 상업시설 및 도시 환경, 대지의 규모와 형상, 주변 도로와의 관계를 고려하여 결정하며, 대지를 둘러싼 도로에 따라 고객과 종업원, 상품 반입의 출입구 및 엘리베이터와 에스컬레이터의 위치가 적절히 위치되어야 한다.

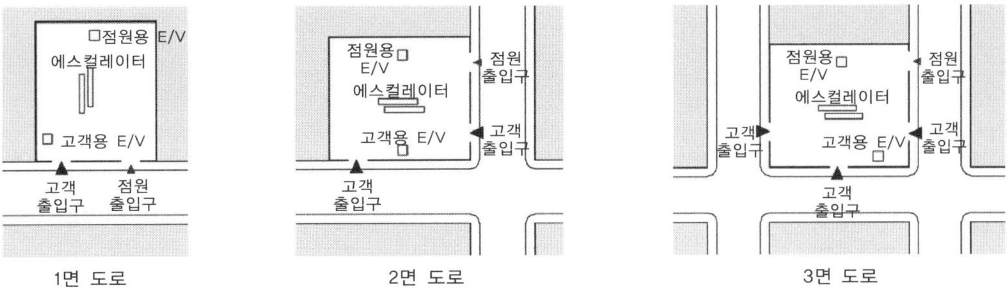

그림 Ⅳ-10. 주변 도로 상황에 따른 백화점의 진·출입 동선 계획

(2) 면적 구성

① 연면적은 건물을 영업 목적으로 사용하는 부분을 말하며, 판매 부분과 이를 지원하는 부대 관리 부분으로 구성된다.

㉮ 접객부 : 매장을 중심으로 하여 부수되는 각 실

㉯ 관리부 : 상품의 수·발송 기타 영업용 사무실

② 매장 면적비

㉮ 연면적에 대해 60~70% 정도(소규모 경우 : 80% 정도)

㉯ 순매장 면적은 연면적에 대해 50% 정도이며 다음과 같이 구성된다.

- 가구 배치 소요 면적 : 매장 면적의 50~70% 정도
- 순교통에 필요한 면적 : 매장 면적의 30~50% 정도

(3) 기둥 간격

① 기둥 간격의 결정 요소

㉮ 진열대 치수와 배치 방법(진열장 배치의 변경 고려 시 : 장방형보다 정방형이 유리)

㉯ 엘리베이터, 에스컬레이터의 배치(엘리베이터, 에스컬레이터 등의 크기, 개수, 설치 유무)

㉰ 매장의 통로의 크기

㉱ 지하 주차장의 수용 능력(지하 주차장의 주차 방식과 주차 폭)

㉲ 건축물의 적용 구조체

② 기둥 간격

㉮ 일반적인 것 : 보통 6.0×6.0m 정도의 직교형

㉯ 실용적인 것 : 7~8m 정도－최근 대형 백화점에서 적용, 엘리베이터 2대와 에스컬레이터 설치가 적절하다.

㉰ 이상적인 것 : 3대 주차 가능, 판매대 Layout에 효율성을 가진다.

- 9.15m×9.15m(K. C Urch의 안)
- 10.6m×10.6m(L. Parnes의 안)

(4) 층고

① 층고는 제한된 높이 가운데 매장별로 유효한 분할이 되어야 한다.

㉮ 1층 : 보통 3.5~5.0m

㉯ 2층 이상 : 3.3~4.0m

㉰ 지하층 : 3.4~5.0m 정도

② 최상층은 식당 또는 연회장으로 사용되는 경우가 많으므로 층고를 높게 하는 것이 좋다.

(5) 출입구

도로에 면하여 30m에 1개소씩 설치하며, 점 내의 엘리베이터 홀, 계단에의 통로, 주요 진열창의 통로를 향하여 출입구를 설치한다.

3. 세부 계획

(1) 매장 계획

① 매장의 종류

㉮ 일반 매장 : 넓게 자유 형식으로 여러 층에 같은 형식으로 구성되어 수평·수직적 관계를 갖는 조직적인 구성의 판매장이다.

㉯ 특수 매장 : 일반 매장의 안에 배치된다.

② 통로의 폭

㉮ 매대 앞에 손님이 서 있을 때 45~60cm, 1인 통행마다 60~70cm를 가산한다.

㉯ 일반 고객 통로의 폭 : 1.8m 이상

㉰ 주 통로의 폭 : 2.7~3m 이상

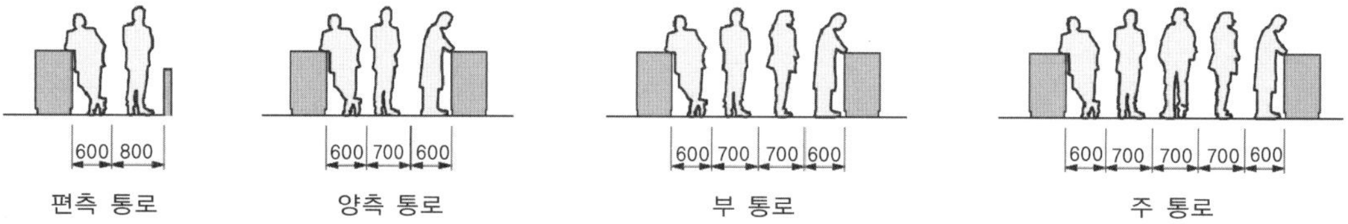

그림 Ⅳ-11. 고객 통로의 폭

③ 진열대

㉮ 진열대의 크기 : 일반적으로 180cm×60~75cm(폭)×100cm(높이)

㉯ 계산대(Counter)의 높이 : 75cm

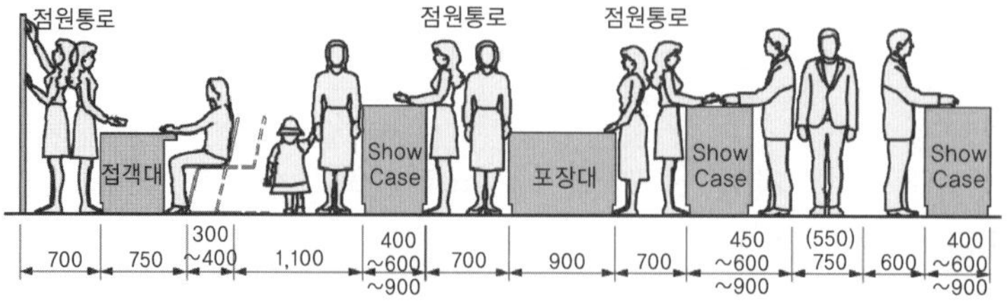

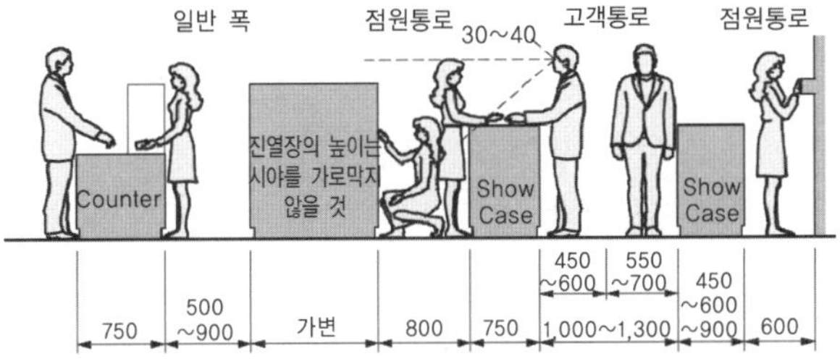

그림 Ⅳ-12. 진열대(판매대)와 통로의 크기

④ 매장의 가구 배치

표 Ⅳ-8. 백화점 매장 배치의 유형

종 류	배치의 특징
직각 배치	· 가장 간단한 배치 방법으로, 기구와 가구 사이를 직교하여 배치함으로써 직각의 통로가 나오게 하는 배치 방법이다. · **경제적이고 판매장 면적을 최대한 이용**할 수 있다. · **단조로운 배치이고 고객 통행량에 따른 통로 폭의 변화가 어려워 국부적인 혼란**을 가져오기 쉽다.
사행 배치	· 주통로를 직각 배치하고, 부통로를 주통로에 45° 경사지게 배치하는 방법이다. · 수직 동선에의 접근이 쉽고, **매장의 구석까지 가기 쉽다.** · **진열장의 다양한 크기가 요구되며, 이형의 매대가 많이 필요**하다.
자유 유선형 배치	· 고객의 유동 방향에 따라 자유로운 곡선을 통로를 배치하는 방법이다. · 전시에 변화를 주고 판매장의 특수성을 살릴 수 있다. · 판매대나 유리 케이스에 특수형을 필요하기 때문에 고가가 된다. · **매장의 변경 및 이동이 곤란**하다.
방사형 배치	· 판매장의 통로를 방사형이 되도록 배치하는 방법이다. · 미국에서 실시한 예가 있으나 일반적으로 적용이 곤란한 특수한 경우이다.

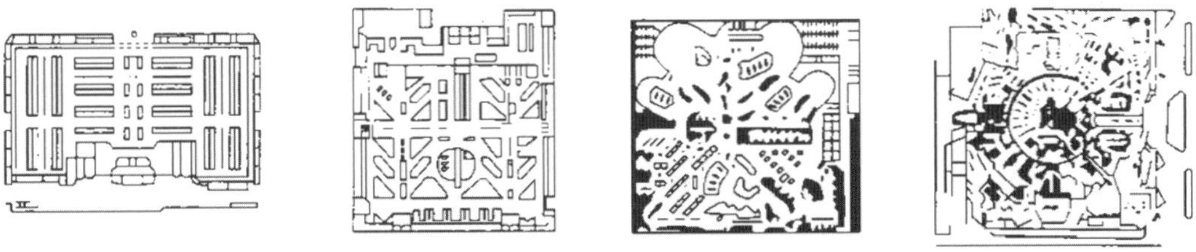
직각 배치 사행 배치 자유 유선형 배치 방사형 배치

그림 Ⅳ-13. 매장 진열대의 배치 유형

(2) 무창 건축의 백화점

실내의 진열 면적을 늘리고 분위기 조성을 위해 백화점의 외벽을 창이 없게 처리하는 방법

① 장점

㉮ 창의 역광으로 인한 내부 의장에 있어 불리한 요소를 제거할 수 있다.

㉯ 외부 벽면의 상품 전시 가능으로 매장 배치상 유리하다.

㉰ 매장 내의 냉·난방 효과가 증대된다.

② 단점 : 화재나 정전 시 고객들의 혼란에 빠질 우려가 있다.

(3) 설비 계획

백화점의 설비는 고객의 구매 행위를 보다 쾌적하게 하고 종업원의 사무 능률을 증진시키도록 한 것으로 조명 설비, 급·배수, 급탕, 배기 등의 위생 설비, 냉·난방, 통풍 환기, 온·습도 조절설비, 방화, 소방, 피난, 경보 등 재해 방지 설비 및 전기 설비 등이 있다.

① 조명 설비

조명은 백화점 내부를 뚜렷이 하고 고객이 자유롭고 편안하게 상품을 선택할 수 있도록 하며 사람들에게 쾌적함을 줄 수 있도록 하기 위함이다.

㉮ 옥외 조명

백화점의 밝게 보이기 위해서도 필요하지만 글씨, 형태 등 외관 구성에도 중요한 역할을 한다.

㉯ 옥내 조명

- 쇼윈도우(Show-Window)의 조명 : 조명 계획은 눈부심(Glare) 현상이 생기지 않도록, 배경으로부터의 반사를 피하고 조명의 빛을 유효하게 사용하도록 하여야 한다.
- 조명의 방법에는 상품의 종류, 진열 방법, 쇼윈도우의 크기 등에 따라 여러 가지가 있으나 크게 나누어 전체를 균등하게 비추는 방법과 조화를 이루는 것, 일부를 강조하는 것이 있다.

㉰ 판매장의 조명

- 직접 조명 : 조명 효율은 좋으나 조도가 높아서 불쾌감을 주는 경우가 있으니 적절히 활용하여야 한다.
- 반 간접 조명 : 가장 많이 사용되는 방법으로 루버가 있는 형광등 등이 사용되며 광선이 부드러운 감이 좋다.
- 간접 조명 : 조명으로서는 부드럽고 그림자를 만들지 않아 좋으나 상품을 강조할 수가 없으므로 부분 조명을 함께 병용하는 것이 좋다.
- 부분 조명 : 조명에 강조를 하는 것으로 상품 전시를 대상으로 국부 조명(Spot Light)이 사용된다.

② 공기조화 설비

일반적으로 보일러, 냉동기는 건물의 최하층에 설치하고 공기 정화기(Air-Washer) 및 송풍기는 지하층 또는 옥상층에 설치한다. 가장 중요한 것은 공기정화실에서 각층 판매장 등으로 보내는 덕트 배치 방식인데 수평 덕트 방식과 수직 덕트 방식이 있다.

㉮ 수평 덕트 방식

송풍기실에서 주요 급기 덕트를 각층에 수직으로 설치하고 각층에서는 수평 분기 덕트를 천장에 설치하여 각 부분에 급기(給氣)하는 방식이다. 이 방식은 2중 천장으로 하므로 보 밑에 30㎝ 내외의 공간이 필요하게 된다.

㉯ 수직 덕트 방식

송풍기실에서 주(主) 덕트를 지하층, 1층 또는 지상층의 천장 등에서 옆으로 끌어 분기 덕트를 기둥 또는 벽에 따라서 분산시켜 각 층에 수직으로 올라가서 급기 하는 방식이다. 기둥, 벽에서 옆으로 급기하는 방식이므로 각 층을 이중천장으로 할 필요는 없으나 매장에서 기둥이 굵어지는 결점이 있다.

4. (수직) 동선 계획

(1) 계단

백화점에서의 계단은 **승강 설비의 보조용이나 비상계단으로 계획**한다.

(2) 엘리베이터

① 에스컬레이터와 병용하는 경우 고객의 75~80%는 에스컬레이터를 이용하므로 최상층에의 급행용 이외에는 **보조적 역할**이 된다.

② 크기 : 연면적 2,000~3,000㎡에 대해서 15~20인승 1대꼴 정도로 한다.

③ 속도

㉮ 저층(4~5층) : 45~100m/min 정도

㉯ 중층(8층) : 110m/min 정도

④ 대수 결정 일반 공식

$$S = \frac{5 \times 60초 \times a_0}{T} \qquad N = \frac{5분간에\ 운반하여야\ 되는\ 인원수}{S}$$

S : 5분간에 1대가 운반해야 할 인원수　　P : 정원
N : 엘리베이터의 대수　　T : 엘리베이터 평균 일주시간

⑤ 배치 : 가급적 집중 배치하며, 1대의 수용력을 크게 하고 고객용, 화물용, 사무용으로 구분 배치한다.

⑥ 위치 : **출입구의 반대쪽에 위치**시킨다.

(3) 에스컬레이터

① 백화점에서 수직 동선의 수송 수단으로 가장 적합하며 방재계획에 불리하여 비상계단으로 사용할 수는 없다. **고객의 70~80%가 이용하게 되며, 엘리베이터의 10배 수송 능력**을 가진다. 특히, 1층, 지하층 등 층 높이의 차가 1층뿐인 경우에는 엘리베이터 45대 분에 해당된다.

② 필요성 : 4대 이상의 엘리베이터를 필요로 할 때, 또는 2,000명/h 이상의 수송력을 필요로 할 때 설치한다.

③ 특징

㉮ 장점

- **수송력에 비해 점유 면적이 적다.**(엘리베이터의 1/4~1/5 정도)
- 종업원이 적어도 된다.
- 고객으로 하여금 기다리지 않게 한다.
- 매장을 바라보며 승강할 수 있다.

㉯ 단점

- 설비비가 고가이다.
- 층고와 보의 간격에 제약을 받는다.

④ 배치 형식

표 Ⅳ-9. 에스컬레이터의 배치 형식 비교

배치 형식	특 징
직렬식	· **점유면적이 크나, 승객의 시야가 넓어져 좋으며** 시선이 한 방향으로 고정된다.
병렬 단속식	· 백화점 내를 내려다보기가 좋다.
병렬 연속식	· 승강 · 하강이 연속적이고 독립적이며 승강장 찾기가 용이하다.
교차식	· 점유면적이 **다른 유형에 비해 가장 작으며, 연속적으로 승강이 가능**하다. · **매장의 전망이 나쁘다.**

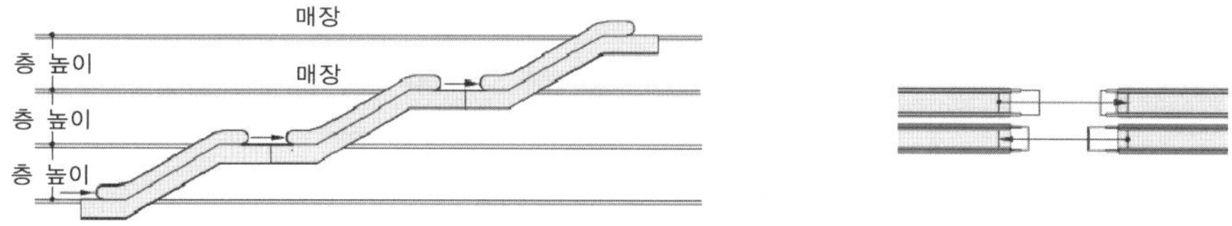

직렬 배치식 - 점유면적이 크지만 승객의 시야가 좋다.

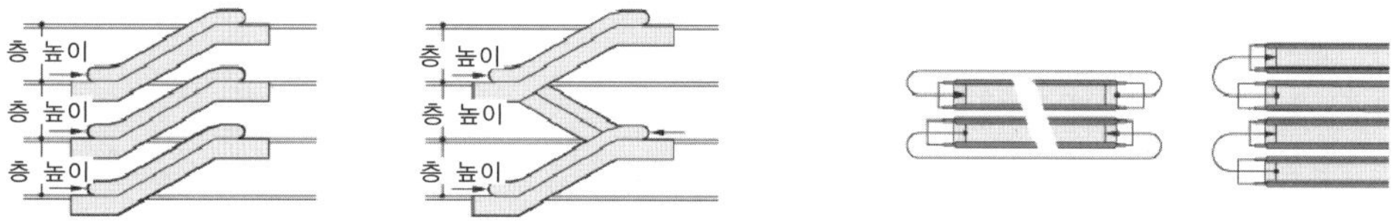

병렬 단속식 병렬 연속식

병렬식 - 백화점 내를 내려다 보는데 유리하다.

교차식 - 점유면적이 작다.

그림 Ⅳ-14. 에스컬레이터의 배치 방식

제3장. 쇼핑센터(Shopping Center) 건축

1. 공간 구성 요소

(1) 핵상점(核商店, Magnet Store, Key Tenant)

핵상점은 쇼핑센터의 핵으로서 고객을 끌어들이는 기능을 가지고 있으며, **일반적으로 백화점이나 종합 슈퍼마켓이** 이에 **해당**된다.

(2) 전문점(Retail Shops)

전문점은 주로 단일 종류의 상품을 전문적으로 취급하는 상점과 음식점 등의 서비스점으로 구성되며, 전문점의 구성과 레이아웃은 그 쇼핑센터의 특색에 의해 결정된다.

(3) 몰(Mall)

쇼핑센터 내의 주요 보행 동선으로 고객을 각 상점으로 고르게 유도하는 Shopping Street인 동시에 고객의 휴식처로서의 기능도 갖고 있다. 쇼핑센터의 가장 특징적인 요소이다

① 전문점과 핵상점들은 몰에 면하도록 한다.
② 몰은 Open Mall, Enclosed Mall로 계획할 수 있으며, 일반적으로 공기 조화에 의해 쾌적한 실내 기후로 유지할 수 있는 Enclosed Mall이 선호된다.
③ 몰의 폭은 6~12m가 일반적이며, **몰의 길이는 240m가 한계**이다. **길이 20~30m마다 변화를 주어 단조로운 느낌이 들지 않도록 하는 것이 바람직**하다.
④ 몰은 보행자 구역(Pedestrian Area)의 일부이며, 보행자 구역에는 몰, 코트, 분수, 연못, 조경 등이 있다.

(4) 코트(Court)

고객이 머무를 수 있는 비교적 넓은 공간으로서 몰의 군데군데에 위치하여 고객의 휴식처가 되는 동시에 각종 행사의 장이 되기도 한다.

(5) 주차장

차를 이용하는 고객의 편의와 고객 유치를 위해 필수적이다. 주차장의 위치와 규모는 다른 교통수단 및 도로 상황과의 관계를 고려하여 결정한다.

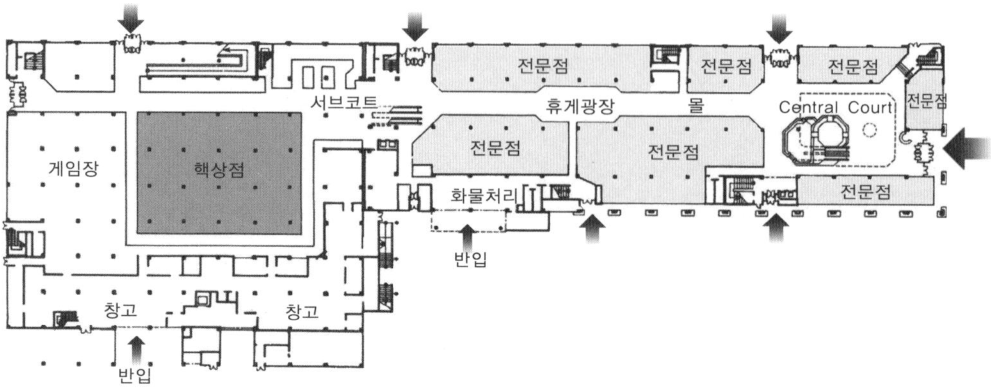

그림 Ⅳ-15. 쇼핑센터의 평면 계획 예

2. 면적 구성

(1) 핵상점 : 전체 면적의 약 50%

(2) 전문점 : 전체 면적의 약 25%

(3) 몰, 코트 등 공유 공간 : 전체 면적의 약 10% 정도

(4) 관리시설, 공용화물 처리장, 기계실 등의 후방 부분 : 15%(나머지)

Ⅴ. 숙박시설

제1장. 호텔 건축
제2장. 기타 숙박시설

V. 숙 박 시 설

제1장. 호텔 건축

1. 호텔 건축의 개요

호텔이 처음 생긴 것은 중세기였으며 여행자의 숙박시설로서 초기에는 사원 또는 바라크 숙사가 이용되었다. 중세 이후 호텔 건축은 약 200여년을 거쳐 발전되어 왔으며 19세기부터 20세기 초에 걸쳐 산업사회의 발전과 더불어 규모가 거대화되고 호화스러운 호텔들이 본격적으로 다수 건설되기에 이르렀다.

호텔은 기간산업으로 투자 수익성과 경영활동을 통한 외화 획득의 가치가 크고 고용 확대의 기회가 크기 때문에 그 가치를 인정하여 육성하고 있는 산업이다. 또한 호텔은 초기의 단순 기능인 숙박 개념에서 보다 다양한 서비스가 부가되는 복합적 기능을 요구하고 있는데, 특히 건물의 외관과 주위 환경, 로비의 분위기 등을 기본으로 하여 서비스 질, 부대 영업장의 다양한 기능 등이 요구되고 있다. 다시 말해서 호텔은 일반 대중을 대상으로 숙박과 음식, 그리고 인적 서비스와 상품을 제공할 뿐만 아니라 과거와는 달리 개인적 시설이 아닌, 사회 공공에 기여하는 현대적 시설로서 다양한 부대 사업을 영위하면서 휴식과 오락은 물론 여가와 문화생활 및 사업 활동의 장으로 확대되고 있다.

(1) 호텔의 정의

본래 호텔(Hotel)이란 말은 라틴어의 'Hospitale'에서 파생되었다. 프랑스어인 Hotel 이라는 단어는 중세 프랑스에서 귀족들의 거주지, 혹은 병원에 상응하는 말로, 그곳에서 귀족들과 왕족들에게 봉사하던 전문조리사와 하인들이 익숙하게 준비하던 요리와 서비스 방법을 상업적으로 개발한 후에 생겨나게 되었다.

[호텔의 역사]

*** 서양**

일반적으로 근대 호텔의 탄생은 18세기 말 산업혁명의 시기로 보고 있다. 최초의 근대호텔은 1850년 파리에 세워진 그랜드 호텔(Grand Hotel)로서, 공공공간의 설치와 주식회사의 소유권, 경영면으로서도 최초의 것이 되고 있다. 1855년에는 나폴레옹 3세에 의해 거대한 루브르 호텔(Hotel du Louvre)이 출현하였다. 이후 호텔 건축은 프랑스, 오스트리아, 독일, 이탈리아, 영국로 전파되었고 제1차 세계대전 후에는 미국의 자본주의의 발달에 의하여 힐튼 호텔, 인터내셔널 호텔 등의 거대한 경영회사로 등장하기에 이르렀다.

*** 국내**

조선 말기 개화기 이후 외국과의 교역이 이루어지고 산업과 교통이 발달하게 됨에 따라 1883년에서 1890년 사이에 근대적인 숙박업소인 여관이 들어섰다. 호텔의 기원은 1888년 인천에 세워진 대불 호텔과 스튜어트 호텔(Stewart Hotel)로서 주로 서양인들을 유치하기 위한 것이었다. 서울에 세워진 최초의 호텔은 1902년 독일의 손탁(Sontag)이 정동에 세운 손탁 호텔이다. 또한 철도 교통이 발달되었던 1910년 이후에는 철도역을 중심으로 호텔이 들어서기 시작하여 1912년 부산철도 호텔, 1914년 서울철도 호텔(후에 조선 호텔)이 준공되었다. 1920년대에는 서울에 경성 호텔, 광화문 호텔, 중앙 호텔 등이, 부산에 동래 호텔, 목포에 목포 호텔 등이 들어서기 시작하였으며 1938년에는 서울에 반도 호텔(현 롯데 호텔 위치)이 준공되었다.

6·25 전쟁 후에는 남대문 근처에 그랜드 호텔과 뉴코리아 호텔이 새로 등장하였으며 외화 획득을 목적으로 워커힐 호텔이 주한미군의 휴양지로 이용되면서 1960년대 후반부터는 낙후되었던 호텔산업이 새로운 전기를 맞게 되었다. 1970년에 비로소 현재의 조선 호텔이 개축되어 국제 규모의 호텔이 등장하였으며, 1970년대에 중반부터는 국제경쟁의 호조와 국내산업의 발달로 외국인 방문객의 수가 급증하면서 1975년 신라 호텔을 비롯하여 1978년 하얏트, 엠버서더, 서울프라자 호텔 등이 건립되고 1980년대에는 가든 호텔, 리버사이드 호텔, 롯데 호텔, 힐튼 호텔, 라마다 르네상스 호텔, 스위스 그랜드 호텔, 인터콘티넨탈 호텔 등 세계적인 규모의 호텔이 등장하기에 이르렀다. 이외에도 관광산업의 발달과 더불어 경주 보문단지와 제주도 등지에 휴양 및 레크레이션 목적의 리조트 호텔이 들어서게 되어 관광지 호텔도 괄목할 만한 성장을 이루게 되었다.

(2) 호텔의 종류와 입지 조건

① 입지 조건에 따른 호텔의 종류

㉮ 시티 호텔(City Hotel) : 교통 및 상업의 중심지인 도시에 위치하여 일반 여행자의 단기가 체제를 대상으로 하거나 또는 도시의 사교적 집회와 연회 등의 장소로 이용되는 호텔이다.

표Ⅴ-1. 시티 호텔의 종류와 특징 및 입지 조건

종 류	특 징	대지 조건
커머셜 호텔 Commercial Hotel	주로 상업상, 사무상의 여행자용으로서, **비즈니스를 주체로 한 호텔**로서 도심의 번화한 **교통 중심지에 고층화**된다.	①환경이 좋고 조용할 것 ②이용, 교통기관이 편리할 것 ③자동차 교통에 대한 어프로치가 좋고 주차 공간이 충분할 것 ④근처에 있는 호텔과 경영상의 경쟁 및 제휴를 고려할 것
레지던셜 호텔 Residential Hotel	상업상 **여행자나 관광객 등이 단기 체재하는 호텔**로서, 커머셜 호텔보다 규모가 작고 설비는 고급이며, **도심을 약간 피하여 조금 안정된 곳에 위치**한다.	
아파트먼트 호텔 Apartment Hotel	**장기간 체재하는데 적합한 호텔**로서 **부엌과 셀프 서비스 시설을 갖추는 것이 일반적**이다.	
터미널 호텔 Terminal Hotel	교통기관의 발착 지점에 위치한 호텔로서 스테이션 호텔(Station Hotel), 하버 호텔(Harbor Hotel), 에어포트 호텔(Airport Hotel) 등이 있다.	

㉯ 리조트 호텔(Resort Hotel) : 피서 및 휴양을 위주로 하여 관광객이나 휴양객이 많이 이용되는 호텔로서 산, 바다, 호수, 강, 공원 등 도시에서 떨어진 관광지 등의 넓은 대지에 운동 시설, 레크리에이션 시설 등을 갖추고 그 특색을 충분히 살린 호텔이다.

표V-2. 리조트 호텔의 종류와 특징 및 입지

종 류	특 징	대지 조건
해변 호텔 Beach Hotel	각각의 위치와 성격에 따라 다양한 형태를 갖는다.	①수량이 풍부하고 수질이 좋은 수원이 있을 것 ②자연재해의 위험이 없고 계절풍에 대한 대비가 있을 것 **③식료품이나 린넨류의 구입이 쉬운 곳** **④조망 및 주변 경관이 좋은 곳** ⑤관광지 성격을 충분히 이용할 수 있는 곳
산장 호텔 Mountain Hotel		
온천 호텔 Hot Spring Hotel		
스키 호텔 Ski Hotel	스포츠 시설을 위주로 이용되는 숙박시설을 갖추고 있다.	
스포츠 호텔 Sport Hotel		
클럽 호텔 Club Hotel		

② 기타 호텔

㉮ 모텔(Motel) : 모터리스트의 호텔(Motorist Hotel)이라는 뜻으로서 자동차 여행자를 위한 숙박시설로서 자동차 도로변의 도시 근교에 많으며, 관광지에 있는 것 역시 자동차 도로변의 도시 근교에 많으며, 관광지에 있는 것은 로비나 라운지를 갖춘 대규모의 것도 있다. 일반적으로 객실은 10~20실 정도이며 객실, 식당, 관리실 등으로 간단하게 구성되어 있다. 우리나라는 고속도로의 휴게실에 위치한 경우가 많다.

㉯ 유스 호스텔(Youth Hostel) : 국적과 환경이 다른 청소년이 우호적인 분위기로 화합할 수 있는 장소로 저렴한 요금으로 주로 청소년을 숙박시키는 호텔로서 최근에는 각 업체에서 하계 · 동계 · 주말에 오리엔테이션 시 많이 이용하는 경향이 있다.

*** 유스 호스텔의 주요 건축기준**

- 주요구조부는 내화구조 및 불연재료로 한다.
- 4대 이상 8대 이하의 침대를 준비하고 침실은 총수의 반수 이상으로 하며, 1실 20대를 초과하지 않는다.
- 침실은 입구에서 남녀로 구분한다.
- 수용인원에 대비한 로커를 설치한다.

표V-3. 객실 수에 의한 시설 규모

객실 수	시설 규모
10~20	가족 단위의 경영 규모이며 대부분 게스트 하우스(Guest House)나 여관, 모텔(Motel) 등이 속한다.
50~70	별도의 관리인을 두고 경영해야 하는 규모
100~150	별도의 식당과 커피숍이 고려되어야 한다.
150~200	일반적인 모텔과 리조트 호텔의 규모, 충분한 식당 면적과 라운지, 스텐드 바, 온수시설이 된 수영장과 같은 오락 시설 등이 계획되어진다. 몇 개의 리조트 호텔들이 같은 주위에 모여 있을 수도 있다. 또한 하나의 호텔이 아파트먼트 유니트과 결속됨으로써 수용인원을 늘일 수 도 있다.

200~300	리조트 호텔 중에서도 디럭스급에 속한다. 독자적으로 해수욕장을 갖고 있거나 골프 코스 외에 특별식당 등이 계획된다.
400 이상	컨벤션(Convention)을 포함한 복합기능을 갖는 시티 호텔 규모
700 이상	메인 컨벤션(Main Convention)과 전산센터, 상가와 식당 및 그 밖에 여러 복합기능을 포함한 규모

2. 배치 계획

(1) 입지 조건 및 특성

호텔 입지 조건의 분석은 도시, 장소, 대지 분석을 종합하여 평가한다. 도시 차원의 분석은 상업 조건의 평가를 말하고 장소 차원의 분석은 숙박, 음식, 연회의 입지로 나뉘어 호텔의 특성에 맞게 분석함을 말하며 대지 차원의 분석은 건축설계 대지로서의 입지 요건을 말한다.

표Ⅴ-4. 호텔의 입지별 특성

구 분	특 성
숙박 입지	· 비즈니스 호텔 등 숙박 주체의 호텔이 적합한 장소이다. · 숙박 입지는 비즈니스를 위해 역을 통해 방문하는 여행자를 위한 시설로 역과 가깝고 관공서 및 업무시설과 가까운 시내 중심가에 위치하는 것이 좋다.
음식 입지	· 음식 입지는 무엇보다도 **번화가에 접속되어 있는 것이 좋다**.
연회 입지	· 대연회장, 결혼식장 등을 가진 분위기 좋은 호텔이 적합한 장소이다. · **연회 입지에서 가장 중요한 것이 주차 공간과 진, 출입 동선**이다. 일시적으로 많은 인원이 움직이므로 이 인원을 동시에 수용하고 정리할 수 있는 시설이 중요하다. · 특히 연회장을 가진 호텔은 **숙박 중심의 호텔에 비해 보다 큰 주차 능력이 요구**된다.

(2) 배치 및 블록 플랜

① 배치 계획

도시 호텔은 대지의 제약으로 복도 면적을 작게 하고 고층화에 적합한 평면형이 요구된다. 리조트 호텔은 조망, 쾌적함을 위주로 하여 장래 증축 가능한 구조로 하며 저층에는 자유로운 형태의 레크리에이션 시설을 배치하는 것이 좋다. 아파트먼트 호텔은 리조트 호텔과 도시 호텔의 중간적인 배치 방법으로, 특히 거주성을 생각하여 통풍 및 채광이 좋은 평면형의 계획이 요망된다.

② 블록 플랜

㉮ 호텔의 성격에 적합한 고층부와 저층부의 대략 용적 비율을 예상한다.

㉯ 객실과 연회장의 규모를 고려하여 주차장 면적과 대략적인 주차대수를 설정한다.

㉰ 객실 타입과 객실 면적을 설정한다.

㉱ 기준층의 객실 수를 경제성, 사용의 편리성, 서비스 단위 등으로 설정한다.

㉲ 총 객실 수, 높이 제한 등에서 고층부가 몇 층에 있는지를 검토하며, 스카이 레스토랑, 기계실 층, 스위트 룸 플로 등의 공공 부분이나 주방, 창고, 종업원 시설 등의 필요성에 대해서도 감안한다.

㉳ 스카이 레스토랑은 서비스나 승강기 설비 계획에서 효율이 떨어지므로 저층 부분과의

연계를 검토한다.

㉳ 지하 부분의 용적은 건설비용을 좌우하므로 적정한 규모를 설정한다.

㉴ 각층의 층높이를 예상하여 전체 높이를 조정한다.

3. 평면 계획

(1) 호텔 기능의 3요소

① 관리 부분(Managing Part) : 복잡한 경영과 서비스의 중추적인 핵이 되며, 각 부문의 상황을 즉시 파악하고 조절할 수 있어야 한다. 프런트 오피스(Front Office)는 전산화된 시설이 요구된다.

② 공공 부분 또는 사교 부분(Public or Social Part) : 현대적 호텔은 점차 공공 부분 서비스의 질과 양을 높혀가는 추세에 있으며, 호텔 전체의 매개공간 역할을 하는 부분이다.

③ 숙박 부분(Lodging Part) : **호텔의 가장 중요한 부분으로 이에 의해서 호텔의 형태가 거의 결정된다**.

㉮ 시티 호텔 : 대지가 제약되므로 복도 면적을 적게 하고 고층화에 적합한 평면형을 지향한다.

㉯ 리조트 호텔 : 복도 면적이 다소 많더라도 조망, 쾌적함 위주로 장래의 증축을 고려한다.

㉰ 아파트먼트 호텔 : 시티 호텔과 리조트 호텔의 중간적 배치 방법으로 거주자를 생각하여 통풍, 채광이 좋은 평면형이 요구된다.

(2) 소요실 계획

표Ⅴ-5. 기능별 실의 배치

부분별	주요 각 실의 명칭
숙박 부분	객실 및 이에 부수되는 공동 화장실, 공동 욕실, 보이실, 메이드실, 린넨실, 트렁크(Trunk) 실, 복도, 계단 등
퍼블릭 스페이스 (Public Space)	현관, 홀, 로비, 라운지, 식당, 연회장, 오락실, 매점, 나이트 클럽, 스탠드 바, 볼룸, 커피숍, 그릴, 담화실, 독서실, 진열장, 흡연실, 프런트 오피스(Front Office), 이용실, 미용실, 엘리베이터, 복도, 계단, 정원 등
관리 부분	프런트 오피스(Front Office), 클로크 룸(Cloak Room), 지배인실, 전산실, 사무실, 공작실, 창고, 전화 교환실, 종업원 관계 제실 및 이에 부수되는 화장실, 복도 계단 등
요리 관계 부분	배선실, 주방, 식기실, 냉장고, 식료품 창고 및 이에 부수되는 화장실, 복도, 계단 등
설비 관계 부분	보일러실, 각종 기계실, 세탁실 및 이에 부수되는 창고, 복도, 계단 등
대실 부분	상점, 창고, 임대사무실, 클럽(Club) 등

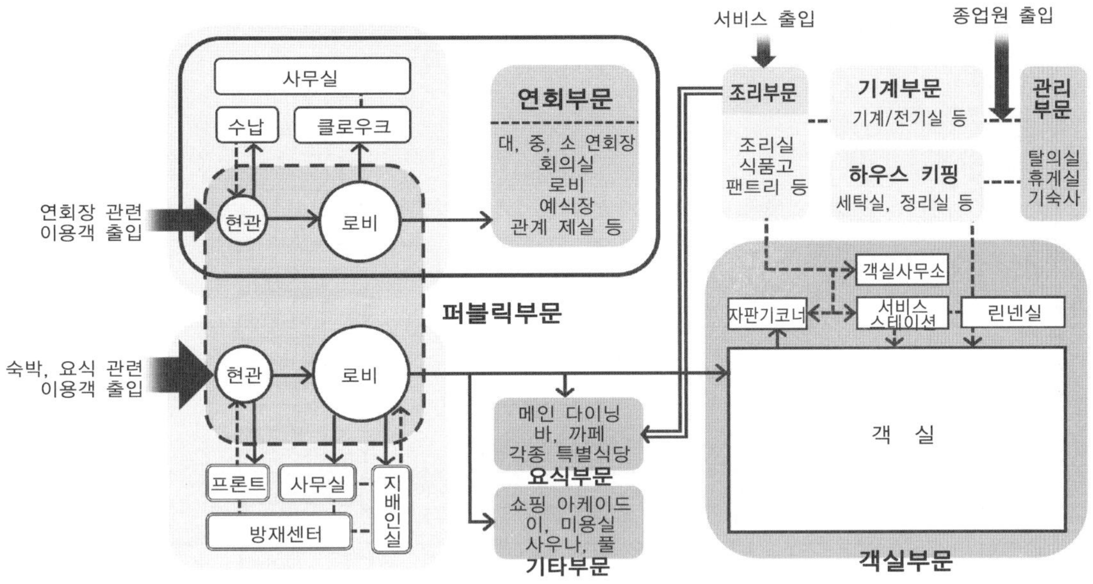

그림 V-1. 호텔의 기능 구성

(3) 각 실의 면적 구성 비율

표 V-6. 각 부분별 면적 비율

종 류 / 분 류	리조트 호텔	시티 호텔	아파트먼트 호텔
규모(객실 1에 대한 연면적)	40~91㎡	28~50㎡	70~100㎡
숙박부 면적(연면적에 대한)	41~56%	49~73%	32~48%
퍼블릭 스페이스 면적비(연면적에 대한)	22~38%	11~30%	35~58%
관리부 면적비(연면적에 대한)	6.5~9.3%		
설비부 면적비(연면적에 대한)	약 5.2%		
로비 면적(객실 1에 대한 면적)	3~6.2㎡	1.9~3.2㎡	5.3~8.5㎡

(4) 기준층 계획

호텔의 기준층은 객실이 있는 대표적인 층을 말한다. 기준층의 합리적인 규모 및 구조 계획의 기준에 따라 호텔의 형태가 좌우되므로 호텔 설계는 기준층의 설계를 기본으로 시작된다.

기준층은 객실의 형태나 구조, 설비, 특히 엘리베이터 등의 동선 계획과 방재 및 피난계획 등이 중요하다.

① 기준층의 스팬을 정하는 방법으로는 **2실을 연결한 것을 최소의 기둥 간격**으로 보면 구조나 시공상의 어려움이 없다.

② 기준층의 객실 수를 배치하는 방법은 기준층의 면적과 기둥 간격의 구조에 따라 결정되며, 기준층의 스팬은 2개의 객실을 최소 기둥 간격으로 보면 구조상이나 시공상 어려움은 없다. 즉, 스팬(span, 주간)은 실의 크기에 따라 달라질 수 있으나 일반적으로 다음과 같은 방법으로 구한다.

기둥 간격(span) = (최소의 욕실 폭 + 객실 입구 통로 폭 + 반침 폭) × 2배

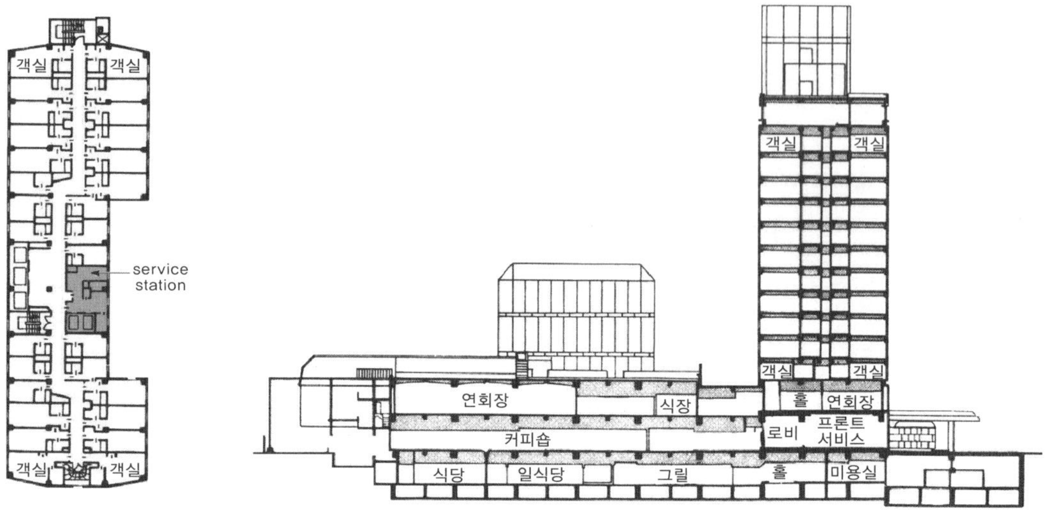

그림 V-2. 호텔 기준층 및 단면 계획의 예

(5) 현관 · 로비 · 라운지

① 현관 : 호텔의 외부 접객 장소로서 프런트 데스크와의 접속이 원활하여야 하며, 기능적으로 로비, 라운지와 연속된다.

② 로비(Lobby) · 라운지(Lounge)

㉮ 로비(Lobby) : 고객이 현관에 도착하여 퍼블릭 스페이스(Public Space)의 중심으로 지나가는 장소이며, 다목적으로 사용되는 만큼 그 개방성과 다른 공간과의 연계성이 중요하게 된다.

㉯ 라운지(Lounge) : 머무는 장소로서 휴식, 담화, 응접 등으로 사용하는 공간이다.

(6) 프런트 오피스(Front Office) · 지배인실 · 클로크 룸(Cloak Room)

① 프런트 오피스(Front Office) : 호텔 운영의 중심부이므로 **외래객이 알기 쉬운 장소로 자유롭게 출입할 수 있고 고객의 실내 동향을 관찰**할 수 있어야 한다. 프런트 데스크를 중심으로 하여 **현관과 엘리베이터의 삼각관계**에서 고객의 동선이 원활하여야 하며, 프런트 데스크의 높이는 1.0m 정도로 한다.

② 지배인실 : 외래객이 알기 쉽고, 누구에게나 방해를 받지 않고 자유롭게 출입하고 대화할 수 있는 위치에 두며, **후문으로 통하게** 한다.

③ 클로크 룸(Cloak Room)

㉮ 호텔, 극장, 식당, 카바레 등 외래객이 그 입구에서 일시 외투 등을 맡기는 방

㉯ 휴대품 보관소, 프런트 오피스 옆에 설치하는 외투 보관실

*** 카운트 길이**

- 일반식 : 1m/100명 - 혼잡한 회의실 : 3m/100명 - 연회장 : 5m/100명

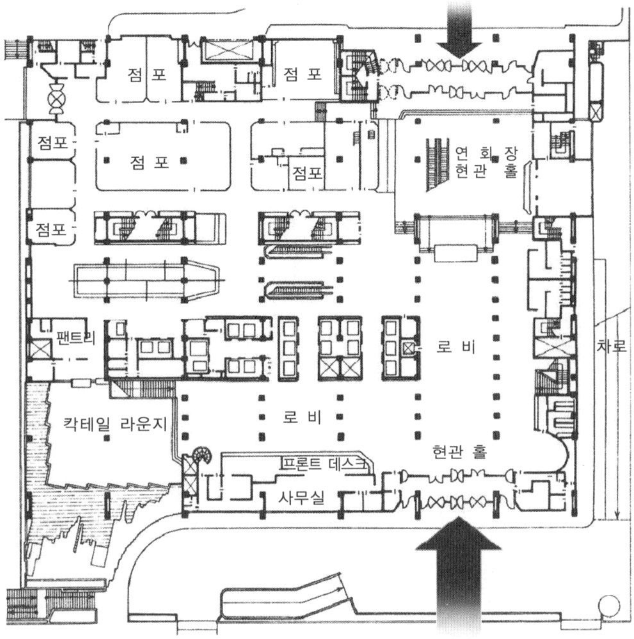

그림 V-3. 호텔 1층의 평면 계획 예

(7) 객실(Guest Room)

① 크기

표 V-7. 객실의 부분별 크기

(단위 : m)

층 높이	실 폭	실 깊이	층 높이	출입문 폭
1인용 실	2.0~3.6	3.0~6.0	3.3~3.5	0.85~0.9
2인용 실	4.5~6.0	5.0~6.5		

표 V-8. 실 종류에 따른 평균 면적

(단위 : ㎡)

실 종류	싱글(Single)	더블(Double)	트윈(Twin)	스위트(Suite)
1실의 평균 면적	18.55	22.41	30.43	45.89

② 객실의 형 : 가로, 세로의 비, 욕실, 벽장의 위치에 의해서 침대의 배치를 검토하여 결정한다.

㉮ 객실의 일반적인 가로 세로비

$$\frac{b}{a}=0.8\sim1.6$$

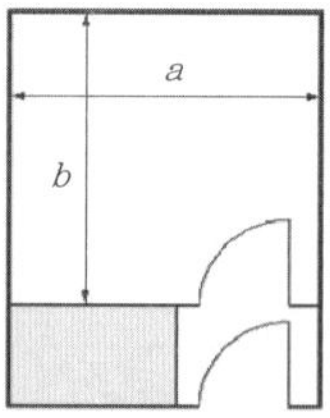

그림 V-4. 객실의 가로 세로비

㉯ 평면형의 결정 조건 : 침대의 위치, 욕실, 화장실의 위치에 의해 결정된다.

그림 V-5. 단위 객실의 평면 계획 예

(8) 식당(Main Dining Room)

① 커머셜 호텔은 리조트 호텔의 1/2 정도이다.

② 면적 구성비 : 식당과 주방의 관계에서 식당이 차지하는 면적은 70~80% 정도이다.

㉮ 1석당 면적 : 1.1~1.5㎡/석 ㉯1평당 수용인원 : 2.0~2.5인/평

(9) 주방(Kitchen)

일반적으로 주방의 면적은 조리실 등의 주요 부분으로서 25~35%가 보통이나 최근 조리의 기계화로 면적이 절약되는 경향이 있다.

(10) 연회장(Ball Room)

① 대 · 소규모의 연회 및 각종 쇼 또는 회의실로서도 활용되는 다목적 홀이다. 숙박 부분과는 명확하게 구별하여 객실에 방해가 되지 않도록 출입구를 별도로 설치하는 것이 바람직하다.

② 1인당 소요 면적 : 수용인원과 가구 배치의 융통성을 고려하여 다음과 같은 크기로 계획한다.

㉮ 대연회장 : 1.31㎡/인 ㉯중 · 소 연회장 : 1.5~2.5㎡/인 ㉰회의실 : 1.8㎡/인

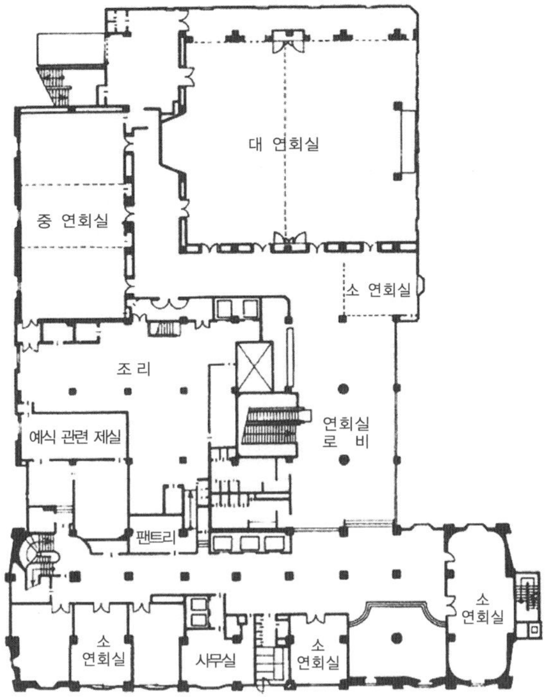

그림 V-6. 연회장 평면 계획 예

(11) 종업원 관계 제실

① 종업원 수 : 객실 수의 2.5배 정도의 인원으로 한다.

② 종업원의 숙박시설 : 종업원의 1/3 정도의 규모로 한다.

③ 보이실(Boy Room), 룸 서비스(Room Service)

㉮ 숙박시설이 있는 각층 코어에 인접하여 둔다.

㉯ 객실의 150 베드(Bed)당 리프트(Lift) 1개를 매 층에 설치하며, 25~30실당 1대씩 추가 설치한다.

㉰ 화물 및 손님의 트렁크 운반을 위하여 별도의 엘리베이터와 트렁크실을 둔다.

㉱ 린넨실의 규모에 따라 보이가 상주하는 보이실을 둔다.

④ **린넨실**(Linen Room) : **객실 내부에서 사용하는 물건 등을 보관하는 실**로 숙박객의 셔츠, 머플러, 기타 의류 등의 세탁물도 수납, 보관한다.

⑤ 트렁크(Trunk Room) : 숙박객의 짐을 보관하는 장소로 화물용 엘리베이터가 필요하다.

(12) 화장실

① 공용부분의 층에서는 60m 이내마다 설치한다.

② 종업원의 화장실은 따로 설치하여 고객과의 혼용을 방지한다.

③ 공통용 변기 수는 25인에 대해 1개의 비율로 설치한다.(대:소:여 = 2:4:2)

제2장. 기타 숙박시설

1. 유스 호스텔(Youth Hostel)

(1) 유스 호스텔의 정의

국적과 환경이 다른 청소년들이 우호적인 분위기에서 회합과 숙박을 할 수 있는 장소를 뜻한다.

(2) 계획 시 유의 사항

① 침실은 입구에서 남, 녀로 구분하고 수용인원에 대비한 로커를 설치한다.
② 4대 이상 8대 이하의 침대를 준비하고 1실에 20대를 초과하지 않도록 한다.
③ 집회실을 설치하고 면적 150㎡를 초과할 경우 2실로 구분한다.
④ 1인당 0.5㎡ 이상의 식당을 설치하고 자취용 조리실을 설치한다.
⑤ 15인당 1개의 온수 샤워기를 설치한다.

2. 콘도미니엄(Condominium)

(1) 콘도미니엄의 정의

해안 등 경관이 좋은 곳에 주로 위치하여 콘도 또는 아파트먼트 호텔이라고 불리는 일종의 휴양숙박 시설을 의미한다.

(2) 계획 시 유의 사항

① 성격
㉮ 분양 호텔로서 가족 단위의 휴양을 목적으로 하며 저렴하고 유리한 조건으로 주변 환경 시설을 즐길 수 있도록 계획한다.
㉯ 개인 또는 가족의 프라이버시를 최대한 보장할 수 있도록 계획한다.
② 위치 : 해변 휴양지, 경승지 또는 대도시 주변에 설치하는 것이 좋다.
③ 단위 계획
㉮ 규모 : 1가족 규모(4~5인)

㉯ 평면 : 침실, 거실, 주방, 식당, 욕실, 발코니 등을 배치한다.

표 V-9. 콘도미니엄 사용 인원에 따른 1실의 평균 면적

(단위 : ㎡)

실 종류	2인용	4인용	5인용	6인용
1실의 평균 면적	18	27	30	34

㉰ 공용시설과 전용시설 : 공용시설을 작게 하고 전용 부분을 크게 하도록 한다.
㉱ 기타 설비 관련 시설을 완비하여야 한다.

3. 연수시설

(1) 연수시설의 정의

연수시설은 국가, 공공기관, 지방자치단체, 기업 소속의 임직원, 가맹 회원, 청소년들의 야외에서의 연수를 목적으로 설치한 것이다.

(2) 연수시설의 종류

① 자연 휴양림 : 주로 청소년층을 대상으로 하는 국가 및 지방자치단체가 설치하는 단체 숙박 연수시설이다. 국립시설은 본관(관리실, 연수실, 식당, 욕실 등), 숙박동, 특별 연수동 등을 갖는 대규모 시설이 주류를 이루며 공립의 경우에는 숙박실, 연수실, 체육관, 사무실, 식당 등을 갖춘 경우가 많다.

② 청년의 집 : 청년을 대상으로 국가 및 지방자치단체가 설치하는 단체 숙박 연수시설이다. 국립은 대규모로 숙박, 생활, 연수, 관리 부문 등으로 이루어져 있으며 연수실, 담화실, 체육관, 도서실, 음악실, 시청각실 운동장을 갖춘 경우가 많으며 공립은 숙박실, 집회실 또는 연수실, 도서실, 담화실, 체육관 등을 갖춘다.

③ 학교 수련원 : 지방자치단체, 학교, 대학 등이 설치한다. 학교 수련원은 학생을 대상으로 한 집단 숙박 훈련시설로서 숙박실, 집회실, 도서실, 욕실, 사무실, 옥외 스포츠 시설 또는 체육관을 설치한다.

④ 야외 활동센터 : 청소년을 대상으로 야외 숙박 연수시설로서 관리동(본관)에 사무실, 연수실, 식당, 체육관, 풀장, 천체관측장을 갖는 경우도 있다.

⑤ 청소년 종합센터 : 청소년을 대상으로 하는 단체숙박 연수시설로서 일반 연수실, 특별 연수실(음악, 시청각 등), 숙박실, 체육관, 자료관, 풀장, 식당, 사무실 등을 갖는다.

⑥ 교육센터 : 국가, 지방자치단체가 설치한다. 연수실, 도서실, 실험 · 실습실 등을 갖는다.

⑦ 기업 등의 연수 시설 : 기업, 각종 단체의 연수시설로 종업원의 교육이나 단체의 가족을 포함한 레크레이션 시설이 주류를 이룬다. 숙박실, 각종 연수실 이외에 스포츠 시설을 갖는 경우가 많다.

(3) 연수시설의 입지 조건

① 일반적인 입지 조건

㉮ 자연환경이 좋은 곳을 선택한다.

㉯ 시설 이외의 커리큘럼이 가능한 곳이 좋다.

㉰ 간선도로에서 벗어나 있지만 교통편이 좋은 곳을 선택한다.

㉱ 자연재해에 의한 위험성이 적은 곳이 좋다.

㉲ 독사, 유해 곤충이 생식하지 않는 곳이 좋다.

㉳ 풍토병이 없어야 하며, 병원 등 긴급 시설과의 연락이 쉬운 곳이 좋다.

㉴ 전기의 인입 및 급배수, 특히 오수 처리가 용이하여야 한다.

② 시설의 성격별 입지 조건

㉮ 청소년 연수시설

- 외부 환경으로부터 격리된 자연 그대로의 환경인 곳
- 자연 관찰, 자연 보호 등의 활동이 충분히 실시될 수 있는 곳
- 캠프, 하이킹, 물놀이 등 야외 활동이 가능한 곳

㉯ 기업용 연수원

- 자연환경이 우수한 곳
- 비교적 쉽게 접근이 용이한 시가지 근교의 경승지
- 최근에는 교통 조건을 유선으로 하여 시내에 대지를 선택하는 경우도 많이 있으며 입지 조건은 시설의 목적 성격에 따라 달라지게 된다.

(4) 연수시설의 계획

① 배치 계획

㉮ 배치 계획 시 유의 사항

배치 계획은 토지 이용, 재해 및 위험 부분, 물의 이용, 급배수, 경관, 식생 등의 기초적 조사와 분석을 통해 건물의 배치를 결정하게 된다.

- 지형 상황을 고려하여 건물의 건축 장소를 결정한다.
- 일조가 좋은 장소에 건물 및 광장을 배치한다.
- 전망이 좋은 장소에 건물을 배치한다.
- 토지 및 그 밖의 시설을 충분히 사용할 수 있도록 연계성 있는 배치 계획을 세운다.
- 기존의 수목을 최대한 보존하는 등의 배려를 통해 자연환경 훼손을 최소화할 수 있도록 한다.

㉯ 배치 유형

- 분산형 : 단독 숙박시설 등이 연수원, 관리실 등 중심시설로부터 분산 배치되어 있는 형식이다. 이 경우 숙박동은 작은 인원의 그룹 단위가 사용할 수 있도록 계획한다. 복수의 그룹이 이용하기에는 좋으나 우천 시 이용 및 관리에 있어 어려움이 있다.
- 선형 : 숙박 부문이 연수원, 관리실 등의 중심 부문에서 선형의 복도와 연결되어진 방식이다. 숙박동과 기타 부문에서 옥외광장을 둘러싼 광장형의 패턴이 있다.
- 핑거(Finger)형 : 숙박 부문이 연수원, 관리실 등 중심 부문에서 손가락 형태의 복도에

의해 배치된 형식이다. 경사면을 이용할 경우 많이 사용된다.

- 익부형 : 숙박 부문이 연수원, 관리실 등 중심 부문에서 양측으로 익부상으로 배치되어 있는 형식으로 평평한 넓은 부지에 사용하기 좋다.

② 연수의 종류와 내용

㉮ 부지 내 연수

- 옥내 연수 : 강연, 영화 상영, 연수, 오리엔테이션, 옥내 스포츠, 포크 댄스, 채집물의 분석 등이 실시된다.
- 옥외 연수 : 캠프파이어, 자연 관찰, 취사, 옥외 스포츠, 텐트 숙박 등이 실시된다.

㉯ 부지 외 연수 : 하이킹, 등산, 사적 탐방, 물놀이 등이 실시된다.

③ 연수시설의 구성

㉮ 연수 부문 : 강당, 연수실, 실험 · 실습실, 시청각실, 체육관

㉯ 숙박 부문 : 숙박실, 세면실, 화장실, 린넨실, 수납실

㉰ 관리 부문 : 사무실, 관리인실, 회의실, 방송실, 인쇄실, 숙직실, 기계실

㉱ 생활 관련 부문 : 식당, 조리실, 자취실, 욕실, 샤워실, 세탁 및 건조실

㉲ 공통 부문 : 현관 홀, 로비, 상담실, 전시실, 차고

④ 동선 계획

㉮ 보행자 동선과 차량 동선은 교차하지 않도록 한다.

㉯ 현관은 친숙하고 밝은 분위기로 계획한다.

㉰ 유지, 관리 등의 서비스 동선은 알기 쉽고, 관리인이 점검할 수 있는 동선이 되어야 한다.

㉱ 이용자는 건축물 내 이동 중에도 자연과의 접촉이 가능하도록 고려한다.

㉲ 공동 샤워실 등을 이용한 후의 동선이 현관 홀 등을 경유하지 않도록 한다.

㉳ 관리인 숙소가 있는 경우 일반 시설의 이용자가 쉽게 접근이 가능하지 않도록 하는 것이 좋다.

⑤ 평면 계획

㉮ 우천 시 활동을 고려하여 계획한다.

㉯ 전체적으로 저층으로 구성한다. 층수는 숙박 부문이 3층을 넘지 않도록 하는 것이 바람직하다.

㉰ 숙박 부문은 남, 녀의 구분 및 그룹의 구분에 대응할 수 있어야 하며, 전망이 좋은 곳에 계획한다.

㉱ 식당은 채광과 조망이 좋은 곳에 설치한다.

㉲ 체육관은 옥외 연수를 고려하여 운동장 등의 주위 오픈 스페이스와 연계되도록 한다.

Ⅵ. 교육시설

제1장. 학교 건축
제2장. 도서관 건축

Ⅵ. 교 육 시 설

제1장. 학교 건축

1. 학교 건축의 개요

학교는 일정한 교육 목적을 달성하기 위해 계속적, 계획적으로 전문직 교사에 의해 교육 활동이 이루어지는 조직으로서 교육하는 사람, 교육을 받는 사람, 그리고 교육 활동에 필요한 시설, 그리고 교육 활동에 필요한 시설 설비를 중심으로 구성된다.

(1) 학교의 기원과 성립

학교는 인간의 사회생활을 유지, 발전시키기 위하여 성립되었으며, 각 시대의 사회상에 따라 학교의 목적과 방식들은 변화, 발전되어 왔다.

① 집단생활과 교육조직

최초의 학교는 집단의 성원으로서 충분히 봉사할 수 있는 강건한 신체를 갖도록 하고 전승적인 지식을 습득하여 종교적 의식에 참가하도록 하며, 집단의 조직 내에서 자신의 위치를 자각하고 집단에 대한 절대적인 충성심을 양성하고 외적에 대해서 집단을 방위하기에 충분한 전투 능력을 익히게 하기 위한 역할을 하였다.

② 신앙생활과 학교

중세에 이르러 유럽 각지에서 발달한 교회 제도에 의해 조직적으로 확대되었다. 즉, 각 교회나 수도원에서는 우선 신부 양성을 목적으로 하는 학교를 설립하고 이어 신자교육을 목적으로 하는 교회 부속학교 등의 설치도 꾀하였다. 결국 교회와 세속 권력과의 결합이 이루어졌고 국가의 확립과 함께 종교교육은 국가를 위한 이데올로기 교육으로서 또는 구빈정책의 일환으로서 이용되기에 이르게 된다.

③ 교양생활과 학교

고대 그리스의 아테네 후기의 귀족들은 노예노동으로 생긴 한가함(skhole : 한가하다는 의미에서 한가함을 이용하여 교양을 익히는 시간, 나아가서는 교양을 익히는 장소를 뜻하게 되고 결국 학교(school)의 어원이 되었음)를 아테네 각지에 설립하여 이 곳에서 자신들의 귀족적 교양을 쌓았다.

④ 경제생활과 학교

농업 중심 시대를 거쳐 상업활동 등이 활발한 시대로 접어들면서 일반 민중의 사회생활에도 여러 가지 변화가 일어났다. 근세 이후 유럽의 상업 도시에는 3R's(Reading, Writing,

Arithmetic)를 가르치기 위한 공설, 공영의 학교 등이 설립되었다. 이와 같이 3R's의 교육 내지 직업 교육을 위한 조직의 발생은 일반 국민의 경제생활이 발전함에 따른 일상생활의 변화 때문이었다.

(2) 학교 건축계획의 고려사항

학교 건축계획을 할 때 중요한 것은 **학교 운영방식에 대한 검토**와 **확장성**(이상적 600~700명, 최대 1000인), **융통성**(확장, 교과 내용의 변화) 등을 고려하여 칸막이 이용, 교실 배치의 융통성, 공간의 다목적성 등이 가능하도록 하는 것이다.

① 학교 건축의 문제점

학교 교육이란 시대나 학교에 따라 이를 받아들이는 관점이 다르며 이에 대응하는 생활공간의 변화도 따른다. 그러나 우리나라 근대교육이 수용된 이후에 일반적인 학교의 배치계획에서는 일제(日帝) 강점기의 영향으로 협소한 대지 위에다 교사를 한쪽으로 몰아붙이고 넓은 운동장을 확보하는 방식이 일반적이었다. 이는 학교 건물에 의한 그림자가 운동장을 어둡고 음산하게 만드는 것을 피하고 겨울철의 북풍을 막아보자는 의도에서 나온 것이었으나 실제로는 학교를 군대교육을 위한 체육, 훈련장소로 이용하기 위해서 넓은 운동장을 평탄하고 초목도 없는 살벌한 공간이 되어 휴식 시간에도 활용하지 못하고 체육활동으로 인한 소음으로 수업이 방해되는 현상이 나타났다.

② 계획상의 유의점

㉮ 교지는 통학 거리, 지형이나 지세, 재해방지, 자연적 사회적 환경 등을 고려하여 적절한 장소를 선정한다.

㉯ 교육 사조나 사회변화에 따라서 장래 일어날 수 있는 학교 교육의 내용 및 형태상의 요구, 또 학생 수의 장래 추이를 예측하고 시설 설비의 적응성과 융통성을 고려한다.

㉰ 학생의 건강증진과 교육적 능률 향상을 위해 난방, 환기, 채광, 조명, 위생 등의 보건위생상의 시설, 설비를 중시한다.

㉱ 교사의 설비와 구조에는 내진, 내화, 피난을 위한 고려 및 학생의 일상적인 집단활동에서 일어나기 쉬운 위험이나 상해의 방지를 위한 고려가 필요하다.

㉲ 한정된 비용 안에서 될 수 있는 대로 이상(理想)에 가까운 내용 정비가 실현되도록 효율적인 계획을 세운다.

③ 대도시 초, 중등학교 건축계획의 일반목표

표Ⅵ-1. 학교 건축계획의 일반목표

목표	세부 내용
지역 환경 속의 학교	· 주변 환경과의 조화 · 지역사회에서 이용 가능
공공 건축물로서의 학교	· 새롭고 풍부한 환경 · 신체장애인에 대한 고려 · 안정성, 기능성 · 자원, 에너지 절약 · 경제성, 유지관리의 용이
교육환경으로서의 학교	· 다양한 수업 전개에 대해 융통성과 학습환경의 풍부한 공간 · 건물과 실외 시설의 일체적인 계획

2. 일반 계획

(1) 교지 계획

① 교지의 형태 : 정형에 가까운 직사각형이 유리하며, 일반적으로 장변과 단변의 비는 4:3 정도가 좋으나 3:2 또는 5:4 정도도 양호하다.

② 교지의 면적 : 학교의 종류 및 규모에 따른 학생 1인당 점유면적은 다음과 같다.

표Ⅵ-2. 학교 종류별 1인당 교지 면적

학교의 종류	규모별 · 학과별	학생 1인당 교지 점유 면적
초등학교	12학급 이하	20㎡
	12학급 초과	15㎡
중학교	학생 수 480명 이하	30㎡
	학생 수 480명 초과	25㎡
고등학교	인문계	70㎡
	실업계	110㎡(실습지 불포함)
대학(교)		60㎡

(2) 교사(校舍) 계획

① 교사(校舍)의 면적

㉮ 복도, 출입구, 계단 등의 통로 면적을 포함한 학생 1인당 교사의 점유면적은 다음 표와 같다.

표Ⅵ-3. 학교 종류별 1인당 교사 면적

학교의 종류	학생 1인당 교사 점유 면적
초등학교	3.3~4.0㎡
중 학 교	5.5~7.0㎡
고등학교	7.0~8.0㎡
대 학 교	16.0㎡ 이상

㉯ 교지 면적은 교사 면적의 2.0~2.5배가 필요하며 장래 교사 확장에 대한 여유를 가진다.

㉰ 통로 계통의 점유면적은 교사 면적의 약 30% 정도이다.

② 교사(校舍)의 배치 계획 유형

학교 배치 계획은 교사, 체육관, 교정, 운동장, 코트 등 각각의 환경을 잘 확보하는 것이 중요하며, 대지의 모양이나 규모, 각 교사의 위치와 상호관계, 주변에 대한 영향, 교문에서의 접근 등 다양한 요인들이 검토되어야 한다.

표 Ⅵ-4. 교사의 배치 형식

구 분	Block형	특 징
폐쇄형	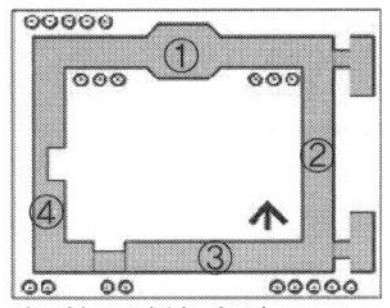 숫자는 건설 순서	운동장을 남쪽에 두고 북쪽에서부터 건축해가기 시작하여 ㄴ형, ㅁ형으로 완결지어 가는 종래의 일반적인 형식이다. ① 장점 : **대지의 효율적 이용이 가능**하다. ② 단점 · **화재 및 비상시에 불리**하다. · **운동장에서 교실로의 소음**이 크다. · **교사 주변에 활용되지 않는 부분**이 많다.
분산병렬형	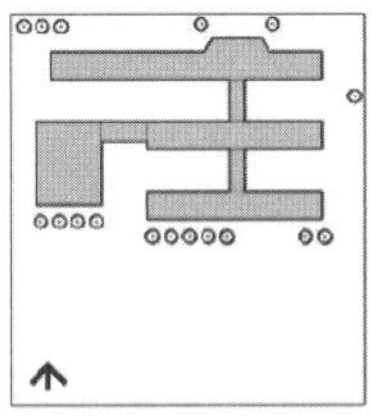	**일종의 핑거 플랜**(Finger Plan)이다. ① 장점 · **일조, 통풍 등 환경 조건이 균등**하다. · **구조 계획이 간단하고 규격형의 이용에 편리**하다. · **각 건물 사이는 놀이터와 정원으로 이용이 가능**하다. ② 단점 · **넓은 대지를 필요**로 한다. · 편복도일 경우 복도 면적이 너무 크고 단조롭다. · 건물 간의 유기적인 구성이 어렵다.
집합형 (Compact형)	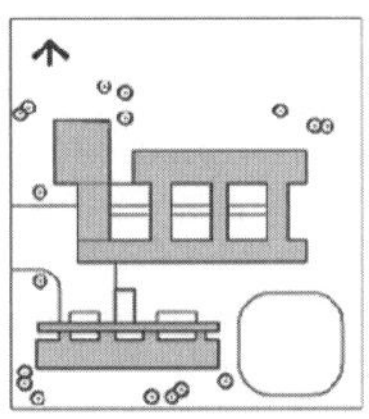	인구 증가에 따른 교육시설의 지역 계획이 차츰 가능하게 되어, 교지의 한쪽에서 교사를 짓기 시작할 때부터 최대 규모를 전제로 하여 유기적인 구성으로 계획한다. · **교육 구조에 따른 유기적 구성이 가능**하다. · **동선이 짧아 학생 이동에 유리**하다. · 물리적 환경이 좋다. · **시설물을 지역사회에서 이용할 수 있는 다목적 계획이 가능**하다.
클러스트형	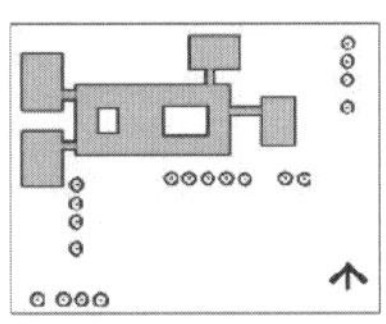	공용공간을 중앙에 위치시키고, 몇 개의 교실을 하나의 유닛(Unit)으로 하여 분리시키는 형식이다. · 중앙에 학생들이 중심적으로 사용되는 부분을 집약하고 외곽에 특별교실, 학년별 교실 동을 두어 동선의 원활을 기할 수 있다. · 건물 동 사이의 놀이 공간 구성이 용이하다.

③ 교사(校舍)의 층수 계획

㉮ **원칙적으로 초등학교 교사는 고층화될 수 없다.**

㉯ 다층 교사 : 대지 이용률이 높고 부대시설이 집중화되고 효율적이며 평면이 집약적으로 계획이 된다. **저학년은 1층에, 고학년은 2층 이상에 배치**한다.

㉰ 단층 교사 : 아동의 생리적 조건, 위급 시 피난, 교실에의 직접 출입, 학습 활동의 실외 연장, 채광과 환기가 유리한 것이 장점이다.

3. 학교의 운영방식 및 이용률과 순수율

(1) 학교의 운영방식

수업 형태는 교과 과정에 따라 교육 프로그램에 따라 결정되는데 교육 프로그램은 교과 커리큘럼, 경험 커리큘럼으로 구성되는데 교실 계획은 이에 따라야 한다. 학교의 운영방식에는 종합교실형(Usual Type), 일반교실과 특별교실형(Usual with Variation Type), 특별교과교실형(Variation Type), 플래툰형(Platoon Type), 달톤형(Dalton Type), 개방학교형(Open School) 등이 있다.

표 Ⅵ-5. 학교의 운영방식 비교

형	방 법	장 점	단 점	비 고
종합교실형 (A형=U형) Activity Type	**교실 수는 학급 수에 일치**하고, 각 학급은 **자기의 교실 내에서만 모든 교과를 행한다.**	**학생의 이동은 전혀 없다.** 다른 학급에 관계 없이 각 학급마다 가정적 분위기를 만들 수 있다.	시설 정도가 낮을 경우에는 가장 빈약한 보기로 되고, 특히 초등학교 고학년 이상에는 무리가 있다.	**초등학교 저학년에 대해서 가장 적당한 형**이고 외국에서는 이 교실에 1~2개의 화장실을 부속시키고 있는 것이 많다.
일반교실형 **특별교실형** (U+V형) Usual with Variation Type	**일반교실이 각 학급에 하나씩 배당되고, 기타에 특별교실**을 가진다.	전용 학급 교실이 주어지므로 홈룸 활동 및 학생의 소지품의 보관 등을 안정되게 할 수 있다.	특별교실을 확충하면 일반교실의 이용률이 낮다. 따라서 시설의 정도를 높일수록 비경제적으로 된다.	**우리나라 학교의 70%를 차지**하고 있다. 결점도 있으나 대체로 권장할 만하다.
교과교실형 (V형) Department System	**모든 교실이 특정한 교과를 위해 만들어지고 일반교실은 없다.**	각 교과에 순수율이 높은 교실이 주어져 시설의 활용도가 높게 된다.	**학생의 이동이 심하다.** 순수율을 100%로 하는 한 이용률이 반드시 높다고 할 수 없다.	**이동할 때에는 소지품을 두는 곳을 고려할 필요**가 있다. 또 **이동에 대한 동선에 주의**하지 않으면 안된다.
U.V형과 V형의 중간 (E형)	일반교실의 수는 학급수보다 적고 특별교실의 순수율이 반드시 100% 유지되는 것은 아니다.	이용률을 상당히 높일 수 있으므로 경제적이다.	학생의 이동이 상당히 많다. 학생이 있는 곳이 안정되지 않는다. 대부분의 경우 혼란이 온다.	혼란이 일어나지 않게 하기 위해 소지품과 동선을 충분히 고려하면 장점을 살릴 수 있다.
플래툰 형 (Platon Type) (P형)	**전 학급을 2분단으로 나누고, 한편이 일반교실을 사용할 때 다른 한편은 특별교실을 이용**한다. 일반교실에 있는 동안은 이동하지 않는다. 분단 교체는 점심시간을 이용하도록 시간을 짜는 것이 좋다.	E형 정도로 이용률을 높이면서도 이동을 정리할 수 있다. 교과 담임제와 학급 담임제를 병용할 수 있다.	교사의 수가 부족하거나 적당한 시설이 없으면 설치하지 못한다. 시**간 배당을 하는데 상당한 노력이 필요**하다.	미국의 초등학교에서 과밀을 해결하기 위해 실시한 것. 발생적으로는 분단은 둘이지만 기타의 경우도 플래툰이라고 부르는 경우도 있다.
돌턴형 (Dalton Type) (D형)	**학급·학년을 없애고 학생들은 각자의 능력에 따라서 교과를 골라 일정한 교과를 끝내면 졸업한다.**	교육 방법에는 기본적 목적이 있으므로 시설면에서 장단점을 말할 수는 없다. 하나의 교과에 출석하는 학생 수는 일정하지 않으므로 같은 형의 학급 교실을 몇 개 설치하는 것은 부적당하고, 대소 여러 가지 크기의 교실을 설치하여야 된다.		우리나라에서는 **사설 외국어 학원 또는 입시 학원에서 채용**하고 있다.

형	방 법	장 점	단 점	비 고
개방학교 (Open School)	**학급 단위의 수업을 부정하고 개인의 능력, 자질에 따라 편성하고 경우에 따라서는 무학년제로 하여 보다 변화무쌍한 학습 활동을 할 수 있도록 한 그룹 지도하는 방식**으로 팀 티칭(Team Teach-ing)이라고도 한다.	각자의 흥미, 능력 자질 등에 의해 Grouping 되고 참여할 수 있기 때문에 잘 적응되면 가장 좋은 방법이라 할 수 있다.	변화무쌍한 커리큘럼에 충분히 대응할 수 있는 교원의 자질과 풍부한 교재 때로는 Teaching Machine의 활동 등이 전제되고 여기에 시설적으로도 공기조화가 요구되는 등 항상 일반적일 수는 없다.	최근 구미 일각에서 발달한 것이나 일반화시키기는 너무 어렵다. 저학년이나 유치원 등에 적용시켜 보거나 혹은 전체 학급 중 일부분을 이러한 방식으로 채용해 볼 만하다.

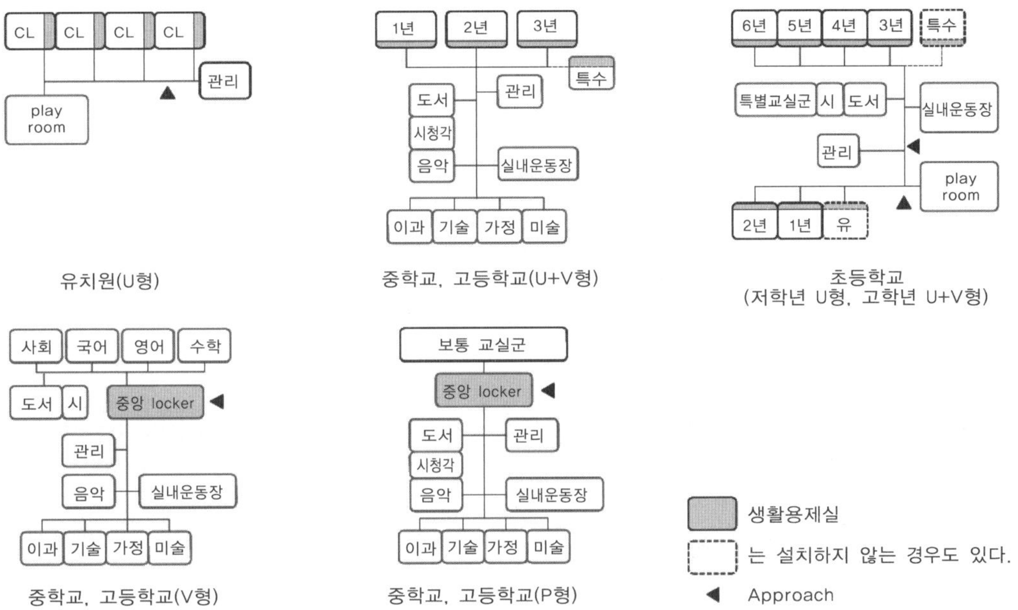

그림 Ⅵ-1. 학교의 운영방식

[오픈 플랜 스쿨(Open Plan School)]

㉠ 개념 : 종래의 학습 방법에서 탈피하며 고정된 학습 벽을 허물고 학년제로써 개방한다는 계획 방법

㉡ 운영방식
- 2~6학급까지 일괄해서 맡는 방식
- 2인 이상 교사가 협력하여 **팀 티칭**(Team Teaching : 공동책임 학습제) 방식

㉢ 교실의 특성
- **공간의 개방화 · 대형화 · 가변화**
- 칸막이, 칠판, 스크린, 자료장 등은 이동성이 있는 가변화를 추구
- 바닥에 카펫트를 설치한다.(흡음 효과, 좌식 생활공간의 연속감)
- 인공 조명과 공기조화설비가 필요하다.
- 전체 교사동의 크기는 50㎡ 정도가 적당하다.

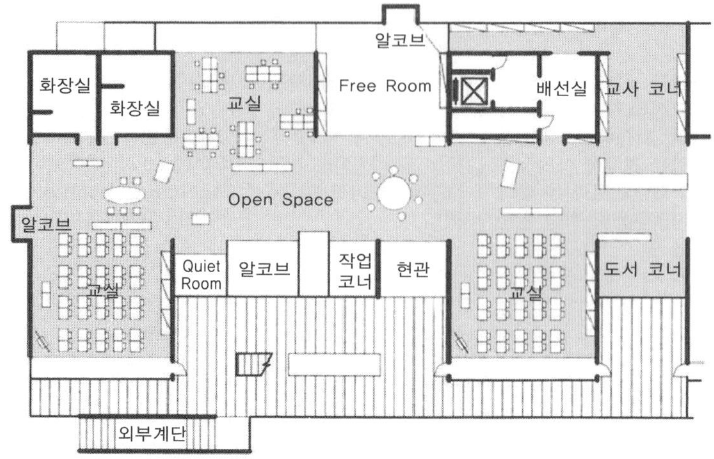

그림 Ⅵ-2. 오픈 플랜 스쿨의 평면 계획 예

(2) 이용률과 순수율

이용률과 순수율은 다음과 같은 방법으로 구할 수 있다.

① 이용률 = $\dfrac{\text{교실이 사용되고 있는 시간}}{\text{1주간의 평균 수업 시간}} \times 100\%$

② 순수율 = $\dfrac{\text{일정한 교과를 위해 사용되고 있는 시간}}{\text{그 교실이 사용되고 있는 시간}} \times 100\%$

1. 어느 학교의 1주간의 평균 수업시간은 50시간인데 설계제도에 사용되는 시간은 25시간이다. 설계제도실에 사용되는 시간 중 5시간은 구조 강의를 위해 사용된다면 설계제도실의 이용률과 순수율은?

▸ ①이용률 = $\dfrac{\text{교실이 사용되고 있는 시간}}{\text{1주간의 평균 수업 시간}} \times 100\% = \dfrac{\text{25시간}}{\text{5시간}} \times 100\% = 50\%$

② 순수율 = $\dfrac{\text{일정한 교과를 위해 사용되고 있는 시간}}{\text{그 교실이 사용되고 있는 시간}} \times 100\%$

$= \dfrac{\text{25시간} - \text{5시간}}{\text{25시간}} \times 100\% = 80\%$

2. 음악실이 주당 28시간 사용되고 있는 중학교에서 1주간의 평균 수업시간은? (단, 음악실의 이용률은 80%임)

▸ ① 이용률 = $\dfrac{\text{교실이 사용되고 있는 시간}}{\text{1주간의 평균 수업 시간}} \times 100\%$

$80 = \dfrac{28}{\text{1주간의 평균 수업 시간}(x)} \times 100\%$

∴ 1주일간 평균 수업 시간(x) = 35시간

4. 교실 계획

(1) 블록 플랜(Block Plan)의 결정 조건

① 교실 배치

㉮ 일반교실의 양 끝에 특별교실을 붙이는 형은 별로 좋지 못하고 **일반교실과 특별교실을 분리하는 것이 좋다**.

㉯ 특별교실군은 교과 내용에 대한 융통성, 보편성, 학생의 이동 시 소음 방지를 검토한다.

② 학년 단위로 정리

㉮ 초등학교 저학년

- 단층이 좋으며 배치형으로는 1열로 서 있는 것보다 **중정을 중심으로 둘러싸인 형, 특히 차폐되어 고립된 것이 좋다**.
- **1층에 있게 하여 교문에 근접**하게 한다.
- 첫 공동생활에 들어가므로 다른 접촉과 되도록 적게 하는 것이 좋고 **출입구는 따로 고려**한다.
- 많은 급우들과의 접촉은 큰 부담이 되므로 **종합교실형이 이상적**이며 이 경우 각 교실은 독립되고 다른 것과의 관계가 적다.

③ 초등학교 고학년 : U+V형의 학교 운영방식이 이상적이다.

(2) 교실의 Unit Plan

① 편복도형

② 중복도형

③ 특수한 배치 방식

㉮ 엘보 엑세스(Elbow Access)형 : 복도를 교실에서 떨어지게 배치하여 교실에 접근시 연결통로를 통하여 ㄱ자형으로 꺾어서 접근하는 방식

㉯ 클러스터(Cluster)형 : 여러 개의 교실을 소단위별로 그루핑(Grouping) 하여 배치하는 형식

- 장점
  - 학습의 순수율이 높다.
  - 각 교실이 외부와 접하는 면적이 많다.
  - **교실 간의 간섭 및 소음이 적다**.
  - 학년 단위, 교실 단위의 독립성이 크다.
  - **마스터플랜의 융통성이 커서 시각적으로 보기가 좋다**.
- 단점
  - **넓은 교지를 필요**로 한다.
  - **관리부와의 동선이 길다**.
  - **운영비가 많이 든다**.
  - 교실 하나만의 증축이 불가능하다.

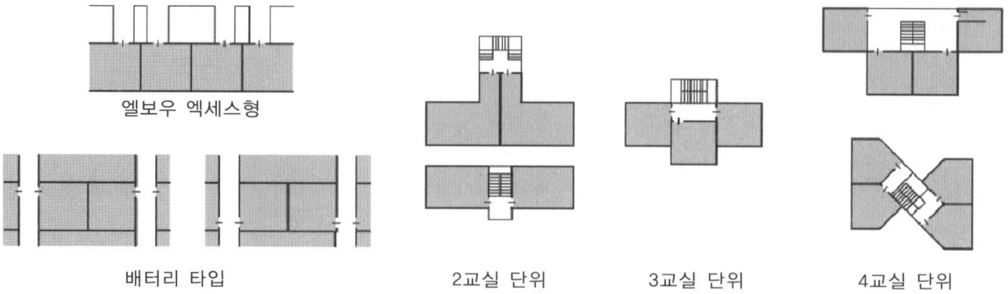

그림 Ⅵ-3. 교실의 Unit Plan

(3) 교실의 배치계획 시 주의사항

① 출입구 : 각 교실마다 2개소에 설치하며 여는 방향은 밖여닫이로 한다.

② 창대의 높이 : 초등학교 80㎝, 중학교 85㎝가 적당하고 단층 교실에서는 이보다 낮게 한다.

③ 교실의 채광 및 조명

㉮ 자연 채광일 때에는 일조 시간이 긴 방위를 택하고, 한 방향 채광일 때에는 실내 깊은 곳까지 고른 조도가 얻어지도록 해야 한다.

㉯ 채광창의 유리 면적은 교실 면적의 1/4이 적당하며, 최저 1/5 이하가 되지 않도록 한다.

㉰ **교실은 칠판을 향해 좌측 채광이 원칙**이며 **칠판의 현휘를 막기 위해서 정면의 벽에 접해 1m 정도의 측면 벽을 남긴다.**

㉱ 조명은 실내에 음영이 생기지 않게 **칠판의 조도가 책상 면의 조도보다 높아야 한다.**(최저 100ℓx 이상)

㉲ 종래에는 남쪽에 창을 내고 북쪽은 간접적으로 채광하는 것이 이상적이었다. 그러나 최근에는 적극적으로 교실 안을 균일하게 밝게 해서 모든 학습 활동에 적용시키려는 생각이 중요시되고 있다.

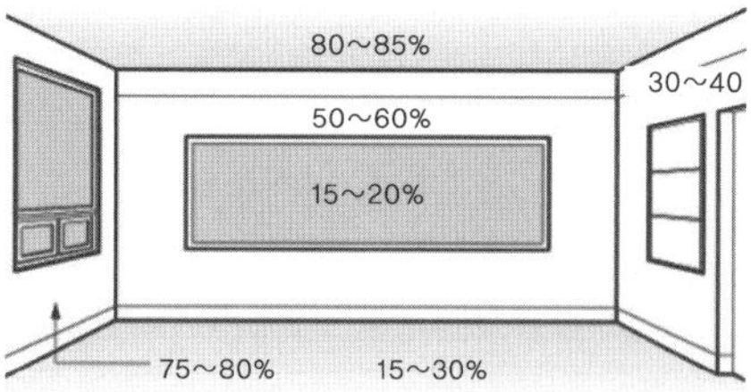

그림 Ⅵ-4. 실내의 반사율

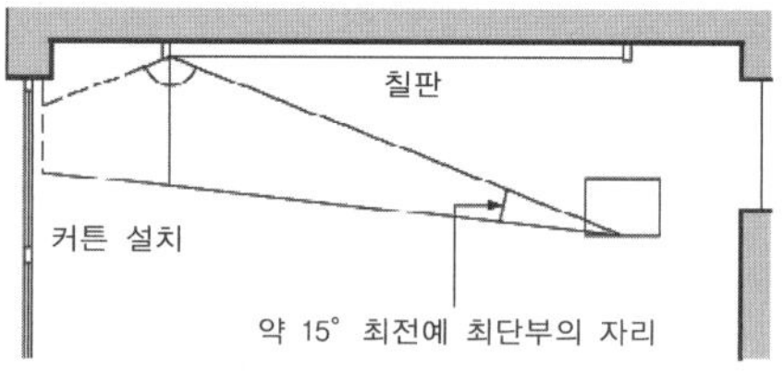

그림 Ⅵ-5. 칠판의 반사를 막기 위한 방법

[창부 설계 시 직사광이 들어오지 않도록 하는 구체적인 대책]

· 차양 · 확산 유리 · 간접 빛 · 루버(Louver)
· 고측창(High side Light) · 측면 고창 · 천창(Top Light)
· 유리 블록(Glass Block)

④ 교실의 색채

㉮ 저학년은 난색 계통이 좋고, 고학년은 남녀의 색감의 차이가 나지만 보통 사고력 증진을 위해 중성색이나 한색 계통을 많이 쓴다.

㉯ 음악교실, 미술교실 등 창작적이고 감성적인 활동을 위한 교실은 난색 계통이 좋다.

⑤ 반자 : 교실 내의 음향이 조절될 수 있게 계획하며, 교실 내 균질한 조도 분포를 위해 80% 이상의 반사율을 갖도록 백색에 가까운 색으로 마감한다.

(4) 특별교실

① 자연과학교실 : 전기, 가스, 급 · 배수의 시설이 필요하므로 **가급적 아래층에 설치**하여야 한다. 실험에 따르는 유독 가스나 산 · 알칼리의 연기 발생에 따른 영향을 주지 않도록 위치를 선정하여야 한다.

② 생물교실 : 남면 1층에 두고 **사육장, 교재원과의 연락이 용이하도록 하고 직접 옥외에서 출입**할 수 있도록 한다.

③ 지학교실 : 장기간의 기상 관측을 고려하여 **교정 가까이**에 둔다.

④ 음악교실 : 타 학과에 방해가 되지 않도록 하고 **소음이 없는 위치로서 강당에 가까울수록** 좋으며, 교실은 완전한 음향 설계가 필요하다. 적당한 잔향을 가지기 위해서 반사재와 흡음재를 적절히 사용한다. 강당과 연락이 좋은 위치가 좋다.

⑤ 도서실 : **개가식**으로 하며 **학교의 모든 곳으로부터 편리한 위치**로 정한다. 적어도 한 학급이 들어갈 수 있는 실과 동시에 개인 또는 그룹이 이용하는 작은 실이 필요하다.

표 Ⅵ-6. 교실별 점유면적

교실의 종류		점유 바닥면적
보통(일반) 교실		1.4㎡ 이상
특별교실	사회교실	1.6㎡ 이상
	자연교실	2.4㎡ 이상
	음악교실	1.9㎡ 이상
	미술교실	1.9㎡ 이상
	공작교실	2.5㎡ 이상
	가 사 실	2.4㎡ 이상
	재 봉 실	2.1㎡ 이상

교실의 종류			점유 바닥면적
특별교실	도서관		1.8㎡ 이상
	체육관		4.0㎡ 이상
	식 당		0.7~1㎡ 이상
	강당	초	0.4㎡ 이상
		중	0.5㎡ 이상
		고	0.6㎡ 이상
		대	0.8㎡ 이상

(5) 기타 계획

① 도서관

㉮ 전체 학생 수의 10~15% 정도 이용하는 것으로 본다.

㉯ 학교 학습의 중심이 되며, 전교생이 이용하기에 편리한 위치가 좋다.

② 강당

㉮ 집회의 빈도가 많지 않으므로 전용 집회용보다 **평상시 소단위 교육 활동에 쓸 수 있도록 몇 개 공간으로 나눌 수 있는 가변성이 확보**되는 것이 좋다.

㉯ 필요 시 구획하여 단위 활동 다목적 공간으로 쓸 수 있도록 홀딩 문, 슬라이딩 문, 아코디언 벽 등의 설치로 방음벽 설계를 한다.

㉰ 강당의 학생 1인당 소요 면적은 다음과 같다.

표 Ⅵ-7. 강당의 1인당 소요 면적

구 분	1인당 소요 면적
초등학교	0.4㎡/인
중 학 교	0.5㎡/인
고등학교	0.6㎡/인
대 학 교	0.8㎡/인

㉱ 강당의 소요 면적 산출 시 이동 의자식이든 고정 의자식이든 면적 산정을 같이 본다.

③ 체육관

㉮ 크기

- 초등학교 : **리듬**(Rhythm) **운동을 할 수 있는 넓이**
- 중학교 : **농구 코트를 둘 수 있는 크기**
  · 리듬 운동 : 8인 1조의 원(직경 4m)을 7~8개 만들 수 있는 크기
  · 농구 코트 : 최소 400㎡(12.8m×22.5m), 보통 500㎡(15.2×28.6m)

㉯ 구조

- 천장 높이 : 6m 이상
- 바닥 마감 : 목재 2중 마루널 깔기
- 징두리벽의 높이 : 각종 운동기구를 설치할 수 있도록 2.5~2.7m 높이로 한다.

㉰ 배치

- **장축을 동서로 잡고 남북**(실의 긴 쪽)**으로부터 채광**을 한다.
- 단변(동, 서)에 개구부를 둘 경우 농구, 배구 경기자의 눈부심을 고려한다.
- 통풍에 의한 자연 환기를 고려한다.
- 창은 **실내 측에 철망**을 붙이고 천창을 둔다.
- 체육실의 부속 부분 : 남자용, 여자용, 갱의실, 샤워실, 변소, 운동기구실, 교사실을 둔다.
- 샤워 수 : 체육활동을 하는 3~4학급을 1개로 표준으로 한다.

④ 강당 겸 체육관

㉮ **체육관으로서 사용 빈도가 높으므로 체육관 위주로 계획**한다.(초등학교, 중학교의 경우)

㉯ 강당 겸 체육관인 경우 벽, 천장, 바닥, 마감 재료 등을 양자의 목적에 가능하도록 유의해야 한다.

⑤ 화장실 및 수세장

㉮ 화장실

- 원칙적으로 수세식으로 하며, 초등학교 저학년용은 교실에 인접시킨다.
- 교실에서 분리되더라도 35m 거리 이내에 있어야 하며, 고학년이라도 50m 이상 떨어질 수 없다. 중, 고등학교에서는 남자와 여자를 구분하여 설치한다.
- 변기의 개수는 다음과 같이 산정한다.

표 Ⅵ-8. 변기의 개수(학생 100명당)

구 분	소변기	대변기
남자	4	2
여자	-	5

㉯ 수세장 : 4학급당 1개소 정도로 분산하여 설치한다.

㉰ 식수장 : 학생 75~100명당 수도꼭지 1개씩이 필요하다.

⑥ 복도 및 계단

㉮ 복도 : 단순한 통로의 기능 뿐 아니라 쉬는 시간에도 적극 활용되는 공간이 되어야 하며, 또한 전시공간으로 이용되기 때문에 약 3m 정도가 바람직하다. 통풍 · 채광상 중복도식보다 편복도로 하는 것이 좋다.

㉯ 계단

- 계단은 교실 8개마다 2개소, 8개 이상일 때는 3개소 이상이 필요하다.
- 계단 및 계단참의 치수는 다음 표와 같다.

표 Ⅵ-9. 학교별 계단 치수

종 류	계단 및 계단참의 폭	단 높이	단 너비	계단참
초등학교	150㎝ 이상	16㎝ 이하	26㎝ 이상	계단의 높이가 3m를 초과할 때 3m마다 계단참을 설치
중 · 고등학교	150㎝ 이상	18㎝ 이하	26㎝ 이상	

5. 유치원 건축계획

(1) 유치원의 목표

일상의 습관을 기르고, 유아를 보육하며 적당한 환경을 주어 심신의 발육을 조장하는 것을 목적으로 한다. 그리고 집단생활을 경험시켜 협동, 자주와 자율의 정신을 싹트게 하며 사회생활과 환경에 대한 이해와 태도를 싹트게 하며 언어의 사용을 바르게 하며 음악, 회화의 표현에 대한 흥미를 기른다.

(2) 유치원 배치 계획 시 조건

① 교사는 원칙적으로 단층 건물로 하되 특별한 경우(2층으로 할 때)는 교실, 유희실, 화장실은 1층에 둔다. 단, 교사가 내화구조로 경사로 등에 의해 피난 설비가 완비되면 2층에 둘 수 있다.

② 교실은 되도록 남향으로 배치한다.

(3) 유치원의 블록 플랜(Block Plan)을 결정하는 요소

① 후면 도로와 피난 도로 쪽에 문을 설치한다.

② 원지 내에 신발을 벗는 곳과 신는 곳의 범위를 설정한다.

③ 원 전체를 장악할 수 있는 가능한 관리 부분의 위치를 설정한다.

그룹핑 영역 (Grouping)	활동 내용	비 고
실 내	작업놀이, 연극놀이, 수놀이, 율동, 쌓기놀이 등	소규모 고정적 공간, 큰 공간, 실현가능한 융통성 공간 등 계획
반(半) 옥외	동·식물 관찰, 모래밭, 물놀이, 씻는 곳 등	테라스와 연결
옥 외	공놀이, 운동장, 놀이시설(미끄럼틀, 정글장 등)	옥외 놀이 공간 또는 안뜰

그림 Ⅵ-6. 그룹핑과 활동 내용

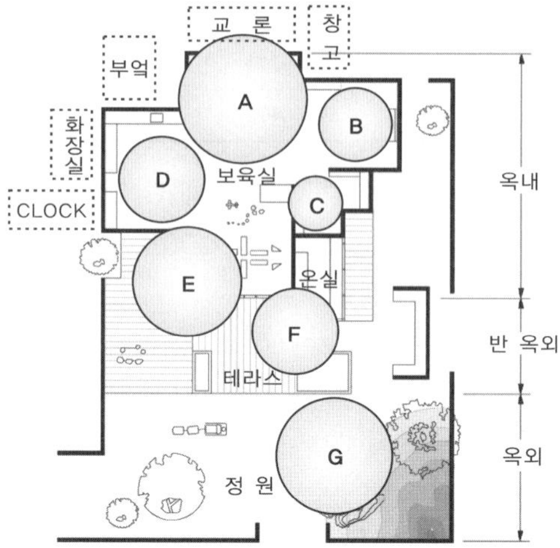

A~E: 실내놀이　F: 반 옥외놀이　G: 옥외놀이

그림 Ⅵ-7. 놀이 공간과 교실 구성의 예

(4) 유치원의 규모 산정

① 유치원은 유지관리나 경제적인 이유에서는 많은 인원수를 수용하면 좋지만 유아의 연령을 고려하여 가정적인 분위기를 주기 위하여 소규모로 계획하는 것이 바람직하다.

② 최적 규모 : 학급수가 적을수록 좋지만 현실적으로는 3~4학급 정도가 적당하다.(교사는 학급당 1인이 적당).

③ 학급당 인원수 : 15~20명 정도가 좋지만 여건상 20~30명 정도를 계획의 기준단위로 한다.

④ 아동 1인당 교육공간의 면적 : 3~5㎡ 정도로 하며 관리 부분을 제외한 순수교실 면적은 1.5~2.0㎡이다.

⑤ 1인당 옥외 공간 : 아동 1인당 교육공간 면적의 약 2배 크기로 한다.

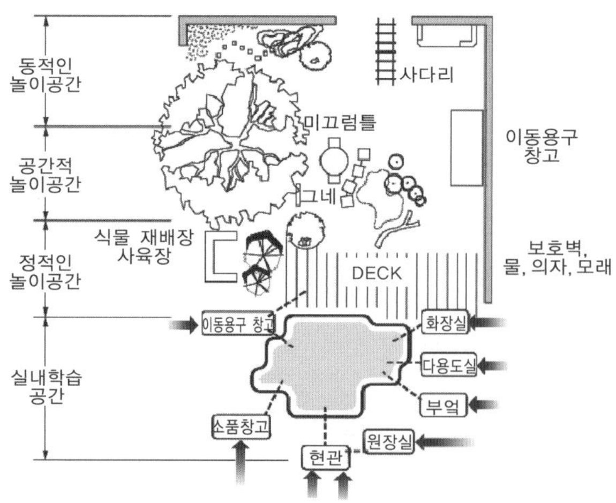

그림 Ⅵ-8. 유치원 외부 공간의 구성 요소

제2장. 도서관 건축

1. 도서관의 개요

(1) **도서관의 정의**(한국 도서관법 제2조)

도서관이란 함은 도서, 기록, 소책자, 연속간행물, 악보, 지도, 사진, 그림 등 각종 인쇄자료나 영화필름, 슬라이드, 음반, 마이크로 형태물, 테이프 등 시청각 자료, 전산화 자료, 공문서, 행정자료, 향토자료, 기타 도서관 봉사를 위하여 필요한 자료를 수집, 정리, 분석, 보존하여 공중 또는 특정인의 이용에 제공함으로써 정보 이용, 조사, 연구, 학습, 교양 등 평생교육 및 문화 발전에 기여하는 시설이다.

[도서관 건축의 역사]

도서관으로 사용할 목적으로 지은 건축물, 역사적으로 도서관 시설은 수장하는 자료의 재료 형태에 따라 크게 변해왔다. 고대의 점토판, 파피루스 등은 다른 저장시설을 만들어야 했고 후에 종이를 이용한 책을 철할 수 있게 되면서부터는 책을 편편하게 펴서 놓았고 표지가 만들어지자 책을 세워서 배열하기 시작하였다.

도서관 건물은 사본 시대와 인쇄도서 시대로 나누어 다르게 된다. 고대부터 중세에 걸친 사본 시대에 서유럽의 도서관은 서사실과 수장고로 이루어졌고 이 두 곳은 서로 가까운 거리에 배치하였다. 16세기에 사본을 대신하여 인쇄도서가 보급되자 도서관의 양식은 근본적으로 변하였다. 19세기에는 정보가 확대되고 산업사회의 도래, 교육의 보급, 민족의식의 고양으로 도서관 건물은 이를 감당할 수 없게 되었다.

따라서 1850년부터 시작된 공공 도서관의 새로운 출현은 그때까지의 도서관과는 다른 양식을 만들었다. 개가 방식의 채용으로 보급된 20세기의 도서관은 유럽에서 발달된 건축양식에 영향을 받아 발전하였으며 제2차 세계대전 이후 새로 생긴 도서관은 현대적인 건축양식을 따르고 있다. 이용자는 느긋함을 느낄 수 있는 공간에서 신문, 잡지를 열람할 수 있고 레코드를 듣는 장소도 설치되어 있다. 일반적으로 공공도서관에서는 대출에 중점을 두고 있으며 공부를 할 수 있는 곳은 별도로 설치하도록 되어 있다.

(2) 도서관의 기능과 종류

도서관의 기능은 충분한 자료를 획득 보전하고 참고, 자료 대출, 정리사무 하는 기능을 갖는다. 이를 위하여 관내 열람, 관외 대출, 참고 봉사, 관외 활동(북 모빌), 시청각 활동,

집회 및 P.R활동(독서회), 사진 서비스(복사), 상호협력 등의 활동을 한다.

도서관은 크게 나누어 도서관 서비스로 직접 서비스 부분으로 대(對) 인적, 대(對) 자료적으로 나누고 간접 서비스 부문은 수납정리, 보조 서비스로 구분된다. 그리고 관리 부문이 있다.

자료 획득, 보전 참고, 봉사, 자료 대출 정리, 사무	관내 열람, 관외 대출, 참고 봉사, 관외 활동, 시청각 활동, 집회 및 PR활동, 사진 서비스, 상호협력	Book Mobile(대출 문고), Audio-Visual, 독서실, 연구회, 전시회, 복사

그림 Ⅵ-9. 도서관의 기능

2. 도서관의 대지 선정 및 배치 계획

(1) 도서관 대지 선정 시 고려사항

① 교통이 편리할 것 : 불편한 위치이면 이용자가 일부에 한정된다.

② 충분한 넓이 : 30~40년 장래에 대해서 충분한 여유를 가져야 한다.(**도서관의 장서는 20년에 약 2배로 증가**되는 것이 일반적이다.)

③ 환경이 좋아야 하며, 소음이 없고 충분한 광선이 들 수 있어야 한다.

④ 아동부가 있을 때는 그 입구가 복잡한 장소가 아니어야 한다.

⑤ 재해에 대한 위험이 없어야 한다.

(2) 도서관의 배치 계획

① 도로와 대지와의 관계 : 건물의 배치는 될수록 이용자와 관원, 자료의 동선이 교차하지 않도록 유의하여야 한다. 대지 조건은 양면 도로에 접하여 주도로는 이용자를 위하고 다른 도로는 관원의 접근로로 이용되는 것이 좋다.

② 접근방식 : 이용자들의 접근로는 식수, 포장 등을 고려하여 친근감 있게 설정하도록 하고, 계단이나 그 밖의 높이차에 의해 출입하는 접근방식을 가능한 피하는 것이 바람직하다.

③ 출입구의 배치 : 도서관은 이용자 측과 직원, 자료의 출입구를 가능한 별도로 계획하는 것이 바람직하다.

3. 일반 계획

(1) 도서관의 평면 구성 요소(공공도서관)

표 Ⅵ-10. 도서관의 평면 구성 요소

부문	관련실
열람 부분	일반, 성인, 청년, 아동, 정기간행물, 신문, 주제별, 기록, 공문서, 타이프라이터 시설, 지도, 엽서, 음악실, 맹인용 실
참고 부분	일반 reserved book, 목록실

서고 부분	공개서고, 폐쇄서고
공중 부분	화장실, 전화실, 전시 케이스, 시청각실, 목록실, 마이크로 열람실
작업 부분	사서실, 전문사무실, 식당, 부분 의장실, 구매 회계실, 통계실, 응접실, 비서실, 속기사실
관원 설비	남녀별 휴게실, 화장실, 갱의실, 부엌, 유지관리
기계 설비	난방, 쿨링 타워, 습도조절, 소각실, 변압기, 급수, 급습, 압축 공기 설비, 엘리베이터, 북 리프트(Book Lift)

(2) 도서관의 출납 시스템

표 Ⅵ-11. 도서관의 출납 시스템 형식

형 식	개 요	적 용	특 징
자유 개가식 Free Open System	· **열람자 자신이 서가에서 책을 꺼내어 책을 고르고 그대로 검열을 받지 않고 열람하는 형식** · 보통 1실형이고 10,000권 이하의 서적 보관과 열람에 적당	· 참고실 · **아동 도서관** · **소규모 도서관**	· **책의 내용 파악 및 선택이 자유롭고 용이** · 책의 목록이 없이 간편 · 책 선택 시 대출 기록 제출이 없어 분위기가 좋다. · **서가의 정리가 잘 안되면 혼란스럽게 된다.** · **책의 마모 망실**이 된다.
안전 개가식 Safe Guarded Open Access	· 자유 개가식과 반 개가식의 장점을 취한 것 · **열람자가 책을 직접 서가에서 꺼내지만 관원의 검열을 받고 기록을 남긴 후 열람하는 형식**	· 보통 1실 규모 15,000권 이하 · 소규모 도서관	· 도서 열람의 체크 시설이 필요 · 서가 열람이 가능 · 책을 직접 뽑을 수 있다. · 감시가 필요하지 않다.
반 개가식 Semi Open Access	· 열람자는 직접 서가에 면하여 **책의 체제나 표지 정도는 볼 수 있으나 내용을 보려면 관원에게 요구하여 대출 기록을 남긴 후 열람하는 형식**	· **신간 서적 안내** · **다량의 도서에는 부적당**	· 출납 시설이 필요 · 서가의 열람이나 감시가 불필요
폐가식 Closed Access	· **열람자는 책의 목록에 의해 책을 선택하며 관원에게 대출 기록을 제출한 후 대출받는 형식** · 서고와 열람실이 분리되어 있다.	· **대규모 도서관**의 독립된 서고	· **도서의 유지관리가 양호** · 감시할 필요가 없다. · **희망한 내용이 아닐 수 있다.** · **대출 절차가 복잡, 관원이 작업량이 많다.**

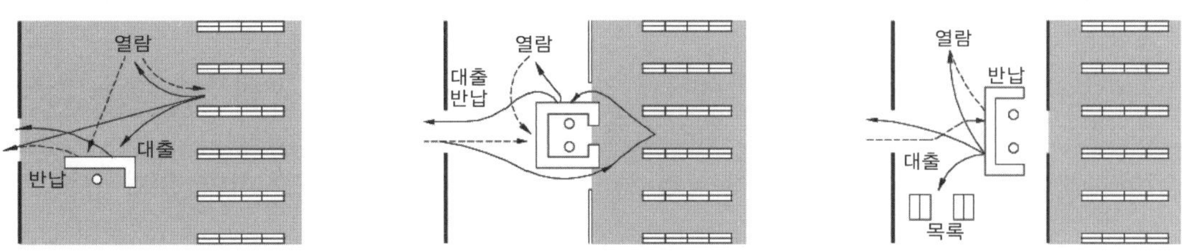

(a) 자유 개가식의 경우 (b) 안전 개가식의 경우 (c) 폐가식의 경우

그림 Ⅵ-10. 서가와 카운터 주위

(3) 확장 및 모듈 계획

① 확장 계획 : 일반적으로 도서는 20년에 약 2배로 증가하므로 보존 서고를 갖는 경우에는 **처음부터 수장 부문의 확장을 예상한 평면 계획**을 세운다.

㉮ 도서관은 장서 수와 열람자 수가 자연히 증가하므로 계획 시 규모와 성장에 대한 고려는 가장 중요한 과제이다.

㉯ 건축 초기부터 장래의 확장 계획을 고려하며, 특히 계획상 적어도 50% 이상의 확장, 변화에 순응할 수 있는 융통성 있는 평면 계획이 되어야 한다.

㉰ 대지의 여유는 물론 서고와 열람실에 있어서도 여유를 가져야 한다. 일반적으로 **서고의 65~70%가 찰 경우에는 기존 시설의 확충을 고려**해야 한다.

② 모듈 계획(Modular Planning) : 도서관 건축의 모듈은 건물의 치수를 기둥 간격의 배수가 되도록 계획하는 방법이다.

㉮ 바닥면은 가변 벽과 독립 서가에 의해 구획하고 필요조건의 변화에 따른 공간의 구획 변경이 가능하며, 특히 독서실과 서고의 적절한 융합이 가능하다.

㉯ 기둥 간격에 의해 설정된 그리드(Grid)마다 균질한 구조 계획과 설비 계획이 되도록 한다.

4. 세부 계획

(1) 열람실

① 일반 열람실

㉮ 일반인과 학생들의 이용률은 7:3 정도이고 일반인과 학생용 열람실을 분리한다.

㉯ 성인 1인당 1.5~2.0㎡의 면적이 필요하고, 통로를 포함했을 경우 2.5㎡의 면적이 필요하다.

② 아동 열람실

㉮ 성인과 구별하여 열람실을 설치하며 1층에 두고 별도의 출입구를 설치한다.

㉯ 열람실은 자유롭게 열람할 수 있는 자유 개가식으로 하고, 면적은 1.2~1.5㎡/1석 정도로 한다.

③ 참고실(Reference Room) : 일반 열람실과 별도로 하여 목록이나 출납실 가까이에 두며, 실내에서는 참고 서적을 두고 안내석을 배치한다. 최근 도서관의 기능 면에서 중요한 역할을 한다.

④ 캐럴(Carrel) : 열람자가 도서 가까이에 있을 필요가 있을 때 서고 내부에 작은 연구실 형식을 취한 열람실이다. 1인당 바닥면적은 2.7~3.7㎡ 정도로 한다.

⑤ 신문, 잡지 열람실 : 출입이 편리한 현관, 로비, 1층 출입구 부근에 설치하여, 일반 열람실과는 떨어진 곳이 좋다. 크기는 1.1~1.4㎡／석 정도로 한다.

(2) 서고

① 서고 계획 시 고려사항

㉮ 서고는 도서의 수장, 보존에 적합하고 방화, 방습, 유해 가스 제거에 중점을 두며 공조 설비를 갖춘다.

㉯ 도서 증가에 따른 장래의 확장을 고려한다.

㉰ 서고의 천장고는 2.3m 전후로 하며 열람실과 별도로 층고 계획을 세운다.

㉱ 서고실은 모듈러 플래닝(Modular Planning)에 의하되 위치를 고정하지 않도록 한다.

② 서고의 위치

㉮ 건물 후부의 독립된 위치에 별도로 설치한다.

㉯ 건물의 후부, 중앙부, 지하실을 구획해서 놓는다.

㉰ 열람실의 내부에 놓는다.

㉱ 열람실의 주위에 놓는다.

㉲ 모듈러 시스템에 의하며, 위치를 고정하지 않는다.

표 VI-12. 서고의 구조 유형

□ 열람부문 ■ 서고부문

구 분	적층식	단독식	절층식
단면	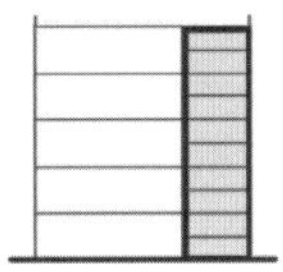	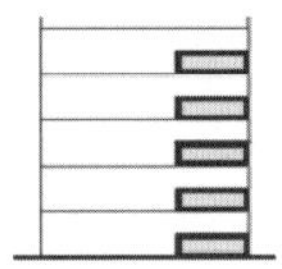	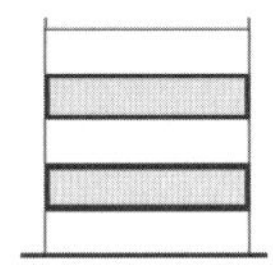
평면	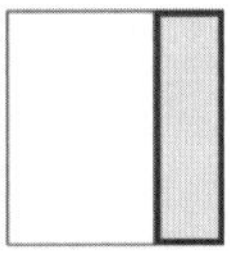	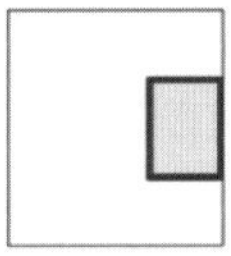	

③ 서고의 크기(수장 능력)

㉮ 책 선반 1단 길이 : **1m당 20~30권(평균 25권)**

㉯ 서고 면적 : **1m^2당 150~250권(평균 200권)** - 밀집서가의 경우 : 280~350권

㉰ 서고 공간 : **1m^3당 약 66권**

㉱ 마이크로 필름 릴 : 1m^2당 평균 800릴

㉲ 마이크로 카드 : 1m^2당 평균 20,000매

④ 도서 보관상 유의 사항

㉮ 도서 보존을 위해 어두운 편이 좋고 인공조명과 기계 환기로 방진, 방온, 방습과 함께 세균의 침입을 막는다.

㉯ 내화, 내진 등을 고려한 건물과 서가가 재해에 대해 안전해야 한다.

㉰ 서고 내 기후는 **온도 15℃, 습도 63% 이하**로 한다.

㉱ 자료 자체가 내구적(소독, 제본, 수리에 편리)이어야 한다.

㉲ 기계 장치에 의한 밀집 서가가 적당하다.

㉳ 자료의 Micro 재생산이 필요하다.

㉴ 잘 쓰여지지 않는 책은 창고에 보관한다.

㉵ 서가가 65~70%가 찰 경우에는 기존 시설의 확충을 고려한다.

Ⅶ. 문화시설

Ⅶ. 문 화 시 설

제1장. 미술관, 박물관 건축

1. 미술관, 박물관 건축의 개요

(1) 미술관, 박물관의 정의(박물관 및 미술관 진흥법)

① 미술관 : 서화, 조각, 공예, 건축, 사진 등 미술에 관한 자료를 수집, 보존, 전시하고 이를 조사 · 연구하여 문화, 예술의 발전과 일반 공중의 문화교육에 이바지함을 목적으로 하는 시설이다.

② 박물관 : 인류, 역사, 고고, 민속, 예술, 동물, 식물, 광물, 과학, 기술, 산업 등에 관한 자료를 수집, 보존, 전시하고 이들을 조사 · 연구하여 문화, 예술 및 학문의 발전과 일반 공중의 문화교육에 이바지하는 것을 목적으로 하는 시설이다.

[미술관, 박물관 건축의 역사]

(1)세계 최초의 박물관: B.C 285 이집트 프톨레마이오스왕이 알렉산드리아 궁전에 회화 및 조각을 진열하고 강연실이나 연구실을 부속시켰다.

(2)중세 및 근세에는 종교 포교 활동이나 개인 박물관이 성행하였으며 산업혁명 이후 자연과학 성과물의 전시 및 프랑스 혁명으로 귀족의 유물 및 미술품이 대중에게 공개되었다.

(3)20세기 초부터 야외박물관, 과학박물관, 대학박물관 등의 다양한 형식의 박물관이 세워졌다. 도서관으로 사용할 목적으로 지은 건축물, 역사적으로 도서관 시설은 수장하는 자료의 재료 형태에 따라 크게 변해왔다. 고대의 점토판, 파피루스 등은 다른 저장시설을 만들어야 했고 후에 종이를 이용한 책을 철할 수 있게 되면서부터는 책을 편편하게 펴서 놓았고 표지가 만들어지자 책을 세워서 배열하기 시작하였다.

(2) 전시시설의 경향

① 지역주민과의 적극적인 커뮤니케이션의 시도에 따른 다양한 교육 프로그램의 개발
② 관람객을 위한 휴식공간의 적극적 제공
③ 다양한 채널을 통한 정보 전달체계 등의 변화에 대응
④ 전시공간 이외의 다양한 새로운 기능의 공간들이 도입되는 경향

(3) 전시 유형

전시시설의 특성에 따른 전시 유형은 다음과 같다.

표 Ⅶ-1. 전시 유형

유 형	내용 및 특성
콜렉션(Collection)**형**	주제가 명확하고 전시, 자료나 활동이 한정되기 때문에 내용과 결부되어진 독자적인 공간을 갖기 쉽다. 보존 연구를 제1 목적으로 한 소규모 예가 많다.
프리젠테이션(Presentation)**형**	전시품이 한정되지 않기 때문에 자유도가 높은 전시공간을 필요로 한다.
커뮤니케이션(Communication)**형**	아트리에나 시민 갤러리를 위시해 이벤트를 위한 것 등 외에도 건축공간에 개방시킨 예가 포함되며, 미술관도 단순히 보는 곳에서 직접 참가하는 장소로 변환되고 있다.

2. 미술관, 박물관의 대지 선정 및 배치 계획

(1) 미술관, 박물관의 대지 선정 시 고려사항

① 교통편이 좋은 곳으로 역 또는 버스정류장에서 가깝고 자동차의 이용을 위해 주요 간선도로에서 접근이 용이한 곳이어야 한다.
② 다른 시설과의 복합, 상승효과를 기대할 수 있는 다른 문화시설과 근접한 곳이 바람직하다.
③ 야외전시나 수장고의 증축 및 장래의 확장이 가능한 곳이어야 한다.
④ 재해나 공해로부터 안전한 곳이어야 한다.

(2) 미술관, 박물관의 배치 계획

① 주 진입공간을 확보하고 휴게공간, 옥외 전시공간 등을 고려한다.
② 관람 동선과 자료의 반입 동선이 명확히 분리되도록 한다.
③ 보행자 동선과 차량 동선의 명확한 분리되도록 한다.
④ 주변 환경과 자연채광 및 조망을 고려한다.
⑤ 외부 전시와 주변 환경 등을 고려하여 인접 대지와의 영향을 고려한다.(공원, 하천, 호수)

(3) 미술관, 박물관의 배치 형식

표 Ⅶ-2. 미술관, 박물관의 배치형식 분류

배치 형식	내용 및 특성
단일(單一) **형식**	단일 건축물 내에 크고 작은 전시공간을 집약시킨 형식이다. 이러한 형식은 흔히 볼 수 있는 중소규모 박물관·미술관에서 많이 볼 수 있다.
분동(分棟) **형식**	관람자들의 집합이나 분산, 선별 관람이 용이하도록 도와주는 형식을 말한다. 이러한 형식은 동시에 많은 관람자를 수용해야 하는 경우에 적합한 형식이다.
중정(中庭) **형식**	중정을 중심으로 한 ㅁ자형 건축물 배치로 단일 형식과 분동 형식의 두 형식을 절충한 형식이라 할 수 있다. 중정은 단순한 휴식공간일 뿐 아니라 대규모 주요 공간의 역할을 겸하고 있으며 개별 공간의 전실로서 관람자가 선별 관람할 수 있게 도와주는 중요한 공간이다.

3. 일반 계획

(1) 전시시설의 기능

표 Ⅶ-3. 전시시설의 기능 분류

기능 구분	내 용
수집, 정리, 보존	· 자료의 종류: 실물, 표본, 묘사, 모형, 문헌, 사진, 필름, 테이프 등
전시, 교육, 레크레이션	· 전시, 강연회, 연구모임의 개최 · 자료 이용에 대한 지도, 설명 및 연구, 도서실의 설치 · 학술, 교육 문화적 제시설과의 협력 및 원조
조사, 연구	· 문화재, 고고, 민속자료 등 조사 · 자료에 관한 전문적, 기술적 연구

(2) 전시시설의 공간 구성

표 Ⅶ-4. 전시시설의 공간 구성

공간 구분	관련실
진입부문	현관, 홀, 휴게실
전시부문	상설전시실, 기획전시실, 특별전시실, 영상전시실, 전시홀, 준비실 및 창고
교육 보급부문	강당, 강의 및 연수실, 자료열람실, 뮤지업 숍
수장부문	수장고, 특별수장고, 수장고 전실, 미정리보관소, 포장 해체실, 소독실, 제습실, 자료정리실, 수리실, 상자 보관고, 전시비품 수납고, 화물 엘리베이터, 준비실, 휴게실, 기타
관리부문 및 기타	사무실, 관장 및 응접실, 회의실, 안내실, 탕비실, 갱의실, 인쇄실, 의무실, 숙직·경비실, 화장실 및 샤워실, 자재창고, 식당, 휴게실, 방송실, 기계공조실, 전시실, 엘리베이터 기계실, 복도, 계단, 기타
조사 연구부문	실장실, 학예원, 연구실, 자료실 및 서고, 보존과학실, 사진 암실, 녹음 스튜디오, 회의실, 기재창고

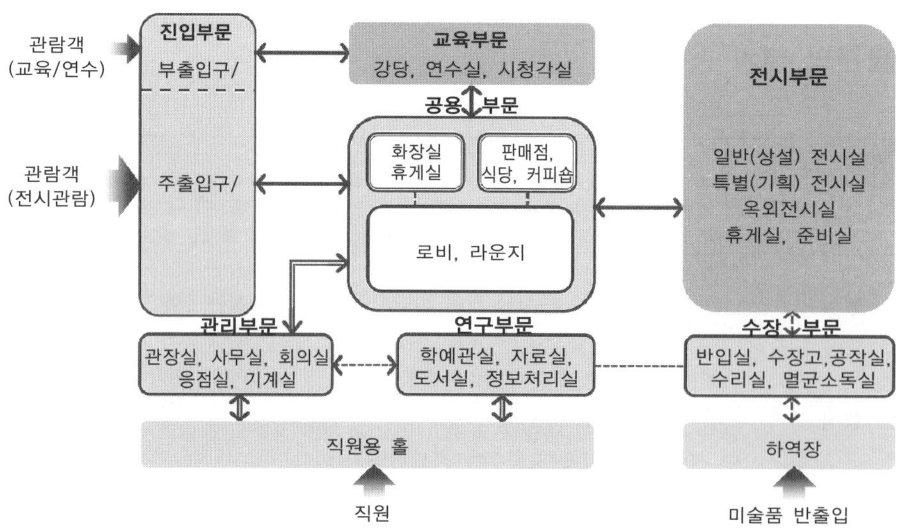

그림 Ⅶ-1. 미술관의 기능 구성 예

(3) 평면 계획 시 기본 사항

① **전시시설의 주기능은 전시실과 수장고**이므로 이에 대한 기능을 반드시 숙지하여야 한다.
② 관람 동선의 명확히 하고 편의점, 휴식 등을 고려하도록 한다.
③ 일반 전시와 상설 전시를 분리하고 상설 전시는 가급적 1층에 계획하는 것이 좋다.
④ 다층의 전시실 계획 시에는 장애인을 고려하고 주 계단은 가급적 크고 개방감 있게 계획하도록 한다.
⑤ 관람객의 감시 등을 고려한 관리적 측면을 고려하여야 한다.(진 · 출입 체크 등)
⑥ 전시물 보호를 위한 보존 및 보안을 반드시 고려하도록 한다.

4. 세부 계획

(1) 전시실

① 전시실의 순로(순회) 형식

㉮ **연속 순로**(순회) 형식

구형(矩形)또는 다각형의 각 전시실을 연속적으로 연결하는 형식이다.

- 단순하고 공간이 절약된다.
- **소규모의 전시실에 적합**하다.
- **전시 벽면을 많이 만들 수 있다**.
- **많은 실을 순서별로 통해야 하고 1실을 닫으면 전체 동선이 막히게 된다**.

㉯ **갤러리**(Gallery) **및 코리더**(Corridor) 형식

연속된 전시실의 한쪽 복도에 의해서 각 실을 배치한 형식이며, 그 복도가 중정을 포위하여 순로(巡路)를 구성하는 경우가 많다.

- **각 실에 직접 들어갈 수 있는 점이 유리**하며, **필요시에 자유로이 독립적으로 폐쇄할 수가 있다**.
- 복도 자체도 전시공간으로 이용이 가능하다.
- 르 코르뷔제의 와상 동선(渦狀動線)을 발전시켰고 통일된 미술관 안(案)으로 '성장하는 미술관'을 계획하였다. 이는 전체를 와상 동선으로 통일함에 따라 최소의 면적으로 최대의 전시 벽면을 얻으려는 동시에 천창 채광, 상하층 공간의 이용, 순로의 단축 가능 및 확장 가능성 등을 고려한 계획이다.
  (예) 르 꼬르뷔제의 '성장하는 미술관', 과천 국립 현대 미술관

㉰ **중앙 홀** 형식

중심부에 하나의 큰 홀을 두고 그 주위에 각 전시실을 배치하여 자유 출입하는 형식이다.

- 과거에 많이 사용한 평면으로 중앙 홀에 높은 천장을 설치하여 고창(高窓)으로부터 채광하는 방식이 많았다.
- 대지의 이용률이 높은 지점에 건립할 수 있으며, 중앙 홀이 크면 동선의 혼란은 없으나 장래의 확장에 많은 무리가 따른다.
  (예) 뉴욕 근대 미술관, 프랭크 로이드 라이트의 구겐하임 미술관(뉴욕)

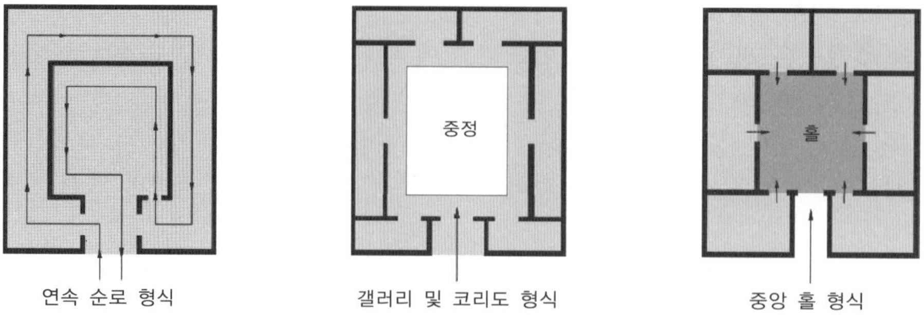

그림 Ⅶ-2. 전시실의 순회 형식

② 전시실의 크기

전시공간에서 기준이 되는 회화, 조각은 대체적으로 비슷하며 그 특성에 따른 공간의 크기는 천장 높이, 공간 폭, 공간 길이에 의해 결정된다.

㉮ 수평적 시각(시야)은 45° 이내, 최량(最良)의 수직적 시각은 27~30° 이다.

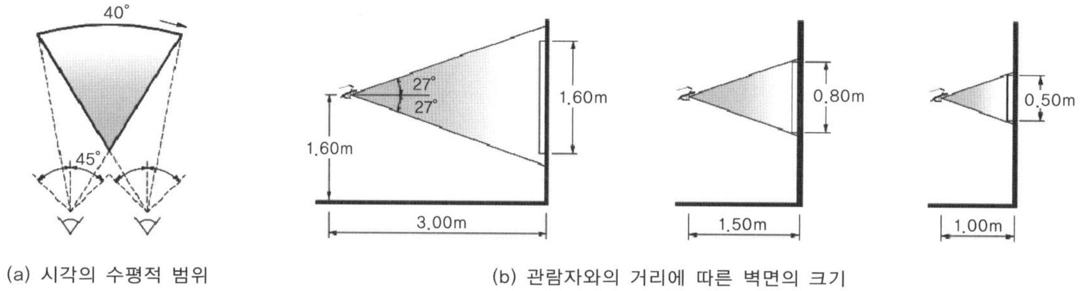

그림 Ⅶ-3. 관람자의 시각 및 거리에 따른 벽면의 크기

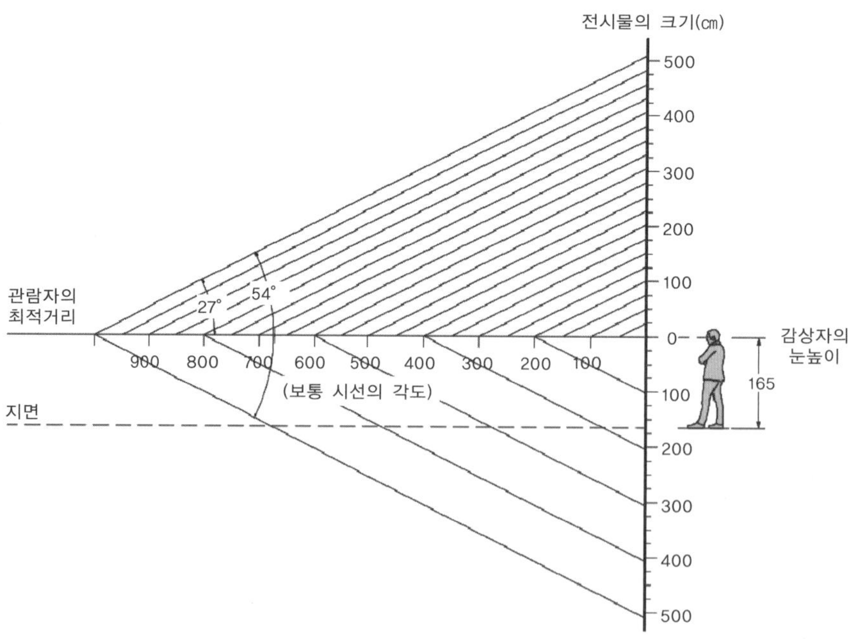

그림 Ⅶ-4. 대상물의 크기에 따른 최적 거리

㉯ 천장 높이

19세기에 있어서 전시공간 천장의 높이는 평균 10.4m 정도였으나 천창을 사용하면서 4.0~5.4m 정도로 낮게 되었다. 또한 인공조명에 의해 계획하는 최근에 이르러서는 3.6~4.0m 정도가 일반화되고 있다. 하지만 소규모 전시공간의 경우이라 할 경우에도 천장 높이는 최소한 3.0m가 확보되어야 한다.

㉰ 실 폭 : 실 폭은 5.5m가 최소, 큰 전시실에서는 최소 6.0m 이상(평균 8m)이며, 다수의 관객이 통행할 때는 2.0m 이내의 통로 여유가 필요하다.

- 소형 : 1.8m 이상
- 대형 : 6.0m 이상 떨어져 관람하는 것이 보통이다.

㉱ 실 길이 : 폭의 1.5~2배 정도

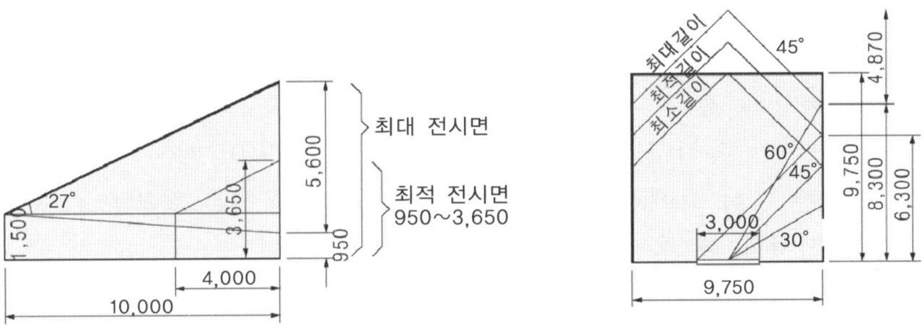

가시 벽면의 높이 옆면에서 조명되는 전시실

그림 Ⅶ-5. 실 폭과 길이

[전시실의 크기 산정 이론]

* 매그너(Magnus)안

매그너에 의하면 실 폭이 11.0m의 전시공간의 경우 천장의 높이는 전시실 폭의 5/7, 벽면의 진열 범위는 바닥에서 1.25~4.7m까지, 천창의 폭은 전시실 폭의 1/3~1/2, 벽면 최고조도 위치는 천장에서의 5.34m 밑점까지로 한다.

* 티드(Tiede)안

티드의 견해는 회화 높이의 중심에서 수평선과 실의 중심과의 교차점을 중심으로 하여 원을 그렸을 때 바닥에서 0.95 m의 벽면에서부터 회화 전시면으로 하고 이에 대한 45° 선과 교차점을 천창과 천장의 높이로 정하고 있다.

전시공간의 폭과 길이는 티드에 의하면 자연 채광의 경우 필요한 조도를 얻기 위하여 창문 상단의 높이와의 관계로 정해진다. 과거의 경우를 살펴보면 전시공간의 폭을 6.0m 내외로 정하였으며 길이는 폭의 1.5~2배 정도였다.

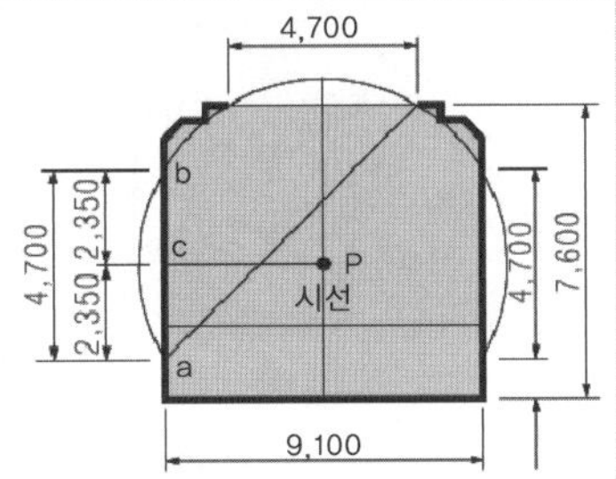

티드의 실 폭과 천장 높이

③ 특수 전시기법

㉮ **디오라마**(Diorama) 전시

디오라마 전시기법은 '**하나의 사실**' 또는 '**주제의 시간 상황을 고정**'시켜 연출하는 것으로 현장에 임한 듯한 느낌을 가지고 관찰할 수 있는 전시기법이다.

㉯ **파노라마**(Panorama) 전시

연속적인 주제를 선적(線的)**으로 연계성을 표현하기 위한 전시**로 벽면 전시와 입체물이 병행되는 것이 일반적인 유형으로 넓은 시야의 실경(實景)을 보는 듯한 감각을 주는 전시기법이다.

㉰ **아일랜드**(Island) 전시

벽이나 천장을 직접 이용하지 않고 전시물 또는 전시 장치를 배치함으로써 전시공간을 만들어내는 기법으로 대형 전시물이나 소형 전시물인 경우에 유리하다.

㉱ **하모니카**(Harmonica) 전시

전시 평면이 하모니카 흡입구처럼 동일한 공간으로 연속되어 배치되는 전시기법으로 전시내용을 통일된 형식 속에서 규칙, 반복되어 나타나게 하는 방법으로 **동일 종류의 전시물을 반복 전시할 때 유리**하다.

㉲ 영상(映像) 전시

영상 매체는 크게 정지 화면인 슬라이드, OHP 등과 동적 화면인 영화, 비디오, 멀티비전 등으로 구분된다. 영상 매체는 현물을 직접 전시할 수 없는 경우나 오브제 전시만의 한계를 극복하기 위하여 사용한다.

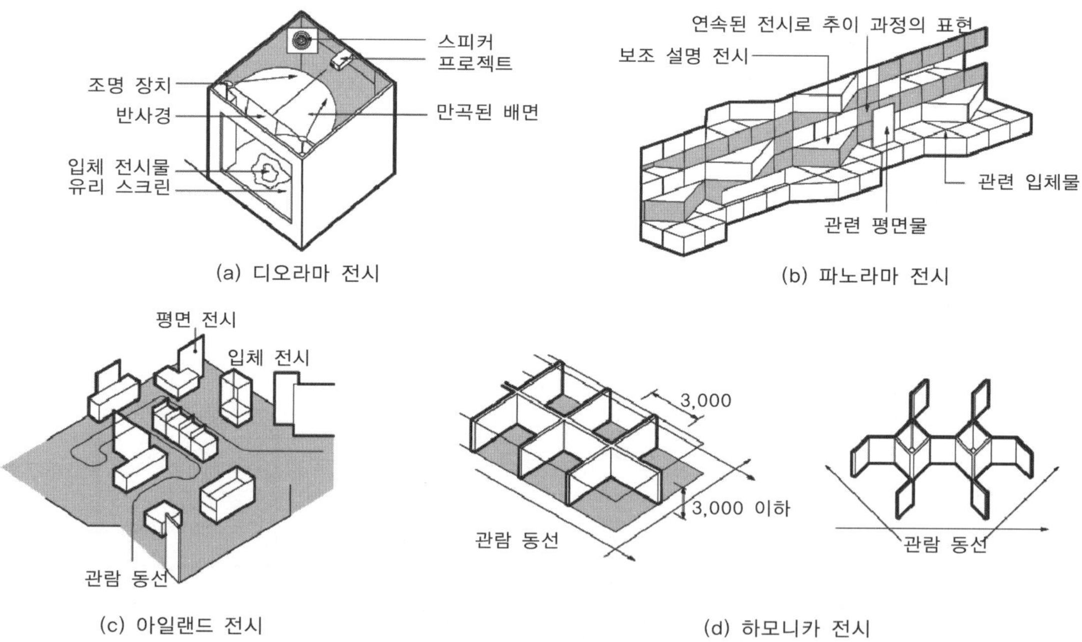

그림 Ⅶ-6. 특수 전시 기법

④ 전시실의 채광 · 조명 계획

㉮ 채광 · 조명 계획

조명과 채광은 전시실의 질을 결정하는 가장 중요한 요인이 되고 있다. 합리적 조명으로서 인공조명이나 색 및 관람자의 기분을 고려한 자연광, 양자를 혼용(Mixed Light)한 최적 효과를 다음과 같은 설계 조건으로 하는 것이 좋다.

- 광원이 현휘(眩輝)를 주지 않을 것
- 전시물이 항상 적당한 조도를 가지되 균등하게 조명되어 있을 것
- 그 실내의 조도 및 휘도 분포가 적당할 것
- **관람자의 그림자가 전시물 상에 나타나지 않을 것**
- **화면 또는 케이스의 유리에 다른 영상을 나타내지 않을 것**
- 대상에 따라 필요한 점 광원(Spot Light의 방향성)을 고려할 것
- **광색이 적당해야 하며 변화가 없을 것**

㉯ 계획상의 자연 채광 형식

일반적으로 창에 의한 자연 채광 방식과 광원의 위치에 따라 분류하면 다음 표와 같다.

표 Ⅶ-5. 전시실의 자연 채광 형식 분류

채광 형식	특 징	단면 형태
정광창 형식 (Top Light)	**천장의 중앙에 천창을 설계**하는 방법 · 전시실 중앙을 밝게 하여 전시 벽면 조도를 균등하게 한다 · 천창의 직접 광선을 막기 위해 천장 부분에 루버를 설치하거나 2중으로 한다. · **채광량이 많아 조각품 전시에 적합**하고 유리창 내의 공예품 전시에는 부적합하다.	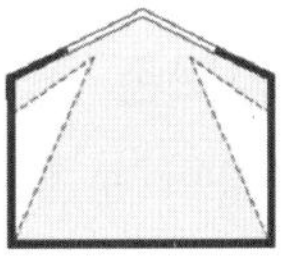
측광창 형식 (Side Light)	**측면 창에 광선을 들이는 방법** · **전시실 채광 방식 중 가장 불리**하다. · 소규모 전시실 이외는 부적합하다. · 광선의 확산, 광량의 조절, 열전열 설비를 병용하는 것이 좋다.	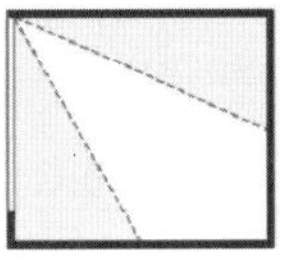
고측광창 형식 (Top Side Light Monitor)	천창에 가까운 측면에서 채광하는 방식 정광창 방식, 측광창 방식의 절충 형태	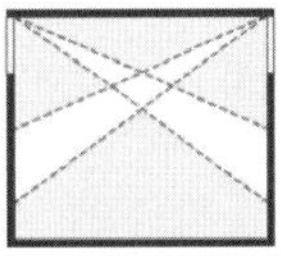
정측광창 형식 (Clerestory)	**관람자가 서 있는 위치 상부에 천창을 불투명하게 하여 측벽에 가깝게 채광창을 설치하는 방법** · **관람자의 위치**(중앙부)**는 어둡고 전시 벽면의 조도가 밝은 이상적인 형식**이다. · 천장이 높기 때문에 측광창의 광선이 약할 우려가 있다.	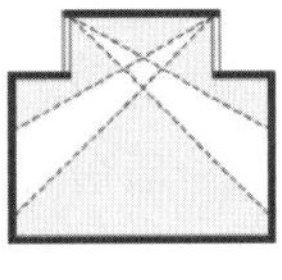
특수채광 형식	천창은 상부에서 경사 방향으로 빛을 도입하여 벽면을 주로 비치게 하는 방법	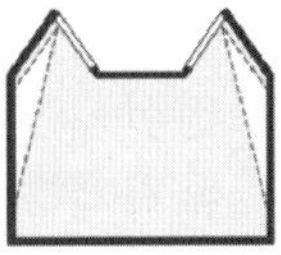

(2) 교육공간

① 지역주민에게 봉사하기 위한 체험학습, 교양 및 오락의 기회와 정보서비스 제공 등의 역할을 한다.

② 박물관 활동에 적극적으로 참여 및 유도할 수 있도록 한다.

③ 독립적으로 운영하는 경우에는 전용 출입구를 계획한다.

④ 소요실 계획

표 Ⅶ-6. 교육 관련 소요실 계획

실명	계획 내용
강당	· 200~300인 정도 수용 가능한 규모 · 미술, 영화, 음악감상이나 행사 혹은 행위예술, 아트 등을 위해 사용 · 영사기, 오버헤드 프로젝트, 스크린, 음향 장치, 무대조명 등 부속설비 필요
체험학습실	· 회화교실, 조소교실, 공예교실 등 미술체험학습을 위한 시설
도서실	· 박물관계 도서를 마련하여 관람자에게 편의 제공 · 개가 서가 형식의 열람실로 구성 · 학예 연구원의 조사용일 경우에는 조사·연구부문에 속하게 되므로 동선계획 시 유의
정보서비스실	· 비디오 부스, 컴퓨터 부스 등을 설치하여 시청각 정보의 서비스를 제공
미술품점 (Museum Shop)	· 전시와 관계된 도서 및 기념품 등의 구입 서비스 제공 · 관람객의 관람 전 또는 관람 후 퇴관 시 이용 가능한 위치
기타	· 강의실, 세미나실, 연구실, 집회실 등 필요에 따라 계획

(3) 정리보존 공간

① 최적의 보존상태를 유지할 수 있도록 외기의 온·습도 변화에 영향을 받지 않는 곳에 위치시킨다.

② 보관품 종류에 따르는 조닝이 필수적이다.(건조, 보통, 습윤으로 분류 보존)

③ 간접 공조방식, 항온, 항습에 의한 보존환경을 구축하여야 한다.

④ 소요실 계획

㉮ 수장고
- 하역 동선 및 전시공간으로의 연결 동선을 고려하여야 한다.
- 보존설비의 최적화 계획이 이루어져야 한다.
- 하층에 설치된 사례가 많으나 최근의 경향은 상층에 위치하는 경우도 많다.
- 서양화 : 철제 슬레이드 락 이용 보존
- 동양화, 병풍, 족자 : 목재장이나 서랍 등에 수납

㉯ 반출입실
- 포장실과 연결하도록 한다.
- 반출입 차량의 직접 출입을 고려하여야 한다.

㉰ 포장실
- 포장재료 창고, 기자재 창고 인접
- 수장고가 다른 층에 있는 경우 대형 엘리베이터 설치

(4) 조사, 연구공간

① 관리 동선과의 연계를 고려하여야 한다.

② 수장고에 접근하기 쉽도록 동선 계획이 되도록 한다.

③ 관련실
㉮ 자료 보관실 : 자료 수집 및 보존
㉯ 학예 연구실 : 작품발굴 및 연구, 국제교육, 정보교환, 기획전시, 교육 프로그램 개발
㉰ 기타실 : 사진제작실, 암실 등

(5) 관리공간

① 쾌적한 작업 공간 및 다른 부서 직원과의 원활한 동선 연결이 이루어지도록 한다.
② 관리실은 관람공간에 근접하여 계획하되 관람객이 관리구역으로 진입하는 동선은 통제할 수 있어야 한다.
③ 건물의 시설관리가 용이하도록 계획한다.
④ 관련실 : 사무실, 관장실 및 응접실, 회의실, 매표 및 안내, 방송실, 의무실 등 기타 실

(6) 공용공간

① 관람객의 접근이 용이한 위치에 계획하도록 한다.
② 주변 환경에 대한 조망 등이 양호하도록 고려한다.
③ 서비스 동선의 연결 고려한다.
④ 관련실 : 현관, 계단, Ramp, Lobby, Major Space(중정 또는 전시실의 전실)

(7) 후생공간

① 관람객의 접근이 용이한 위치에 계획한다.
② 주변 환경에 대한 조망 등이 양호하도록 고려한다.
③ 서비스 동선의 연결 고려한다.
④ 관련실 : 식당, 커피숍 등

제2장. 극장, 영화관 건축

1. 극장, 영화관 건축의 개요

(1) 극장의 정의

극장은 무대에서 상연되는 연극 · 무용 · 오페라 등을 많은 관객이 모여서 관람하기 위한 시설을 가리킨다. 서유럽 각국의 극장을 가리키는 말의 어원이 된 것은, 고대 그리스 극장의 계단 모양의 관객석을 가리키는 테아트론(Theatron)이다.

(2) 극장의 종류

상연 종목에 의한 극장의 종류와 그 특징은 다음과 같다.

표 Ⅶ-7. 극장의 종류

종류	상연 내용 및 특징
공연장	연극을 주로 하는 전용 연극장과 음악, 무용, 연주회 등을 연출하는 뮤지컬 공연장이 포함되며, 무대부에는 많은 현수물과 아치, 회전 무대 등의 무대 기구가 요구된다. 또한 충분한 정숙성을 확보하기 위해 소음 대책에 충실하여야 하며, 음향상 적절한 내부 형태와 의장 계획을 고려하여야 한다. 특히 무대는 어디서라도 보이도록 객석의 안 길이(깊이)를 가시거리 내에 계획하는 것에 유의하도록 한다.
음악당	음악을 연주하고 감상하는 것이 목적이므로 음향 설계에 대한 충분한 배려가 필요하다.
다목적 홀	지역사회의 커뮤니케이션의 핵으로서 연극, 영화, 음악회 등의 공연예술과 각종 회의나 대회 등의 행사 및 강연회 기능을 수용한다.
영화관	영화 상연을 위한 영화관은 영사 설비와 스크린을 구비하여 객석의 가시선과 시각을 주의해서 계획한다.

2. 극장, 영화관의 대지 선정 및 배치 계획

(1) 극장, 영화관의 대지 선정 조건

① 기초계획 초기에 반드시 도시 계획적 조사가 이루어져야 한다.

② 주차나 피난의 경우를 위해 넓은 도로에 가능한 한 많이 접하고 2면 이상의 넓은 도로에 접하거나 개방된 공지가 있는 곳이 바람직하다.

③ 운영의 이점 및 이용자의 편의성을 고려할 때 번화한 장소가 유리한다.
④ 대중교통의 접근이 편리한 곳이어야 하며, 충분한 주차장의 확보가 가능한 곳이어야 한다.
⑤ 도시의 전체적 맥락에서 지역의 커뮤니티 센터, 도서관 등의 문화시설과 연계할 수 있으며, 지역사회의 랜드마크(Landmark)적 상징성을 드러낼 수 있는 곳이 유리하다.

(2) 극장, 영화관의 배치 계획

① 지형의 높낮이와 인접한 경관을 고려하여 계획한다.
② 지역의 정체성과 주변의 전체적인 맥락과 연계되도록 한다.
③ 외부공간의 적절한 활용을 통하여 내, 외부의 공간이 자연스럽게 연계되도록 한다.
④ 이용자가 동선의 구조 및 방향성을 쉽게 인지할 수 있도록 한다.
⑤ 관객, 출연자, 스텝, 설비 및 자재 등의 동선이 교차되거나 간섭되지 않도록 한다.
⑥ 개장 전·후, 종연 후 등 시간대별 이용자의 집중과 유동, 안전사고 및 재난 시 피난 등을 고려하여 동선과 공간을 계획한다.
⑦ 보행자 동선과 차량 동선을 분리하여야 하며, 무대 장치 및 설비 등의 반출입구는 무대 설비를 위한 대형 차량의 접근성을 고려하여 무대의 위치에 가깝게 배치하고 무대 설비 차량을 전용 주차장을 확보하도록 한다.

3. 일반 계획

(1) 건축 규모의 산정

극장의 종류에 따른 적정한 객석 정원 및 면적 기준은 다음과 같다.

표 Ⅶ-8. 극장 종류에 따른 객석 규모와 면적

종 류	적당한 객석 정원(명)	㎡당 객석 수
뮤직홀	400~1,000	0.5~0.7
영화관	600~1,500	0.5~0.7
오페라 공연장	800~1,000	0.6~0.8
일반공연장	1,000~2,000	0.45~0.6
콘서트홀	1,000~3,000	0.5~0.7
가무공연장	1,500~3,000	0.5~0.6
현대극	800~1,000	0.45~0.6
다목적홀	800~2,000	0.5~0.6

(2) 평면 형식

① **프로시니움**(Proscenium)형 : 프로시니움(Proscenia) 벽이 연기공간과 관객 공간을 분리하여 프로시니움 아치의 개구부를 통해 무대를 보는 가장 일반적인 형식이다.
㉮ 강연, 콘서트, 독주, 연극 등에 가장 좋다.

㉯ **연기자가 일정한 방향으로만 관객을 대하게 된다.**

㉰ 투시도법을 무대 공간에 응용함으로써 발생한 것으로, 연극의 내용을 한정된 고정액자 속에서 보는 듯한 **하나의 구성화(構成畵)와 같은 느낌**이 들게 한다.

㉱ 배경은 한 폭의 그림과 같은 느낌을 주게 되어 **전체적인 통일의 효과를 얻는 데 가장 좋은 형태**이다.

㉲ **연기자와 관객의 접촉면이 한정**되어 있으므로 많은 관람석을 두려면 거리가 멀어져 객석 수용 능력에 있어서 제한을 받는다.

㉳ 이러한 프로시니움형은 **Picture Frame Stage**라고도 불리운다.

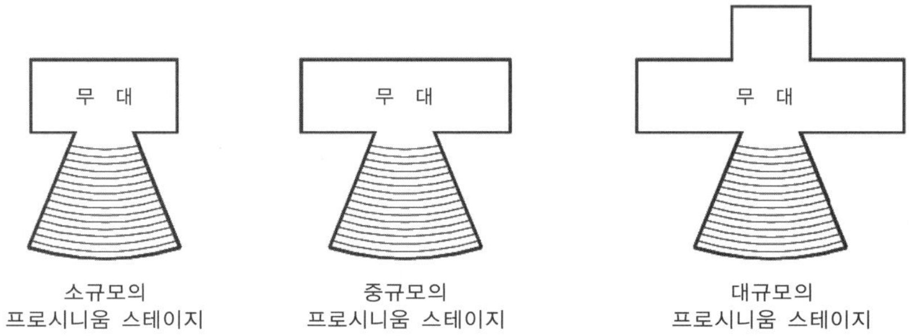

그림 Ⅶ-7. 프로시니움 스테이지

② **오픈 스테이지**(Open Stage)형 : 관객이 부분적으로 연기자를 둘러 관람하는 형으로 210°, 220°, 180°, 90° 위요형 등이 있다.

㉮ **관객이 연기자에 좀 더 근접하여 관람**할 수 있다.

㉯ 연기자는 **혼란한 방향감 때문에 통일된 효과를 내는 것이 쉽지 않다.**

㉰ 애리너 형식과 마찬가지로 무대 장치를 꾸미는 데 어려움이 있다.

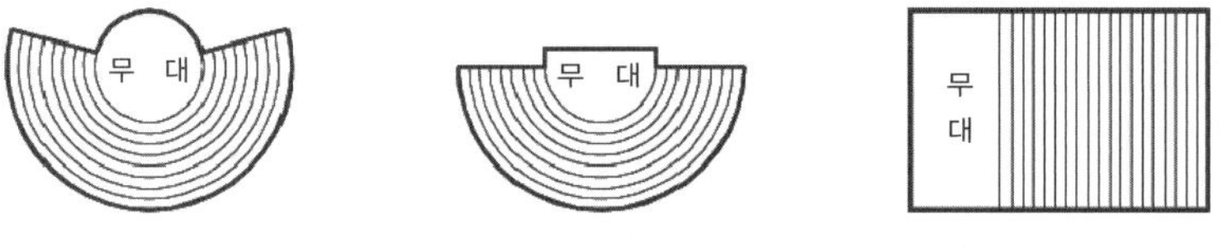

그림 Ⅶ-8. 오픈 스테이지

③ **애리너**(Arena)형 : 관객이 연기자를 360° 둘러싸고 관람하는 형식

㉮ **가까운 거리에서 관람하면서 가장 많은 관객을 수용**할 수 있다.

㉯ 객석과 무대가 하나의 공간에 있으므로 **양자의 일체감**을 높여 이 높은 연극 공간을 형성한다.

㉰ **무대와 배경을 만들지 않으므로 경제성이 있다.**

㉱ **무대의 장치나 소품은 주로 낮은 가구들로 구성**된다.

㉲ 관객이 무대를 둘러앉기 때문에 시점(視點)이 현저하게 다르게 되고 **연기자가 전제적인 통일효과를 얻기 위한 극을 구성하기가 곤란**하다.

㉳ 관객이 무대 주위를 둘러싸기 때문에 연기자를 가리게 되는 단점이 있다.

㉴ 에리너 형은 **Central Stage형** 이라고도 한다.

그림 Ⅶ-9. 에리너 스테이지

④ **가변**형 무대(Adaptable Stage) : 필요에 따라서 무대와 객석이 변화될 수 있는 형식이다.

㉮ 무대와 객석의 크기, 모양, 배열 그리고 그 상호관계를 한정하지 않고 필요에 따라서 변경할 수 있다.

㉯ 상연하는 작품의 성격에 따라서 연출에 가장 적합한 성격의 공간을 만들어 낼 수 있다.

㉰ 최소한의 비용으로 극장 표현에 대한 최대한의 선택 가능성을 부여한다.

㉱ 다양한 변화 방법이 고려되어야 한다.

㉲ **대학 연구소 등의 실험적 요소가 있는 공간에 많이 이용**된다.

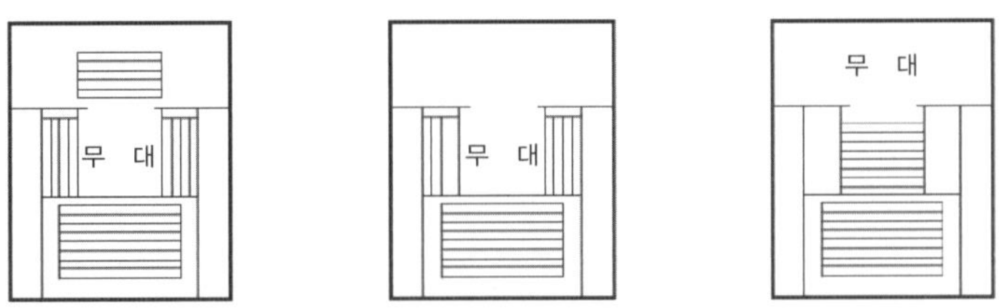

센터 스테이지일 경우　슬러스터 스테이지일 경우　프로시니움 스테이지일 경우

그림 Ⅶ-10. 가변형 스테이지

4. 세부 계획

(1) 관람석

① 평면형 : 부채형, 우절형(隅切型)이 많이 쓰여지고 있으며 시각적, 음향적으로 우수한 형이다.

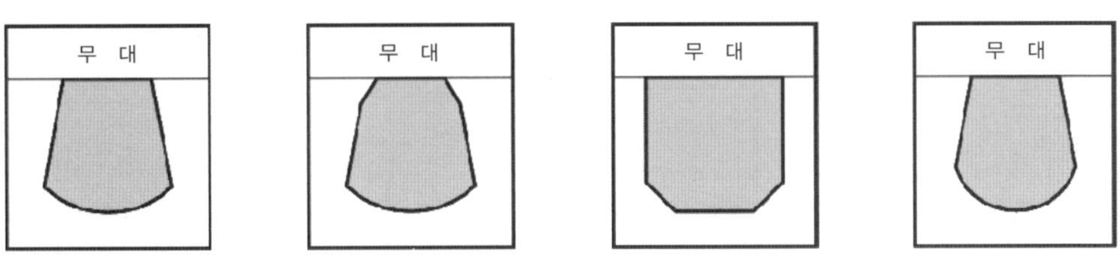

(a) 부채형　(b) 우절형　(c) 각형　(d) 마제형

그림 Ⅶ-11. 관람석 형태 구분에 의한 평면형

② 평면형의 한계

㉮ A 구역 : **배우의 표정이나 동작을 상세히 감상할 수 있는 시선 거리의 생리적 한도는**

15m이다. 따라서 **인형극이나 아동극**은 이 한계 내에 있어야 한다.

㉯ B 구역 : 실제의 극장 건축에서는 될 수 있는 한 수용을 많이 하기 위하여 **22m까지를 1차 허용 한도**로 정하며, **국악이나 신극**, **실내악** 등은 이 범위 내에 객석을 둘 수 있다.

㉰ C 구역 : 현대 연극, 그랜드 오페라, 발레, 뮤지컬은 배우의 일반적인 동작만 보이면 감상하는 데는 별 지장이 없으므로 이를 **제2차 허용 한도**라 하고 **35m**까지 둘 수 있다. 따라서 심포니 오케스트라(Symphony Orchestra)와 같은 경우 이 이상의 시선 거리에서는 감상이 곤란해진다.

* 무대 예술의 감상에 있어서 배우 상호간, 배우와 배경과의 관계 때문에 수평 편각의 허용도는 중심선에서 60° 의 범위로 한다.

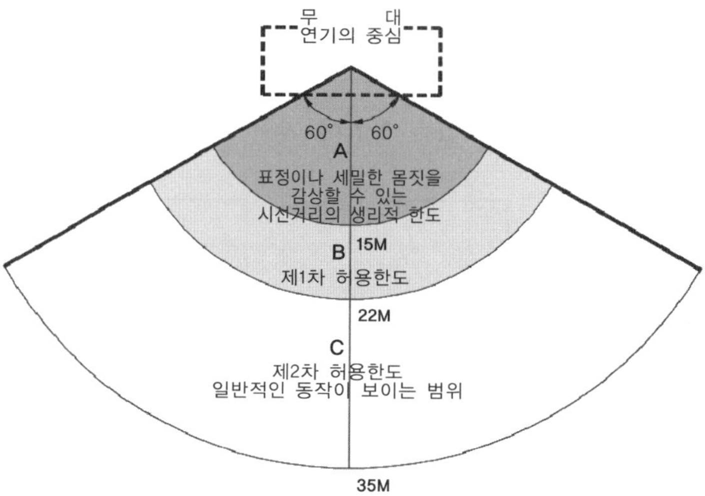

그림 Ⅶ-12. 가시거리의 한계

③ 객석의 호감대 : 시 거리와 수평 시각의 양 쪽의 제약에서 관객석의 평면적 한계 범위를 그리면 다음과 같다. 또 ABC의 각 면적을 계산함으로써 수용인원도 계산할 수 있다. 그러나 무대의 연극을 보기 위해서는 각 객석에서 무대 전면이 보여야 되므로 시각은 작을수록 이상적이다.

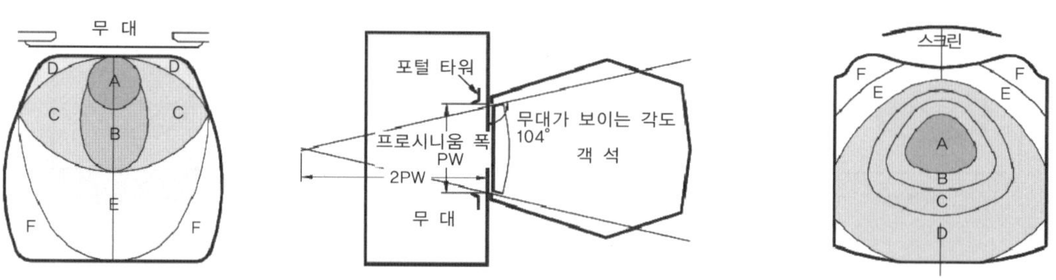

위의 그림은 관객이 자유로이 선택하여 앉는 경우의 선호도를 나타내는 그림으로 A,B,C 순으로 되어 있다.

그림 Ⅶ-13. 이상적인 객석의 위치

④ 가시선(Sight Line) 계획 : 가시선이란 전열의 관객의 머리로 인해 무대나 스크린이 보이지 않으므로 뒤로 바닥을 높이게 되는데, 이때의 바닥 기울기를 말한다. 가시선 계획을 통해 무대 연기, 영상을 잘 보이도록 하는 것이며, 특히 프로시니움 무대형의 경우 전체 객석에서 무대의 액팅 에리어(Acting Area) 전체를 볼 수 있게 하기 위함이다.

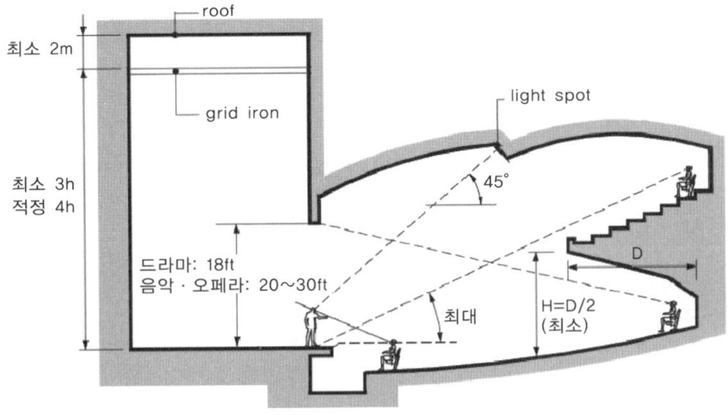

그림 Ⅶ-14. 단면상의 가시선

⑤ 좌석의 한도

㉮ 최전열의 좌석이 스크린에 가까이 할 수 있는 한도

- 평면상 : A≦90°, B≦60°　　　- 단면상 : C≦30°, D≦15°

㉯ 스크린과 객석의 거리

- 최소 : 스크린 폭의 1.2~1.5배
- 최대 : 스크린 폭의 4~6배(30m) 정도
- 뒷 벽의 객석의 폭 : 스크린 폭의 2.5배~3.5배

그림 Ⅶ-15. 좌석의 한도

⑥ 객석 계획 및 설계 기준

㉮ 관람석의 크기

- 건축 연면적의 약 50% 정도
- 1인당 바닥면적 : 0.5~0.6㎡ 정도 좌석의 배열

㉯ 좌석의 배열

- 관람석 의자의 크기
  · 폭 45~50㎝로 한다.
  · 전후의 간격 : 횡렬 6석 이하 80㎝ 이상, 횡렬 7석 이하 85㎝ 이상

- 통로의 폭

표 Ⅶ-9. 통로의 설치기준

객석 통로		객석 상호 간의 객석 수	
		의자 전후 간격 90㎝ 이상	의자 전후 간격 90㎝ 이하
세로 통로	중앙측	12석 이내	8석 이내
	편 측	6석 이내	4석 이내
가로 통로		20석 이내	15석 이내

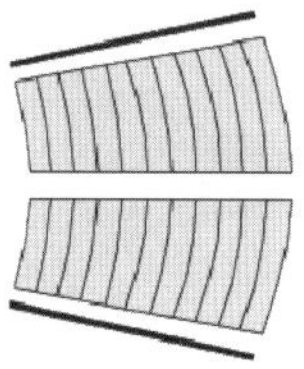
중심선상의 세로 통로

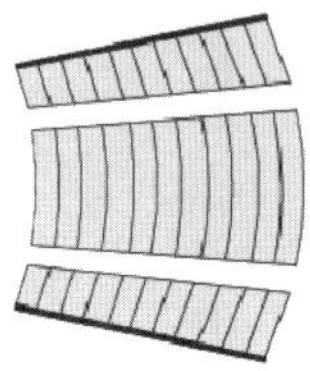
방사선상의 세로 통로

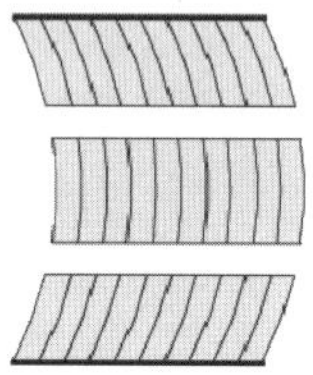
직선형의 세로 통로

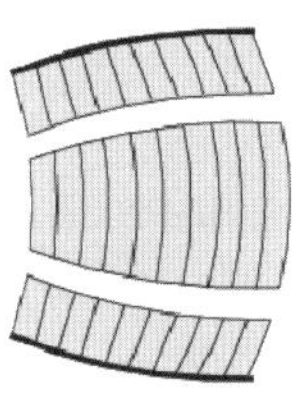
곡선상의 세로 통로

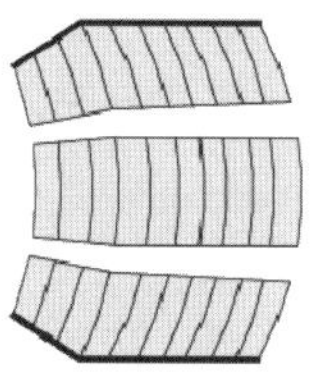
방사상과 직선형의 조합

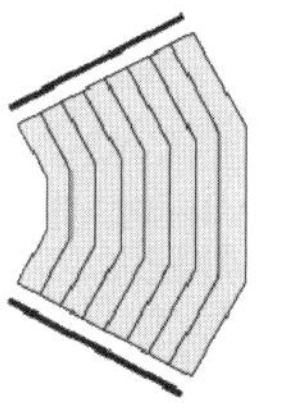
콘티넨탈형 통로

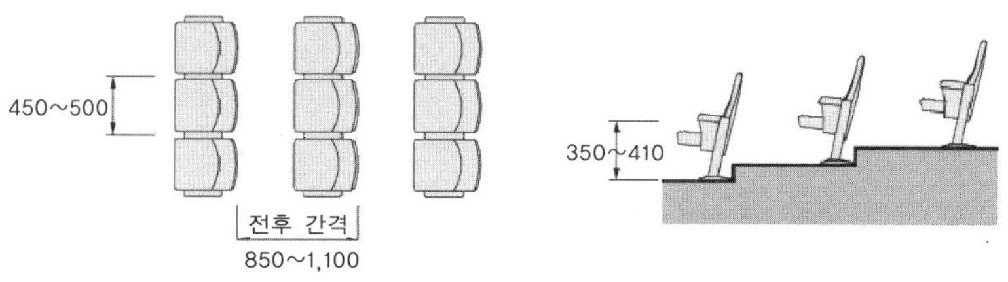

극장 타입의 의자열

그림 Ⅶ-16. 극장의 통로 형식과 객석 규격

㉰ 바닥

- 바닥은 방습 · 배수에 대한 고려를 한다.
- 바닥면 경사는 1/10 이하로 한다.
- 무대 앞쪽 1/3을 수평, 뒷부분 2/3를 구배 1/12 정도로 경사진 바닥으로 하는 경우가 많다.

(2) 무대 계획

① 무대의 구성

㉮ 프로세니움 아치(Proscenium Arch)

- 무대와 객석의 경계를 이루는 것으로 관객은 이 Proscenium Arch를 통해 무대의 연기를 보게 된다.

- Proscenium Arch의 개구부는 일반적으로 직사각형으로 그 비례는 황금비로 구성되는 경우가 많다.
- Proscenium은 그림 액자와 같이 관객이 눈을 무대에 쏠리게 하는 시각적 효과를 가지며 또한 관객의 시선이 무대가 아닌 조명 기구나 막, 기타 장치를 놓은 후면무대(Back Stage)를 가리는 역할을 한다.

㉯ Curtain Line : Proscenium Arch 바로 뒷 막이 쳐지는 막의 위치

㉰ 무대

- 앞 무대(Apron Stage) : 막을 경계로 객석 쪽으로 나온 부분
- 측면 무대(Side Stage) : 객석 측면 벽을 따라 돌출한 무대
- 연기 부분 무대(Acting Area Stage) : Curtain Line 안쪽 무대로 연기를 행하거나, 무대 배경 장치를 설치하기에 충분한 넓은 공간이 필요하다.
- 무대 폭 : **프로시니움 아치 폭의 2배 이상**
- 무대 깊이 : **프로시니움 아치 폭 정도 이상**
- 무대 단면 : 상부 공간(Fly Loft) 크기

  극장의 경우 대체로 **$C_h ≒ 3P_h$** 이며 **이상적인 높이**는 **$C_h ≒ 4P_h$ 이상**

$$\frac{P_h}{AB} = \frac{C_h}{AB+BB'}$$

P_h = Proscenium의 높이, C_h = Cyclorama의 높이

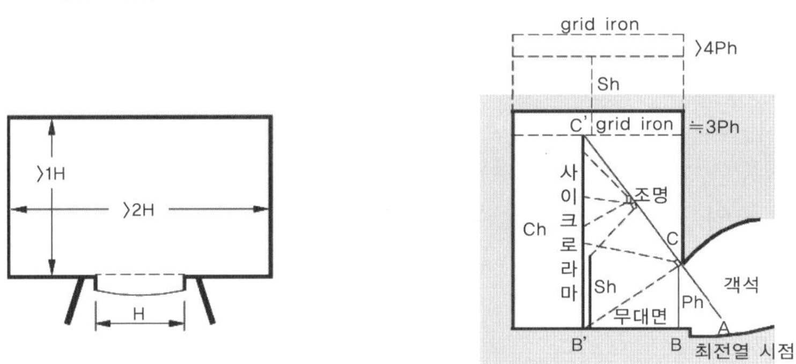

그림 Ⅶ-17. 무대의 평, 단면

② 오케스트라 피트(Orchestra Pit, Orchestra Box)

㉮ 보통 객석의 제일 앞쪽 무대 바로 앞에 있고 앞 무대(Apron Stage) 및 측면 무대(Side Stage)와 나란히 해서 설치된다.

㉯ 크기는 악단 수를 보통 80~100인으로 보고 점유면적은 $1m^2$/인 정도 보며, 연주용 피아노는 $9m^2$/인 정도, 하프 $2m^2$/인, 드럼 $4m^2$/인 정도로 본다.

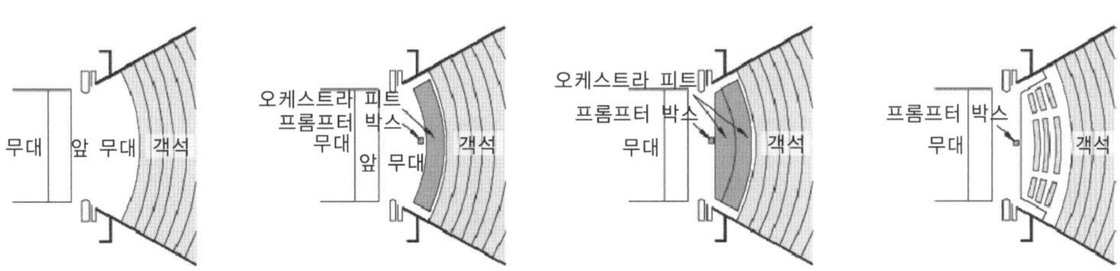

앞 무대로 사용 / 앞 무대 및 오케스트라 피트로 사용 / 오케스트라 피트로 사용 / 객석으로 사용

그림 Ⅶ-18. 오케스트라 피트의 가변 예

③ 무대 전환 장치

㉮ 수평 전환 장치

- 활주 이동 무대(Sliding Stage)
- 회전 무대(Revolving Stage)

㉯ 수직 전환 장치

- 조물(Batten)
- 승강 무대 장치
  - · 트랩 엘리베이터(Trap Elevator) : 승강과 높이를 자유로이 조절할 수 있다.
  - · 테이블 엘리베이터(Table Elevator) : 콘서트, 코러스 등에 편리하다.
  - · 플래토 엘리베이터(Plateau Elevator) : Trap Room에서 무대 배경의 전 세트를 올려놓고 한 번에 올라오거나 내려갈 수 있다.

④ 무대 천장 부분(Fly Loft) 기구

㉮ **그리드 아이언**(Grid Iron) : 무**대 천장 밑에 있는 철골 격자 발판으로 무대 배경, 조명 기구, 연기자, 음향 반사판 등을 매달 수 있게 한 장치**이다. 무대 천장 밑의 제일 낮은 보 밑에서 1.8m의 위치에 바닥을 둔다.

㉯ 지활차(Loft Block) : 그리드 아이언(Grid Iron)에 설치된 활차

㉰ **파이프 배턴**(Pipe Batten) : 배경을 매달기 위한 긴 철봉, 간격은 25~30㎝ 정도로 Proscenium에 평행으로 매단다.

㉱ **플라이 갤러리**(Fly Gallery)

- 그리드 아이언에 올라가는 계단과 연결되게 무**대 주위의 벽에 6~9m 높이로 설치되는 좁은 통로**(폭은 1.2~2.0m 정도)
- **조명 또는 눈이 내리는 장면을 위해 사용**한다.

㉲ **로크 레일**(Lock Rail) : 와이어 로프를 한 곳에 모아서 조정하는 장소

㉳ **잔교**(Light Bridge) : 프로시니움 바로 뒤에 접하여 설치된 발판, 조명, 조작 · 비 · 눈 내리는 장면을 위해 필요하다.

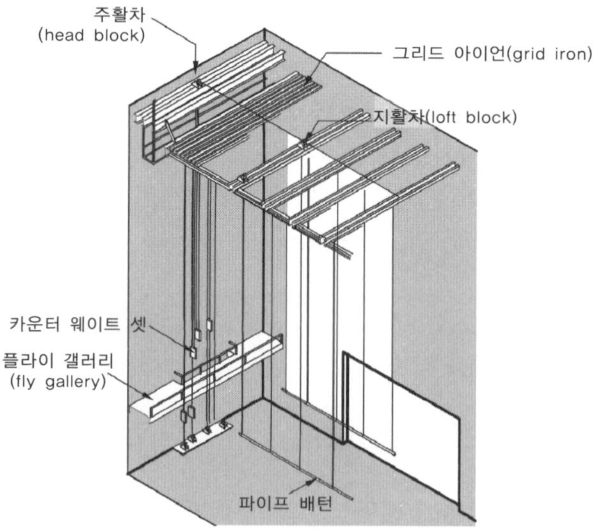

그림 Ⅶ-19. 무대의 구성

⑤ 타 무대 관련 설비

㉮ **사이클로라마**(Cyclorama or Horizont)

- **무대 제일 뒤쪽에 설치되는 무대 배경 곡면 벽**, 여기에 광선 투사, 구름, 무지개, 낮과 밤 등의 영상을 연출하는 장치이다.
- 무대 뒤나, 양옆 부분을 보이지 않게 하는 Masking 역할을 한다.
- 크기는 조명 효과와 관객의 수직 · 수평 시선에 대한 Masking 관계에 의해 결정된다.

㉯ **프롬프터 박스**(Prompter Box) : 무대 중앙에 설치하여 Prompter가 들어가는 곳으로 객석 측을 둘러싸고 무대 측만을 개방하여 이곳에서 대사를 불러 주며, 기타 연기의 주의 환기를 주지시키는 곳이다.

⑥ 무대 관련 제실

㉮ **출연 대기실(Green Room)** : 출연자 대기실로 무대와 같은 층의 가까운 곳에 둔다. 크기는 30㎡ 이상, 무대 감독실은 출연 대기실(Green Room)과 인접시킨다.

㉯ **배경 제작실** : 위치는 **무대 근처**가 좋으며, **제작 중 소음을 고려하여 차음 설비가 필요**하다. 크기는 보통 5×7m 내외이며 천장 높이를 6m로 잡기도 한다.

⑦ 스크린(Screen)

㉮ 비례 : 크기는 초점거리 3m, 영사 거리 35m의 경우 8×20m 정도

㉯ 위치는 바닥으로부터 50~100㎝ 이상, 앞줄 객석으로부터 6m 떨어져야 한다.

㉰ 영사각은 투사광이 중심이 수평선과 이루는 각도로서 작을수록 이상적이며, 시네마스코프의 경우 10° 이내, 표준인 경우 15° 이내가 되도록 한다.

(3) 환경 및 설비 계획

① 소음(Noise) 방지

객석 내의 소음은 30~35dB 이하로 하고 소음 방지를 위한 유의사항은 다음과 같다.

㉮ 출입구는 밀폐하고 도로면을 피하며, 가능한 한 2중문으로 한다.

㉯ 창은 이중으로 한다.

㉰ 지붕과 천장은 차음구조로 한다.

㉱ 영사실은 천장에 반드시 흡음재를 사용한다.

㉲ 공기의 난류에 의한 소음을 방지하기 위하여 덕트(Duct)를 유선화한다.

② 음의 전달 계획

㉮ 실 용적과 객석 수

1,000석 내외 3.5㎥/인, 1,500~2,000석일 경우 5㎥/인 정도의 용적이 요구되며, 1,500석 이상 콘서트홀에서는 5.6㎥/인 이상이 요구된다.

㉯ 평면 형태

무대 쪽으로 좁은 부채꼴형이 좋다. **Echo 현상을 일으키는 원형과 타원형은 별도로 음의 확산 설계가 필요**하다.

③ 단면형에 있어서의 유의 사항

㉮ **직접음과 1차 반사음 사이의 경로 차**(Path Difference)는 **17m 이내**로 계획한다.

㉯ **천장은 음을 객석에 고루 분산시킬 수 있는 형**이어야 한다.

㉰ **발코니 객석 길이는 1/3 이내**로 한다.

㉣ **발코니 저면 및 후면은 흡음에 유의**하도록 한다.

④ 잔향 시간

㉮ 잔향 시간을 조절하여야 한다.

㉯ **잔향 시간은 실 용적에 비례**하고, **흡음력에 반비례**한다. 적정치는 7~9㎥/석 정도이다.

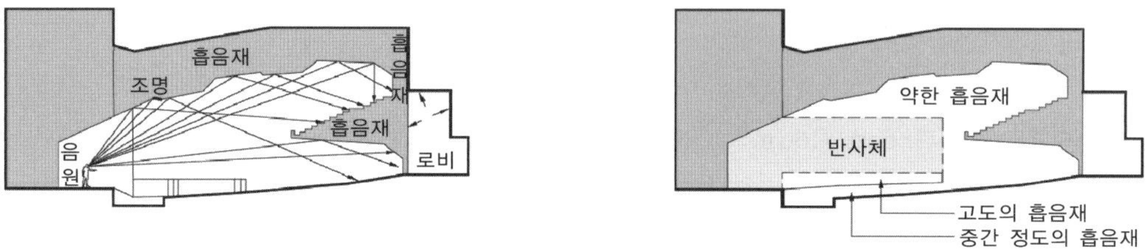

종 단면도상의 흡음재 및 반사재의 사용 부분도　　측면벽의 흡음재 및 반사재의 사용 부분도

그림 Ⅶ-20. 극장 단면에 있어서 음향 계획

Ⅷ. 의료시설

제1장. 병원 건축

Ⅷ. 의 료 시 설

제1장. 병원 건축

1. 병원 건축의 개요

(1) 병원의 정의

우리나라의 의료법에서는 의료기관을 '의료인이 공중 또는 특정 다수인을 위해 의료, 조산의 임무를 행하는 곳'으로 정의하고 있다. 병원은 질병을 앓고 있거나 다쳐서 치료 또는 재활을 받아야 할 사람들에게 필요한 의료진과 설비 및 공간을 갖추고 의료 서비스를 제공하는 장소이며, 의료시설은 이러한 목적으로 설립된 시설을 총칭한다.

[병원의 역사]

*** 서양**

서양에서 병원의 기원은 고대 그리스의 아스클레피온(Asklepion)으로부터 시작된다. 아스클레피온은 진료소 뿐 아니라 신전, 원형극장, 목욕탕 등을 포함하고 있었으며, 중세시대의 의료시설 또한 수도원 등의 종교시설에 부속된 시설로서 병원이라기보다는 자선과 빈민 구제를 위한 시설의 의미가 컸다.

근대적 의료시설은 18세기 시민혁명과 산업혁명을 거치면서 출현하였으며, 19세기 세균학, 병리학, 마취, 수술 등의 발달과 내·외과 의학의 발전 및 직업적 간호제도의 도입과 맞물려 정착되어졌다.

*** 국내**

우리나라의 전통적 의료기관으로는 고려 시대 목종 때 태의감과 예종 때의 혜민국을 들 수 있으며, 조선 시대에 이르러서 태조 때의 제생원, 태종 때 동서활인원이 설치되었다. 우리나라 최초의 서양 근대식 병원은 고종 때 설치된 광혜원(1885)이 기원이라 할 수 있으며 이후 제중원(1885)과 세브란스 병원(1904) 등이 세워졌다.

(2) 의료시설의 종류

의료시설은 의원, 조산원, 병원이 있으며, 이외에도 의료적 치료가 끝났지만 사회 적응이 곤란한 정신질환자나 결핵환자 등을 위한 생활 요양시설, 정신질환자나 노인, 소아를 대상으로 하는 주간 보호 시설인 데이 호스피탈(Day Hospital), 주로 정신질환자를 위한 나이트 호스피탈(Night Hospital), 말기 암환자 등을 위한 호스피스(Hospice) 역시 넓은 의미에 있어 의료시설에 포함된다고 할 수 있다.

① 의원 : 의사, 치과의사 또는 한의사가 주로 외래환자를 대상으로 각각의 의료 행위를 하는 의료시설로서 그 종류로 의원, 치과의원, 한의원이 있다.

② 조산원 : 조산사가 조산과 임부, 해산부, 산욕부 및 신생아를 대상을 보건 활동과 교육, 상담을 하는 의료기관이다.

③ 병원 : **30개 이상의 병상을 갖춘 의료기관 또는 시설**을 의미한다. 병원은 병상 수에 따라 병상 수 100개 미만의 병원과 100개 이상의 병상을 갖춘 종합병원으로 다시 구분되며, 종합병원의 경우 그 규모에 따라 전문의가 전속된 일정 수 이상의 필수 진료과목을 반드시 두도록 규정되어 있다.

2. 병원의 대지 선정 및 배치 계획

(1) 병원의 대지 선정 조건

① 주거전용지역, 유통상업지역과 같이 병원의 건축이 금지된 지역이 아닌 병원 건축이 가능한 용도지역이어야 한다.

② 대중교통 등의 교통망이 잘 갖추어져 있어 환자의 접근이 용이한 곳이어야 한다.

③ 다른 의료권 및 의료시설 간의 연계가 이루어질 수 있는 곳이 좋다.

④ 상하수도, 전기, 가스, 통신 등의 사회 간접 자본이 잘 갖추어져야 한다.

⑤ 소음, 진동, 매연, 악취 등 공해가 적은 조용한 곳으로 쓰레기 등의 처리가 편리한 곳이어야 한다.

⑥ 남향, 동향 혹은 동 · 서향으로 경사지고 전망, 풍경이 양호한 곳이 바람직하며, 충분한 주차면적의 확보와 확장 등이 고려되어야 한다.

(2) 병원의 배치 계획

① 환자, 구급차, 직원, 서비스 등의 동선이 분리하고 신속한 접근이 가능하도록 동선을 단축할 수 있도록 한다.

② 차량 및 보행자의 동선이 구분되어야 하며 휠체어나 목발 등을 사용하는 이용자의 접근에 장애가 없도록 도로와 대지, 출입구의 고 · 저차를 없애도록 한다.

③ 충분한 규모의 주차장을 확보하고 **구급차나 응급환자를 실은 차량이 응급실로 곧바로 접근할 수 있도록 별도의 동선을 확보**하도록 한다.

④ 이용자(환자, 의료인)의 측면에서 주거 존과 진료 존의 구분을 검토하고, 주거 존은 주변의 소음 등의 유해 환경을 차단하기 위한 녹지 및 완충공간의 설치와 함께 조용하고 채광, 통풍이 좋은 곳에 배치하도록 한다.

3. 일반 계획

(1) 병원의 건축형식

① **분관식**(Pavilion Type)

㉮ 배치 형식 : 평면 분산식으로 각 건물은 3층 이하의 저층 건물이며, 외래부, 부속 진료부 병동을 각각 별동으로 하여 분산시키고 복도와 연결시키는 방법으로서 치료와 의사 본위의 병원 형식이다. 각 관별로 전용시설, 진료시설, 사무실 등이 확보되어야 한다.

㉯ 특성

- 각 병실을 남향으로 할 수 있어 **일조, 통풍조건이 좋아진다**.
- **넓은 대지가 필요하며 설비가 분산적이고 보행거리가 멀어진다**.
- 내부 환자는 주로 경사로를 이용한 보행 또는 들것으로 운반한다.

② **집중식**(Block Type)

㉮ 배치 형식 : 외래부, 부속 진료부, 병동을 합쳐서 한 건물로 하고, 특히 병동은 고층으로 하여 환자를 운송하는 방법이다. 현대 대병원의 건축은 이 방식으로 건축된다.

㉯ 특성

- **고층화가 가능해서 도시 지역에 적합**하다.
- **관리가 편리하고 설비 등의 시설비가 적게 든다**.
- 의료, 간호, 급식 등의 서비스가 원활하다.
- **일조, 통풍 등의 조건이 불리해지며, 각 병실의 환경이 균일하지 못하다**.

③ **다익형**

최근 의료 수요 변화, 진료, 설비 기술의 진보 및 변화에 따라 병원 각부의 증·개축이 필요하게 되어 출현하게 되었다.

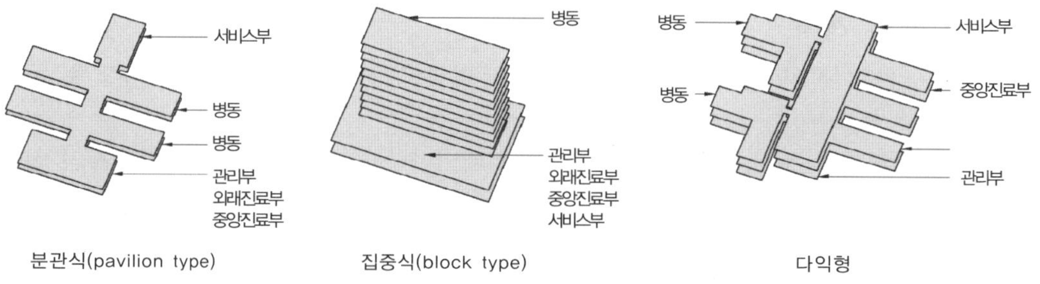

그림 Ⅷ-1. 병원 건축의 형식

표 Ⅷ-1. 분관식과 집중식의 비교

구 분	분관식	집중식
배치 형식	저층, 분산식(별동)	고층, 집약식
환경 조건	양호(균등)	불량(불규칙)
대지의 이용도	비경제적(넓은 대지)	경제적(좁은 대지)

설비 시설	분산적	집중적
관리의 편의성	불편함	편리함
보행 거리	멀다	짧다
적용 대상	**특수 병원**	**도심의 대규모 병원**

(2) 병원의 조직

① **병동부** : 환자를 입원시켜 진료와 간호를 행하는 곳으로 병원의 가장 중요한 부문이다. 병실, 숙직실, 의사실, 간호사 대기실, 면회실 등이 배치된다.

② **중앙진료부** : 입원환자와 외래환자를 다같이 취급하는 곳으로 약국, 수술부, 중앙소독 재료부, 분만부, X선부, 물리요법부, 검사부, 혈액은행, 의료사회부, 구급부, 육아부 등이 배치된다.

③ **외래진료부** : 환자가 일정기간 동안 통원하면서 진찰을 받는 부문이다. 기능 면이나 시설 면에서도 병원의 외래진료 부문이 중요한 위치를 차지한다. 내과, 소아과, 외과, 정형외과, 산부인과, 피부비뇨기과, 이비인후과, 안과, 치과 등이 배치된다.

④ **서비스부**(공급부) : 위의 각 부문의 활동에 대하여 여러 가지 물품을 공급하는 곳이다.

㉮ 급식관계자실 : 주방, 영양사실, 취사장, 냉동실, 조리실, 배선실, 특별 조리실, 식기 세척, 식당, 쓰레기 처리장, 화장실 등

㉯ 세탁 관계 제실 : 세탁실, 건조실, 소독실, 아이론실, 피복 창고 등

㉰ 기계 관계 제실 : 보일러실, 기사실, 연료 창고, 전기실, 공기조화 기계실

㉱ 기타 제실 : 장례식장, 창고시설, 정비 작업장, 매점 등

⑤ **관리부** : 병원장을 중심으로 하는 병원 전체의 관리·운영·유지를 담당하는 부문이다.

㉮ 환자용 : 입구, 주차장, 로비, 대합실, 공중전화, 접수, 통보(교환기), 면회실, 특별 서비스실

㉯ 직원용 : 원장, 부원장실, 사무관리 제실, 입·퇴원 사무실, 간호 부장실, 의사 기록실, 도서실 및 회의실, 의사 담화실, 연구실, 전화 교환실

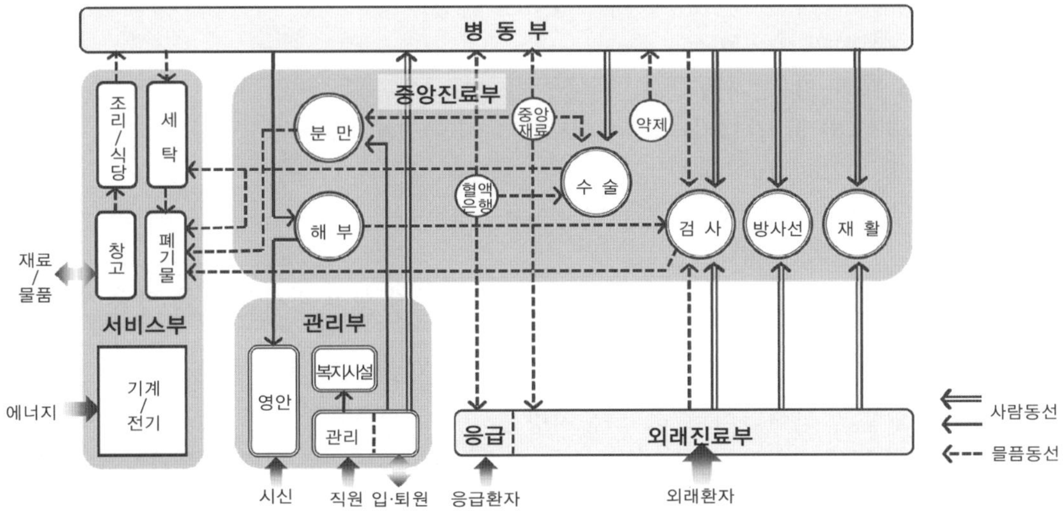

그림 Ⅷ-2. 병원의 주요부 구성

(3) 병원의 각부 면적비

① 전체 면적에서 병동부가 차지하는 면적은 다음과 같이 병원의 유형에 따라 달라진다.
　㉮ 종합병원 : 연면적의 **1/3** 정도
　㉯ 결핵병원 : 연면적의 **1/2** 정도
　㉰ 정신병원 : 연면적의 **1/2** 정도
② 각 부분별 면적비
　㉮ 외래진료 · 사무관리부 : 30~40%
　㉯ 병실부 : 30~40%
　㉰ 부속실 : 15%
　㉱ 간호사 기숙사 : 10%
③ 1병상당 면적 표준 연면적(30~50m²/bed)
　㉮ 전체 면적(외래, 간호사 기숙사 포함) : 43~63m²/bed
　㉯ 병동 면적 : 20~27m²/bed
　㉰ 병실 면적 : 10~13m²/bed
　㉱ 간호사 기숙사 : 12m²/bed

4. 세부 계획

(1) 병동부

① 병실
　㉮ 위치 : 병실은 둘 이상의 계단과 피난계단이 있는 경우를 제외하고는 지하 또는 3층 이상에 설치하지 않아야 한다.
　㉯ 크기
　- 1인용 실 : 6.3m² 이상
　- 2인용 실 : 8.6m² 이상(1인에 대해 4.3m² 이상)
　- 아동실 : 성인의 2/3 이상
　㉰ 병상 1개에 대한 각 면적의 표준
　- 건물 연면적(외래, 간호사 기숙사 포함) : 43~63m²/bed
　- 병동 면적 : 20~27m²/bed
　- 병실 면적 : 10~13m²/bed
　㉱ 병실 계획 시 유의 사항
　- 병실의 천장은 환자의 시선이 늘 닿는 곳으로 **조도가 높고 반사율이 큰 마감 재료는 피한다**.
　- 병실의 조명은 형광등이 반드시 좋은 것이 아니다.
　- 병실 출입문은 안여닫이로 하고 문지방은 두지 않는다.
　- 병실의 출입구는 외여닫이로 하되, 폭 1.15m 이상으로 하여 **침대가 통과할 수 있는 폭**이어야 한다.

- 창 면적은 바닥면적의 1/3~1/4 정도로 하며, 창대의 높이는 90㎝ 이하로 하여 환자가 외부 전망이 가능하도록 한다.
- 환자마다 머리 후면에 개별 조명시설을 하여 직사광선을 피할 수 있도록 하고 실 **중앙에 조명을 설치하는 것은 피하도록 한다**. 또한 병상마다 인터폰, 라이트, 테이블, 로커를 설치한다.
- 구분 : 총실과 개실의 그룹별로 층 구성을 하며 병상 수의 비율은 4:1 혹은 3:1로 한다.

[큐비클 시스템(Cubicle System)**]**

천장에 닿지 않는 커튼이나 칸막이를 써서 총 실을 몇 개의 큐비클로 나누어 Bed를 배치하는 방식

[특징]

- 간호나 급식 서비스가 용이하다.
- 개방감이 있고 북향 부분도 실의 환경이 균등하다.
- 공간을 유용하게 사용할 수 있다.
- 독립성이 떨어진다.
- 면회자들로 인한 실내공기가 오염될 가능성이 크고 시끄럽다.

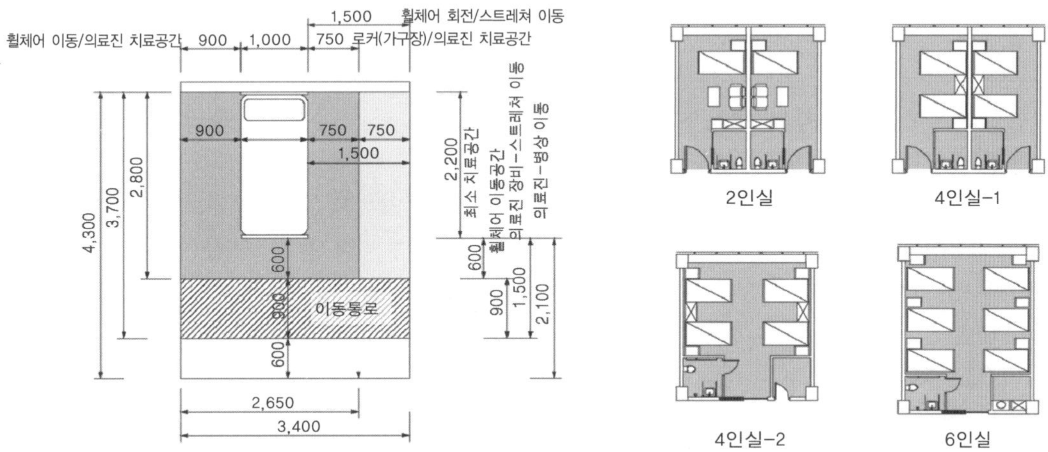

그림 Ⅷ-3. 병상 공간의 크기와 다인실의 평면 계획 예

② 간호 단위(Nursing Unit)

㉮ **1 간호 단위 : 1조**(8~10명)**의 간호사가 간호하기에 적절한 병상 수**로 **25병상**(Bed)**이 이상적**이며 **보통 30~40병상**(Bed)이다.

㉯ 간호사 대기실 : 각 간호 단위 또는 층별, 동별로 설치하며, **간호 작업에 편리한 계단, 엘리베이터에 근접시키며 외인의 출입도 감시**할 수 있게 한다.

㉰ 간호사의 보행거리는 24m 이내로 환자를 돌보기 쉽도록 병실 군의 중앙에 위치하게 한다.

㉱ P.P.C 계획

병동은 환자의 **거주성**과 **치료**라는 2가지 주된 기능이 있으며, 이러한 기능은 환자에게 쾌적한 환경, 프라이버시의 확보, 효과적인 환자의 관찰과 통제, 효율성 및 경제성의 4가지 요소를 만족시켜야 한다. 병을 단계적으로 치료한다는 의미로 병동을 환자의

증세에 따라 몇 개의 단위로 구분하는 방법이다.

· I.C.U(Intensive Care Unit) : 중환자 병동으로 총환자 수의 약 10%를 차지한다.
· I.D.C.U(Intermediate Care Unit) : 거동이 자유롭지 않아 Self Care Unit에 수용할 수 없는 환자로 30~40%를 차지한다.
· S.C.U(Self Care Unit) : 자가 간호 단위로 30~40%를 차지한다.
· L.T.C.U(Long Term Care Unit) : 요양소와 같은 장기 병동으로 총환자 수의 20%를 차지한다.
· C.C.U(Coronary Care Unit) : 심근, 협심증 환자를 대상으로 집중치료하는 간호단위

③ 복도
㉮ 보통 2.1~2.4m가 필요하다.
㉯ 계단 및 계단참의 폭을 120㎝ 이상이 필요하다.
㉰ 계단까지의 보행거리는 주요구조부가 내화구조일 때 50m 이내, 그 이외는 30m 이내이다.

(2) 중앙진료부

① 특성
㉮ 병동부와 외래진료부의 관계를 충분히 고려하여 위치를 정한다.
㉯ 환자와 물건의 동선은 교차되지 않도록 한다.
㉰ 환자의 동선은 이동하기 쉬운 저층에 설치한다.
㉱ 중앙진료부는 **외래부와 병동부의 중간 위치**가 좋으며, 특히 **수술실, 물리치료실, 분만실 등은 통과 교통이 되지 않도록** 한다.
㉲ 약국은 외래진료부, 현관과의 연락이 좋은 곳에 설치한다.

② 구성 : 약국, 주사실, 중앙소독 재료부, X선부, 분만부, 검사부, 구급(응급)부 등으로 구성된다. 보통 오래 환자들이 이용하기 쉬운 장소로 출입구 부근이 좋다.

㉮ **수술실**

- 기능 및 위치
  · **외래와 병동의 사이에 중앙진료부와 가까운 부분에 위치**하여 쌍방이 모두 이용하게 한다.
  · **타 부분과 통과 교통이 되지 않는 Cul-de-sac 부분**에 둔다.
  · 중앙 소독공급부(Supply Center)와 수직 또는 수평적으로 근접한 부분에 둔다.
  · 관리가 편리하도록 **대, 중, 소 여러 개의 수술실을 관계 부속 설비와 같이 집중배치**한다.
  · 병동 및 응급부에서 환자 수송이 용이한 곳에 위치시킨다.
- 계획상의 요점
  · 규모 : 100병상에 대하여 대, 소 수술실 각 1개씩 설치하고 50병상 증가 시 1실씩 증가한다.
  · 수술실의 크기 : 대 수술실 6.0m×6.0m, 소 수술실 4.5m×4.5m
  (모든 설비는 수술대를 중심으로 배열하고 작업하는 데 충분한 넓이일 것)
- 창 : 직사 일사 광선을 피하고 밝기는 일정하게 방위와는 무관하게 한다.
- 조명 : 인공조명을 주로 이용하고 **무영등을 사용**한다.
- 출입구 : 양 여닫이로 1.5m 전후의 폭으로 하고 손잡이는 팔꿈치 조작식으로 하되

자동문으로 하고 내부를 엿볼 수 있는 유리가 낀 작은 구멍을 설치한다.

- 벽 : **실내 벽의 재료는 피의 보색인 녹색계 타일로 하여 적색의 식별이 용이**하도록 한다.
- 바닥
  - · **수세에 편리한 재료** 사용(타일, 테라초 갈기, 카본계 타일, 염화비닐계 타일 등)
  - · 폭발성 마취약 사용으로 전기 S/W 등 **모든 전기기구를 스파크 방지 장치가 붙은 것을 사용**하고, **바닥도 전기 도체성 타일을 사용**한다. 콘센트의 위치는 1m 이상 사용한다.
- 부속실 : 소독실, 수세실, 세척실, 기계실, 마취실, 검사실, 갱의실

㉯ **중앙 소독재료부** : 의료기계, 자재, 수술용 자재 등을 소독, 저장하여 요구에 의해 공급하는 곳으로 수술부 부근에 위치하며 또한 병동의 Nurse Station과도 인접된다.

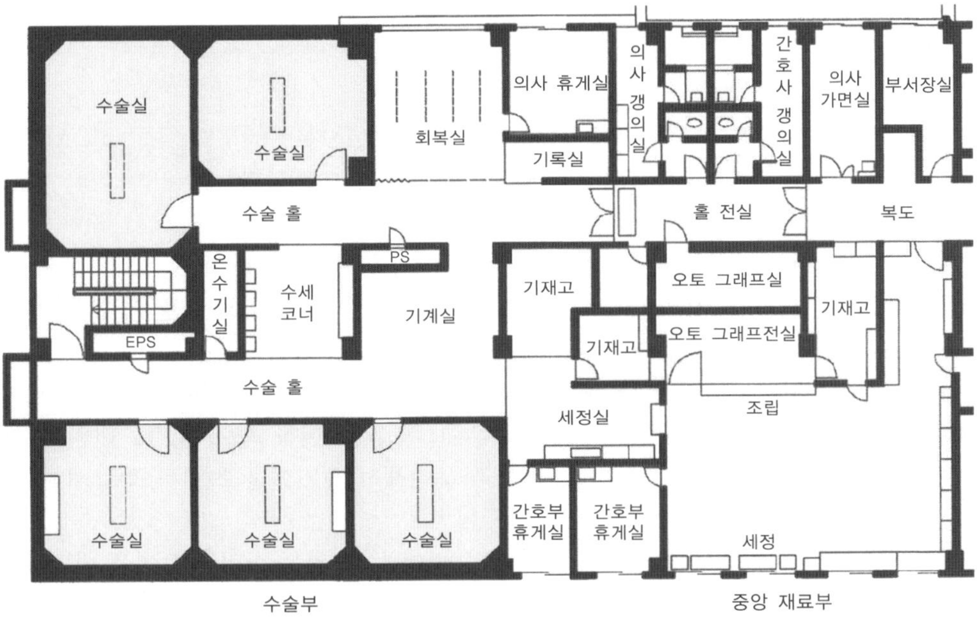

그림 Ⅷ-4. 수술실과 중앙 소독재료부 계획 예

㉰ 분만부 : 수술실과 같은 고려가 필요하며 산과 병상(20 병상 이하당) 1실 이상이 필요하며, 10병상당 1실의 진통실이 필요하다.

㉱ 약국 : 외래환자 및 입원 각 환자에게 약제를 공급한다. **외래 출입구 부근에 설치하며 간호사실로부터도 이용이 편리**해야 한다.

㉲ 방사선부 : 외래환자에 편리한 위치에 설치한다. 벽, 바닥, 천장은 **연판으로 피복**한 후 콘크리트로 처리한다.

㉳ 물리치료부 : 외래환자가 많고 치료 시간이 길다는 것을 유념하여야 하며 이용에 편리한 1층에 둔다.

㉴ 검사부 · 혈액은행 : 병동과 외래에서 가까운 위치가 좋고 북향을 취한다.

㉵ 의료사업부

㉶ 구급부(응급부)

- 병원의 **출입구는** 입원, 외래, 관리 이외에 **구급부에 별도로 설치**한다.
- **구급용 출입구는 입원환자의 눈에 띄지 않으며, 구급차가 접하여 환자를 옮기는데 충분한 넓이**로 하고 처리실, X선부, 수술부와는 짧은 동선으로 이어지는 위치에 둔다.

㉶ 육아부 : 산과의 중앙에 배치하며 분만실과는 격리시킨다.

(3) 외래진료부

① 외래진료부의 운영방식

㉮ 오픈 시스템(Open System): 종합병원 근처의 일반 개업 의사는 종합병원에 등록되어 있어서, 종합병원 내의 큰 시설을 이용할 수 있고 자신의 환자를 종합병원 진찰실에서 예약된 장소와 시간에 행할 수 있으며 입원시킬 수 있는 제도이다.

㉯ 클로즈드 시스템(Closed System): 대규모의 각종 과를 필요로 하며 우리나라의 종합병원의 외래진료방식이다.

② 계획상의 요점

㉮ 환자가 이용하기 편리하도록 1층 또는 2층 이하에 둔다.

㉯ 부속 진료시설을 인접하게 하여 이용상의 편리함을 도모한다.

㉰ 임상검사, X선 촬영, 투시, 소수술, 주사 등은 각과 공동으로 한다.

㉱ 중앙 주사실, 회계, 약국 등은 정면 출입구 근처에 설치한다.

㉲ **내과 계통**은 진료 검사에 일정 시간이 필요하기 때문에 **소 진료실을 다수 설치**한다.

㉳ **외과 계통** 각과는 1실에서 **여러 환자를 볼 수 있도록 대실**로 한다.

㉴ 실의 깊이는 이비인후과, 치과 등은 4.5m, 기타는 약 5.5m로 한다.

㉵ 창틀 높이 75~90㎝, 창 면적은 바닥면적의 1/7~1/5, 천장 높이 2.7m 내외로 한다.

㉶ 동선을 체계화하고 대기 공간을 통로 공간과 분리해서 대기실을 독립적으로 배치하면서 프라이버시를 확보하도록 한다.

㉷ 실내환경에 대한 배려로서 환자의 심리 고통을 덜어줄 수 있는 심리적 요인을 반영시킨다.

㉸ 불확실한 미래의 요구에 대비하기 위해서는 확장, 용도 변경 등에 대응할 수 있는 기본적인 방향을 수립해야 한다.

㉹ 전체 병원에 대한 외래부의 면적 비율은 10~15% 정도로 한다.

③ 각 과별 계획

㉮ **내과** : 소아과와 격리되고 임상실험실, 외래 X-ray실과 인접한다. 진료에 시간을 요함으로 소 진료실을 여러 개 설치한다. 결핵 등 전염 질환은 별도의 실을 준비한다. 환자는 **탈의를 하므로 충분한 난방을 필요**로 한다.

㉯ **소아과** : **전염성 질환 환자와 완전 격리**하고 소음에 유의하며 남쪽에 배치한다. **부모가 동반하므로 충분한 넓이가 필요**하고, 소란스러우므로 **타 부분에 영향을 미치지 않도록 격리 배치**한다.

㉰ **외과** : **진찰실**과 **처치실**로 구분한다. 진찰실은 초진, 재진으로 구분한다. 외래 수술실에 인접하여 배치하며, 1층 또는 수술실 가까이에 둔다.

㉱ **정형외과** : X-ray실과 인접하게 배치하며, **대합실 내 보호자의 부축 공간이 필요하므로**

다른 진료실보다 넓은 면적이 필요하다, 보행에 부자유한 환자가 많으므로 되도록 최하층에 두고, **미끄러질 염려가 있는 리놀륨이나 경사로 등은 피한다**.

㉲ **산부인과** : 임산부를 주로 돌보는 산과와 부인병을 주로 치료하는 부인과로 구분되며 **실 전체를 다른 환자들로부터 완전 격리**하고 **회복실**을 둔다.

㉳ **이비인후과** : 남측 광선을 차단하고 **북측 채광**을 하되 소수술 후 회복하는 침대를 설치한다. 청력검사용 방음실을 둔다.

㉴ **피부비뇨기과** : 피부과와 비뇨기과로 구분되며, 진찰실과 처치실을 각각 설치한다. 비뇨기과에는 검뇨실과 인접하여 채뇨할 수 있도록 화장실과 인접시키고 광선치료실 · 방광경실 등을 설치한다.

㉵ **안과** : **북측**이 좋고 **시력검사를 위해 진찰실의 한쪽 길이는 5m 정도의 거리를 확보**한다.

㉶ **치과** : 진료실, 기공실, 휴게실을 설치하되 X선 기계는 1m 각의 장소를 차지한다. 진료실은 북측이 좋으며, 1실에 여러 대의 진료 의자를 설치할 때에는 상호간 간단한 칸막이를 설치하는 것도 좋다. 기공실은 별도 배기 설비를 한다.

(4) 서비스부

조리실, 영양사실, 식당, 재료 검수 및 보관고, 재료 하치장, 세탁실 등이 필요하다.

① 입원환자용 주방, 배선실 및 덤웨이터를 설치한다.
② 직원 및 방문객용 식당 : 종합병원 규모에 설치하는 것이 효과적이다.
③ 물품 반입을 위한 동선을 고려한다.
④ 식당 규모 : 0.45~1.1㎡/bed
⑤ 급식 방식 : 중앙 배선방식은 환자에게 적당량의 식사와 영양, 식이요법 등을 제공할 수 있는 장점이 있다. 식사 배달 중 음식의 보온과 식기 회수의 어려움이 단점이다.
⑥ 세탁실 : 인원 환자의 린넨을 세탁하여 공급한다.
⑦ 기타 : 창고, 기계실, 화장실, 서비스부 직원 휴게실, 샤워실 등

(5) 관리부

병원 전체의 조직 운영과 안내, 진료관리, 인사관리, 시설관리, 정보관리, 사무관리 등의 기능과 대외 업무의 기능을 가진다.

① 현관, 로비, 대기실, 안내 데스크 등에서 이용자가 접근하기 쉬운 위치에 계획한다.
② 안내 데스크, 입 · 퇴원 수속실, 사무실, 회의실, 세미나실, 강당, 휴게실, 경비실 등을 계획한다.

Ⅸ. 산업시설 및 기타 계획

Ⅸ. 산업시설 및 기타 계획

제1장. 공장 건축

1. 일반 계획

(1) 배치 및 확장 계획

① 공장의 위치
㉮ 교통이 편리할 곳
㉯ 노동력의 공급이 원활한 곳
㉰ 잔류물의 폐수처리가 용이한 곳
㉱ 동력원의 이용이 편리하고 원료의 공급이 쉽고 풍부한 곳
㉲ 지반이 양호하고 배수가 좋을 곳
㉳ 지가가 저렴한 곳이 좋다.

② 작업장의 배치
㉮ 공장 작업장의 배치가 생산 능률에 주는 영향이 크므로 각 건물의 배치는 공장 작업내용을 충분히 검토한 후 결정하는 것이 바람직하다.
㉯ 장래 계획, 확장 계획을 충분히 고려해서 배치 계획을 한다.
㉰ 이상적으로 대지 내의 전체 종합계획을 하고, 그 일부로서 현 계획을 한다.

③ 작업장의 배치 시 고려사항
㉮ 원료 및 제품을 운반하는 방법, 작업 동선을 고려한다.
㉯ 동력의 종류에 따라 배치하는 계통을 합리화한다.
㉰ 생산, 관리, 연구, 후생 등이 **각 부분별 시설을 명쾌하게 나누고 유기적으로 결합**시킨다.
㉱ **견학자의 동선을 고려**한다.
㉲ 대규모 공장에서 여러 종류의 작업이 포함하는 경우 **가장 중요한 작업에 대하여 가장 유리한 위치**에 배치한다.

④ 확장 계획
㉮ 공장 설계 시 전체 종합계획(Master Plan)을 수립할 것
㉯ 입체적 환경이 예측될 경우 구조물 설계에 미리 고려할 것
㉰ 부대설비의 용량(Capacity)을 확장 계획에 반영하도록 고려할 것

(2) 공장 건축의 형식

공장 건축의 형식은 분관식(Pavilion Type)과 집중식(Block Type)이 있으며 그 특성은 다음과 같다.

표 IX-1. 공장 건축의 형식

분관식(Pavilion Type)	집중식(Block Type)
· **건축 형식, 구조를 각기 다르게 할 수 있다.** · 공장의 **신설, 확장이 비교적 용이**하다. · 배수 및 물 홈통 설치가 용이하다. · **통풍, 채광이 좋다.** · **공장 건설을 병행할 수 있으므로 조기 완성이 가능** · 화학공장, 일반기계 조립공장, 중층 공장(重層工場)의 경우에 많다.	· **내부 배치 변경에 탄력성**이 있다. · **공간의 효율이 좋다.** · **운반이 용이하고 흐름이 단순**하다. · **건축비가 저렴**하다. · 일반기계 조립공장, 단층 건물이 많으며, 평지붕 무창 공장에 적합하다.

2. 평면 계획

(1) 공장 건축의 레이아웃(Layout) 형식

① 레이아웃(Layout)의 개념

㉮ 공장 생산에 있어서 그 공정의 합리화로 위해 중심이 되는 기계나 설비의 배치 방법을 결정하는 것을 뜻한다.

㉯ 공장 사이의 여러 부분, 작업장 내의 기계 설비, 작업자의 작업 구역, 자재나 제품을 두는 곳 등 상호관계의 검토가 필요하다.

㉰ 넓은 뜻으로는 생산 작업뿐만 아니라 사무 업무, 복리 후생, 보건 위생, 문화 관리 등 광장의 전반적 시설을 따른다. 현대는 작업 과정의 유동화, 자동화와 더불어 레이아웃도 한층 복잡해지고 있다.

㉱ 레이아웃은 공장 생산성에 미치는 영향이 크므로 공장 배치계획, 평면계획은 레이아웃을 건축적으로 종합한 것이 되어야 한다.

㉲ 레이아웃은 장래 공장 규모의 변화에 대응한 융통성(Flexibility)이 있어야 한다.

② 레이아웃 형식

공장의 레이아웃 유형과 특징은 다음과 같다.

표 IX-2. 공장의 레이아웃의 유형

형 식	특 징
제품 중심 (연속 작업식)**의** **레이아웃**	· **생산에 필요한 모든 공정, 기계 기구를 제품의 흐름에 따라 배치하는 방식** · 장치 공업(석유, 시멘트), 가전제품 조립공장 등 · 특징 －**대량 생산에 유리하고, 생산성이 높**다. －공정간의 시간적, 수량적 균형을 이룰 수 있고, 상품의 연속성이 유지된다.
공정 중심 (기계 설비 중심)**의** **레이아웃**	· **동종의 공정, 동일한 기계, 기능이 유사한 것을 하나의 그룹으로 집합시키는 방식** · **다종 소량 생산으로 예상 생산이 불가능한 경우나 표준화가 행해지기 어려운 경우에 채용**된다. · 특징 : 생산성이 낮으나 **주문 생산 공장에 적합**하다.

고정식 레이아웃	· **주가 되는 재료나 조립 부분품이 고정되고, 사람이나 기계가 이동해 가며 작업을 하는 방식** · 특징 : **선박, 건축 등과 같이 제품이 크고, 수량이 적은 경우에 적합**하다.
혼성식 레이아웃	위의 방식이 혼성된 형식

3. 구조 계획

(1) 공장의 형태

① 단층 공장 : 톱날 모양의 지붕 및 천창이 있는 형태로 무거운 원료나 제품을 취급하는 공장에 적합하며 기계, 조선, 주물 공장 등에 적용된다.

② 중층 공장 : 층수가 많은 건물 형태로 가벼운 원료나 제품을 취급하는 공장에 적합하며 제지, 제약, 제과, 제분, 방직 공장 등에 적용된다.

③ 단층 · 중층 병용 공장 : 단층 공장과 중층 공장을 병용한 건물 형태로 양조, 방적 공장 등에 적용된다.

④ 특수 구조의 공장 : 제품에 따라 결정되는 경우로 제분, 시멘트 공장 등에 적용된다.

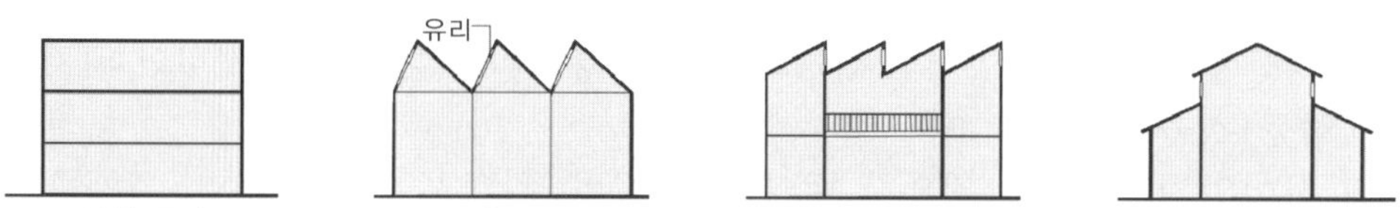

중층 공장 단층 공장 갤러리를 갖는 공장 중기계 제조공장

그림 Ⅸ-1. 공장의 형태

(2) 지붕형식

표 Ⅸ-3. 공장의 지붕형식

형 식	특 징	형 태
평지붕	· 중층식 건물의 최상층에 쓰인다.	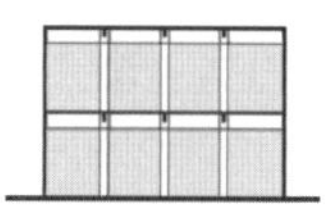
뾰족지붕	· 평지붕과 마찬가지의 동일면에 천장을 내는 방법 · 직사광선을 어느 정도 허용해야 하는 결점이 있다.	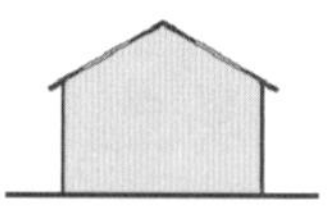
솟을지붕	· **채광 및 환기에 적합**하다. · **채광창의 경사에 따라 채광이 조절되며, 상부 창의 개폐에 의하여 환기량도 조절**된다.	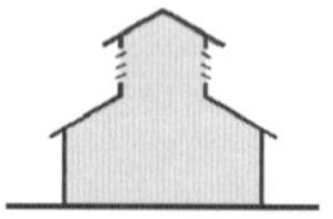
톱날지붕	· **북향으로 하루 종일 변함없는 조도를 가진 약 광선을 수용**하며, **기둥이 많이 필요하므로 바닥면적이 많아진다.** · 기둥 때문에 기계 배치의 융통성 및 작업 능력의 감소를 초래한다.	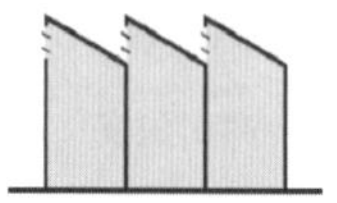

샤렌 구조에 의한 지붕	· **기둥이 적게 소요**되므로 상당한 이용 가치가 있다.	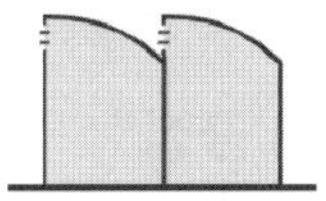

(3) 구조 형식

① 목조

㉮ 소규모 단층 공장(바닥면적 1,000㎡ 이내) 또는 철골 사용 시 녹이 생길 우려가 있을 때 사용된다.

㉯ 스팬 18m 이하, 천장 높이 6m 이내, 주행 크레인 2t 이하에 적합하다.

㉰ 내화, 내구에 어려움이 있다.

② 철근 콘크리트 구조

㉮ 내풍, 내화, 내구적 구조로 중층 공장, 기밀형 공장에 적당하다.

㉯ 단층에서는 스팬 10m 이내가 경제적이고 스팬이 6~7m로 균등해야 한다.

③ 철골조 : 큰 스팬이 가능하여 대규모의 단층 공장, 처마 높이가 높은 것, 주행 크레인을 가진 것 등에는 경제적이므로 많이 채용되고 있다.

④ 철골 철근콘크리트 구조 : 철근 콘크리트 구조보다 스팬, 층 높이를 크게 할 수 있으나 고가이다.

⑤ 특수 구조

㉮ P.S 콘크리트 구조 : 공기를 단축할 수 있으며, 스팬이 길다.(15m 정도)

㉯ 셸 구조 : 큰 스팬의 지붕이 가능하며, **증기 배출 공장에서는 증기가 결로하는 대책으로 사용**하고 있다.

4. 세부 계획

(1) 후생 시설

① 식당 : 식당, 부엌의 소요 면적은 각각 1.0㎡/인, 0.4㎡/인 정도이다.

② 위생시설

㉮ 욕실 및 갱의실

- 이용자 수 : 전 근무자의 50~70%
- 욕장 면적 : 1~2㎡/인
- 세면기 수 : 15~20개/100인
- 갱의실 : 0.5㎡/인

㉯ 화장실

- 변기 수 산정
  - · 남자용 대변기 : 25~30인에 1대
  - · 남자용 소변기 : 20~25인에 1대
  - · 여자용 대변기 : 10~15인에 1대

- 대규모 공장의 변소까지의 보행거리를 최대 50m 이내로 한다.

(2) 무창 공장

① 방적 공장 또는 정밀 기계공장에 적합하다.

② 특징

㉮ **외부로부터 자극이 적어 작업능률을 높이고, 제품의 품질이 향상**된다.

㉯ **실내에서 발생하는 소음은 크다**.

㉰ 공조 시 냉난방 부하가 적게 걸리므로 온·습도 조정 유지비(동력비)가 절감된다.

㉱ 인공조명을 이용하므로 공장 내의 조도가 균일하다.

㉲ 배치 계획에 있어서 방위를 고려할 필요가 없다.

5. 채광 및 조명 계획

자연채광과 인공조명을 적절히 혼용하여 조절하며, 인공조명은 자연채광에 비해 피로감을 많이 주므로 될 수 있는 대로 자연광을 받는 것이 좋다.

(1) 자연 채광

① 적정 조도, 조도 분포, 시간적 변동 유무, 현휘 유무 등을 체크한다.

② 건물의 폭이 클 경우는 측면창에 의한 채광만으로는 부족하므로 천창(Top Light)을 고려한다.

③ 기계류를 취급하므로 가능한 한 창을 크게 한다.

④ 톱날지붕의 채광방법을 이용하여 천창은 북향으로 하여 항상 일정한 광선을 얻도록 한다.

⑤ **입사되는 광선의 손실을 막기 위해 창유리는 빛을 확산시키는 유리**(젖빛 유리, 프리즘 유리)**를 사용**한다.

⑥ 빛의 반사에 대한 벽 및 색채에 유의해야 한다.

(2) 측면 창에 의한 채광

① 개구부를 가능한 한 크게 한다.

② 창의 유효면적을 크게 하기 위해서는 스틸 새시(Steel Sash)가 유리하다.

③ 일반적으로 공장에 있어 특수한 배치 방식에 속한다.

④ 창의 설계는 기능한 한 동일 패턴의 창을 반복하는 것이 좋다.

(3) 인공조명

공장 내에 인공조명을 이용하여 균일한 조도를 유지하면 눈의 피로감을 줄일 수 있다.

① 일반조명 : 실내를 균일하게 조명한다.

② 국부 일반조명 : 실내의 각 소요 부분을 균일하게 조명한다.

③ 국부조명 : 기계 또는 특수한 부분만을 채광하는 것이며, 정밀한 작업에는 꼭 필요하다. 이 경우 광원의 위치는 종업원의 왼쪽 62㎝ 이내에 두는 것이 좋다.

제2장. 창고 건축

1. 하역장 형식

표 IX-4. 하역장의 형식 분류

형 식	특 징	평면 형식
외주 하역장식	· 외주 주위에 수 · 육운이 편리해야 한다. · **채광 조건이 좋은 장소에서 포장을 고칠 수 있다.** · 해안 부두 등 대규모 창고에 적당하다.	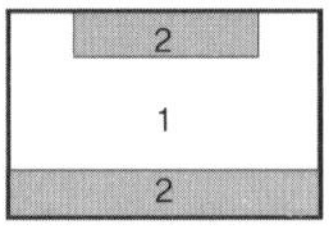
중앙 하역장식	· 각 창고가 **모두 하역장까지의 거리가 평준화**되므로 짐의 처리, 판매가 비교적 빠르다. · **일기에 관계없이 하역할 수 있으나 채광상 불리**하다.	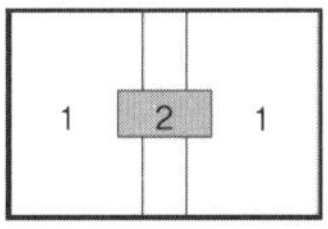
분산 하역장식	· 비교적 소규모 창고에 적합하다.	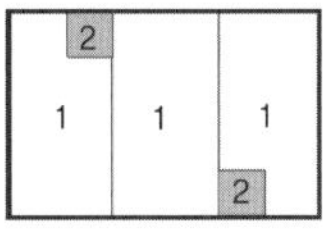
무인 하역장식	· 수용 면적이 가장 크고 직접 화물을 창고 내에 반입할 때 기계(호이스트, 크레인)의 수량도 비교적 많이 필요하다. · 일고 일기(一庫一基)가 고장일 때 가장 불편하다.	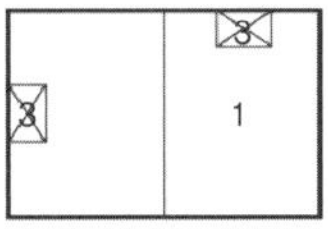

* 1.보관실, 2.하역장, 3.화물용 엘리베이터

2. 보관실

(1) 보관실의 적정 면적

표 IX-5. 화물의 종류에 따른 보관실의 적정 면적

구 분	적정 면적
대량 화물	600㎡
소량 화물	150~300㎡
고가품실	15~30㎡

(2) **부대시설**(계단, 엘리베이터, 사무실, 복도, 인부 대기실 등) **면적**

창고 연면적의 20~25% 정도로 설정하며, 창고가 커질수록 이 비율은 낮아지는 것이 보통이다.

(3) 기타

표 Ⅸ-6. 창고의 설치 기준

구 분	내 용
바닥 높이	· 습기 방지를 위해 지반면으로부터 20~30㎝ 이상 높게 설치한다. · 바닥면의 실의 중앙부는 주변보다 5~15㎝ 높여 바닥 전체에 구배를 두어 배수가 용이하도록 하도록 한다.
기둥 간격	· 5.5~7m 간격의 철근 콘크리트조가 일반적이며, 기둥 배치는 정사각형이 유리하다.
천장 높이	· 주요 화물의 적하고에 하역 작업에 필요한 여유 60~90㎝를 더한다. · 단층 건물(중층 건물의 1층)은 3.6~9m 정도, 중층 건물의 기준층은 3~7m 정도로 계획한다. · 최상층은 복사열 완화를 위해 기준층보다 층고를 0.3~0.9m 정도 높게 계획한다.
지 붕	· 채광, 환기, 통풍상 뾰족지붕이 적당하다.

제3장. 주차 계획과 유니버설 디자인

1. 주차 계획

(1) 용어 정리(주차장법)

① 노상 주차장 : 도로의 노면, 교통광장 중 교차점 광장에 설치된 것
② 노외 주차장 : 노상 주차장 설치 장소 이외의 곳에 설치된 것
③ 부설 주차장 : 건축물, 골프 연습장 및 기타 주차 수요를 유발하는 시설에 부대하여 설치되는 주차장
④ 기계식 주차장 : 노외 주차장 및 부설 주차에 설치하는 기계설비로서 자동차를 주차할 장소로 이동시키는 주차장

(2) 주차장의 종류 및 형태

주차장의 설치 위치 및 이동 방식 등에 따라 다음과 같이 분류된다.

표 Ⅸ-7. 주차장의 설치 위치 및 이동 방식에 따른 분류

설치 위치에 따른 분류	노상 주차장, 노외 주차장, 부설 주차장	
이동 방식에 따른 분류	자주식 주차장	지하식, 지평식, 건축물식(공작물식 포함)
	기계식 주차장	지하식, 건축물식(공작물식 포함)

(3) 주차 방식

주차 방식에는 차를 직접 주차시키는 자주식 방식과 기계 설비를 이용하여 주차시키는 기계식 주차 방식이 있다. 자주식 주차방식에는 완전 자주식과 반(半) 자주식 방식이 있다.

표 Ⅸ-8. 주차 방식에 따른 주차장의 분류

자주식 주차방식	완전 자주식	· 일방통행으로 단시간 내에 많은 차량처리가 가능하다. · 승강을 위한 경사로가 필요하고 차로 및 주차 공간이 많이 필요하다.
	반 자주식	· 경사로 대신 1층을 효율적으로 사용하기 위해 엘리베이터로 목적하는 층까지 승강하여 주차시키는 방식이다.

기계식 주차방식	장점	· 차고 내에 사람이 들어가지 않아도 되는 점이 안전하다. · 평면적으로 차도 부분이 없고 또 차간 거리도 필요하지 않고 입체적으로도 최저의 높이이므로 공간의 이용률이 크다.
	단점	· 기계식이므로 고장 발생이 우려되고 공중음(空中音)이나 고체음이 발생한다. · 출입에 시간이 걸리고 기계 설비 및 건설비와 관리비가 높다.

(4) 주차 형식

도로와 주차구획과의 관계에 따라 주차 형식은 평행 주차, 45° 대향 주차, 60° 대향 주차, 직각 주차로 나누어지며 그에 따른 필요한 주차구획 및 도로의 폭은 다음 그림과 같다.

(5) 주차장의 단위 주차구획

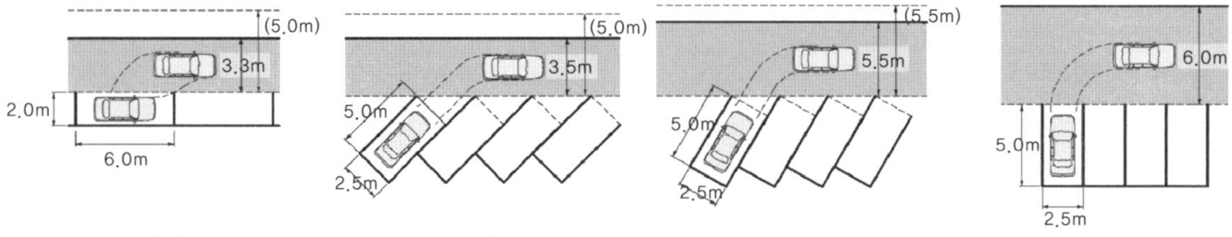

그림 Ⅸ-2. 주차 형식별 주차구획의 크기와 도로 폭

표 Ⅸ-9. 주차 방식에 따른 주차구획의 크기

구분	주차 방식	단위 주차구획
일반 주차장	평행 주차식 이외의 경우	2.5m×5.0m 이상(경차형 : 2.0m×3.65m 이상)
	평행 주차식인 경우	2.0m×6.0m 이상(경차형 : 1.7m×4.5m 이상)
		2.0m×5.0m 이상 주거지역의 보도와 차도의 구분이 없는 도로인 경우
장애인 전용 주차장	3.3m×5.0m 이상(평행 주차식의 경우는 제외)	

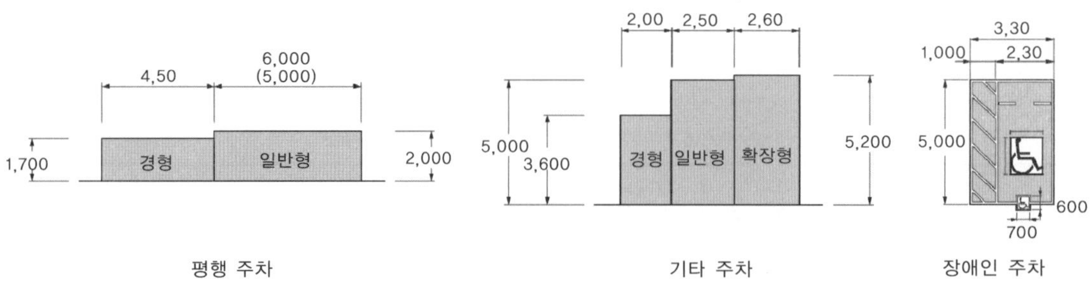

그림 Ⅸ-3. 단위 주차구획의 크기

(6) 주차 계획의 주요 내용

① 일반식 주차인 경우는 차도가 **일방 통행일 때는 3.5m 이상, 양측 통행일 때는 5.5m 이상**이어야 한다.

② **경사로의 경우 그 경사도는 1/6 이하**여야 하며 경사로 바닥 마무리는 거친 면으로 한다.

③ **경사로 굴곡부의 회전반경**은 **안쪽이 6.0m 이상**이어야 한다.

④ 지하 주차장인 경우 **차로의 높이는 2.3m 이상**으로 하며, 주차 부분의 보 및 각종 설비를 설치한 공간 및 높이를 제외한 **순수 주차 부분의 높이는 2.1m 이상**이어야 한다.

⑤ 1대의 주차 면적은 직각 주차를 기준으로 폭 2.5m 이상, 길이 5.0m 이상으로 한다. 주차 형식에는 평행, 직각, 60°, 45° 주차 등이 있다.

⑥ 45° 주차는 불필요한 공간(Dead Space)이 많아지므로 꼭 필요한 경우가 아니면 피하도록 한다. 직각 주차가 주차 면적이 일반적인 경우에 가장 적게 소요된다.

⑦ 지하 주차장의 기둥 간격은 구조의 형식(철골 구조, 철근 콘크리트 구조 등)과 기둥 사이에 설치되는 주차대수에 따라 폭, 차로의 폭을 고려하여 결정하도록 한다.

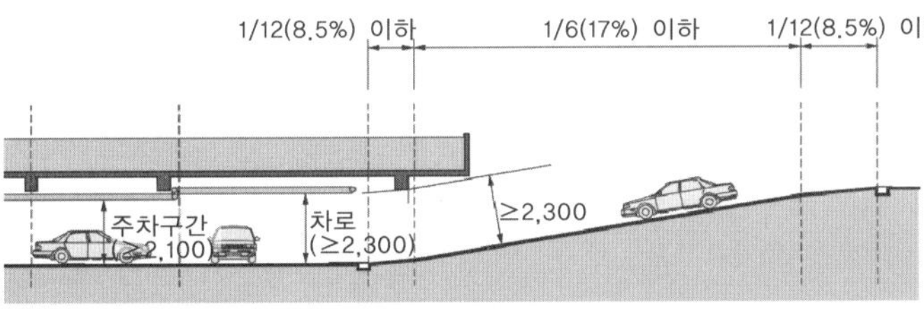

지하 주차장의 단면 구조

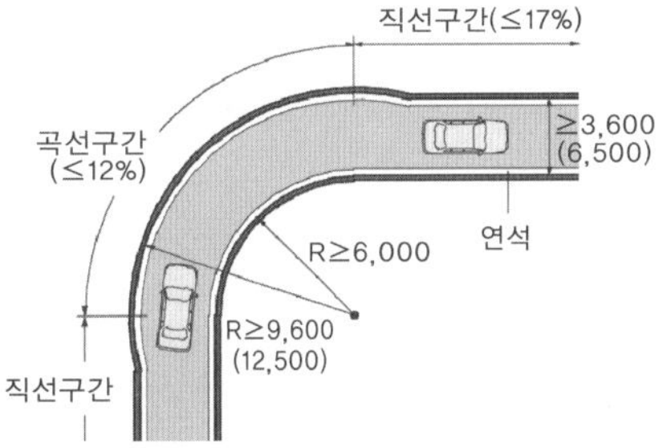

곡선 경사로의 크기

그림 IX-4. 경사로(Ramp)와 지하 주차장의 구조

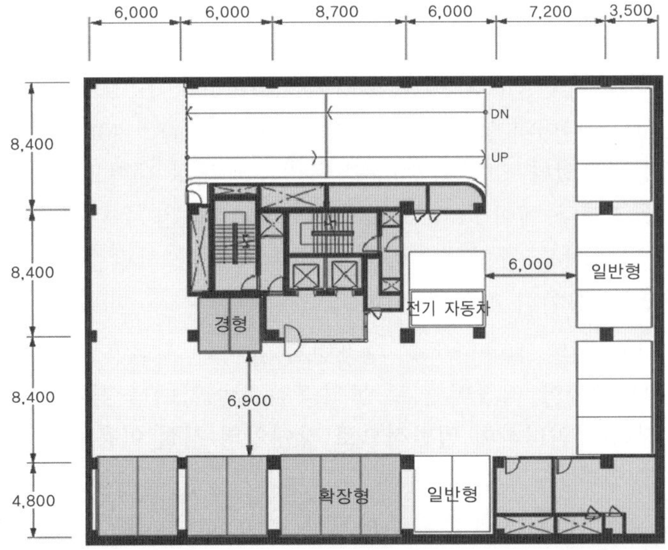

그림 IX-5. 철근 콘크리트 구조의 지하 주차장 평면 계획 예

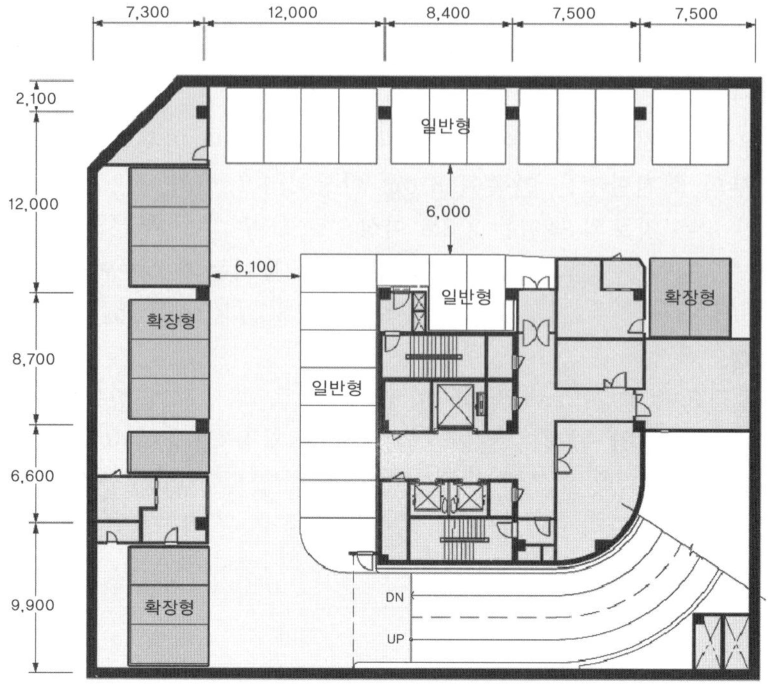

그림 Ⅸ-6. 철골 구조의 지하 주차장 평면 계획 예

2. 유니버설 디자인

(1) 유니버설 디자인의 개념

유니버설 디자인(Universal Design)**의 정의는 제품, 시설, 서비스 등을 이용하는 사람이 성별, 나이, 장애, 언어 등으로 인해 제약을 받지 않도록 설계하는 것을 의미**한다. 유니버설 디자인이라는 최초의 용어는 미국 건축가인 로널드 메이스(Ronald L. Mace)에 의해 사용되었으며 그는 자신의 철학인 "모든 나이와 능력을 위한 디자인"(Design for All Ages and Abilities)을 나타내기 위해 이 용어를 만들었다. 그리고 2012년에 미국 버팔로 대학교의 에드워드 스타인펠드(Edward Steinfeld)와 조다나 메이젤(Jordana L. Maisel) 등은 "유니버설 디자인은 인간의 활동과 보건, 건강, 사회 참여를 증진함으로써 다양한 부류의 사람들이 더 다양한 활동을 할 수 있게 하는 디자인 과정이다"라고 정의하고 있다.

배리어 프리(Barrier-Free) 역시 유니버설 디자인과 유사한 개념으로서 장애인 및 고령자 등의 사회적 약자들의 사회생활에 지장이 되는 물리적인 장애물이나 심리적인 장벽을 없애기 위해 실시하는 운동 및 시책을 의미하며 **일반적으로 장애인의 시설 이용에 장해가 되는 장벽을 없애는 뜻**으로 사용되고 있다.

이와 같이 이들 두 용어의 개념은 매우 비슷하지만 일반적으로 유니버설 디자인의 개념이 배리어 프리의 개념보다 폭넓은 것으로 이해되고 있다.

(2) 유니버설 디자인의 목적

2012년 버팔로 대학교(University at Buffalo)의 포괄 디자인과 환경 접근 센터는 사회 참여, 보건, 건강을 포함하여 위의 유니버설 디자인 원칙에 대한 정의를 확대하고, 증거 기반 디자인에 근거를 둔 유니버설 디자인의 8대 목적을 개발했다.

① 몸에 맞게(Body Fit)
사용자의 체구와 장애와 관련하여 넓은 범위에 맞춘다.

② 편안하게(Comfort)
몸을 움직여 닿거나 잘 알아챌 수 있을 거라고 예상하는 한도 이내를 요구한다.

③ 알 수 있게(Awareness)
사용할 때 중요한 정보를 쉽게 알아챌 수 있겠다는 것이 확실하도록 한다.

④ 이해할 수 있게(Understanding)
작동방식이나 사용법을 직관적이고 명확하게 하고, 애매하지 않게 한다.

⑤ 건강에 도움 되게(Wellness)
질병을 피하고, 위험으로부터 보호함으로써, 보건 증진에 기여하게 한다.

⑥ 사회 통합에 기여하게(Social Integration)
모든 집단에 대해 존엄성을 인정하고 존중하며 대우한다.

⑦ 각자에 맞게(Personalization)
선택 기회를 주고, 개인 선호를 표현할 수 있게 한다.

⑧ 문화에 맞게(Cultural Appropriateness)
문화적 가치와 사회적 환경적 맥락을 존중한다.

(3) 유니버설 디자인의 원칙

노스캐롤라이나 주립 대학교(North Carolina State University)의 유니버설 디자인 센터는 미국 교육부의 국립 장애 재활연구소 후원을 받아 다음과 같은 유니버설 디자인의 7대 원칙을 마련했다. 이 원칙은 접근성 디자인이나 배리어 프리 디자인보다 더 폭넓다고 평가되고 있다.

① 원칙 1 _**공평한 사용**(Equitable Use)
다양한 능력의 사람들에게 유용하고 팔릴 수 있도록 디자인한다.
㉮ (최대한 동일하게) 모든 사용자가 같은 방법으로 사용할 수 있게 한다.
㉯ 어떤 사용자 집단을 다른 집단과 구분하거나, 낙인을 찍지 않는다.
㉰ 모든 사용자에게 프라이버시, 보안, 안전이 동등하게 제공되도록 한다.
㉱ 모든 사용자의 마음에 들도록 한다.

② 원칙 2 _**사용상 유연성**(Flexibility in Use)
개인 선호나 장애, 능력과 관련하여 넓은 범위에 맞출 수 있도록 디자인한다.
㉮ 사용자가 여러 사용 방법들 중에서 선택할 수 있도록 한다.
㉯ 사용자가 왼손잡이든 오른손잡이든 접근해서 사용할 수 있도록 한다.
㉰ 사용자가 정확성과 정밀성을 향상시킬 수 있도록 돕는다.
㉱ 사용자의 보폭이나 속도에 맞출 수 있도록 한다.

③ 원칙 3 _**간단하고 직관적인 사용**(Simple and Intuitive Use)

사용자의 경험이나 지식, 언어, 집중도와 무관하게 이해하기 쉽도록 디자인한다.

㉮ 필요 이상으로 복잡하지 않게 한다.

㉯ 사용자의 기대와 직관에 부합하게 한다.

㉰ 사용자의 읽기 능력이나 언어 종류와 관련하여 넓은 범위에 맞출 수 있게 한다.

㉱ 중요도에 따라 정보를 배열한다.

㉲ 과제를 완료하는 도중이나 이후에 효과적인 피드백를 제공하고 격려한다.

④ 원칙 4 _**알아챌 만큼 충분한 정보**(Perceptible Information)

사용자의 감각 능력이나 환경 조건과 무관하게 사용자에게 충분한 정보를 효과적으로 전달할 수 있게 디자인한다.

㉮ 필수 정보를 충분히 나타낼 수 있도록 여러 방식을 사용한다. (예 : 그림으로 표시하고, 소리로 알려주고, 만져서 알 수 있게 하는 방법)

㉯ 필수 정보와 부가 정보가 적절히 대비되도록 한다.

㉰ 필수 정보에 대해 판독 가능성을 극대화한다.

㉱ 묘사할 수 있는 다양한 방법으로 여러 요소들을 차별화한다. 즉 어떻게 하라고 하거나, 방향을 가리키는 것을 쉽게 한다.

㉲ 감각에 제약이 있는 사람들이 사용하는 다양한 장치나 도구에 상응하도록 한다.

⑤ 원칙 5 _**실수를 감안**(Tolerance for Error)

사용자가 잘못 쓰거나 예상하지 못한 행동을 하더라도 위험이나 역효과가 최소가 되도록 디자인한다.

㉮ 위험과 실수가 최소가 되도록 요소를 배치한다. 가장 많이 쓰는 요소는 가장 접근하기 쉽도록 하고, 위험한 요소는 제거하거나 고립시키거나 방어하는 방식으로 한다.

㉯ 위험이나 실수에 관해 경고한다.

㉰ 실패하더라도 안전하게 한다.

㉱ 주의를 요구하는 일에서는 무의식적으로 행동하지 못하게 한다.

⑥ 원칙 6 _**적은 물리적 노력**(Low Physical Effort)

사용하기 편하고 피로가 줄이도록 디자인한다.

㉮ 균형 잡힌 자세로 사용할 수 있게 한다.

㉯ 적절히 조작할 수 있는 힘으로 사용할 수 있게 한다.

㉰ 반복하는 동작을 최소로 한다.

㉱ 자세를 유지하기 위해 드는 힘을 최소로 한다.

⑦ 원칙 7 _**접근하고 사용하기에 적절한 크기와 공간**(Size and Space for Approach and Use)

사용자의 체구, 자세, 이동성과 무관하게 접근하고 사용하기 편하도록 크기와 공간을 디자인한다.

㉮ 사용자가 앉아 있든 서 있든 중요한 요소들이 잘 보이게 한다.

㉯ 사용자가 앉아 있든 서 있든 모든 구성 요소에 손이 닿도록 한다.

㉰ 다양한 손 크기에 맞춘다.

㉱ 보조 기기나 개인별 보조 장치를 사용할 수 있도록 적절한 공간을 제공한다.

(4) 장애인을 고려한 건축계획

① 출입구 계획

㉮ 계획 방향

- 건물의 출입구는 반드시 단차 없이 접근이 가능하여야 한다.
- 장애인 등의 이용이 가능한 출입구는 유도 및 안내표시를 하여야 한다.
- 시각장애인과 휠체어 사용자는 가능한 분리된 출입문으로 유도되어야 한다.
- 출입구에는 건물과 건물 내 편의시설(특히, 장애인 등의 이용이 가능한 화장실)의 안내표시 또는 안내소가 있어야 한다.
- 외부 출입구 바닥 면은 눈, 비 등으로 미끄러지지 않도록 마감되어야 한다.

㉯ 기준

- 통과 유효 폭 **0.8m는 휠체어가 통과할 수 있는 최소한의 폭**이므로 주 출입구는 가능하면 0.9m 이상이 되는 것이 좋다.
- 출입문 전후의 휠체어 회전공간(활동공간)은 **여닫이문의 경우 열리는 쪽은 1.5m 이상, 반대쪽은 1.2m 이상 확보**하며 **미닫이문은 좌우 폭 1.9m 이상, 깊이 1.2m 이상 확보**하는 것이 좋다.

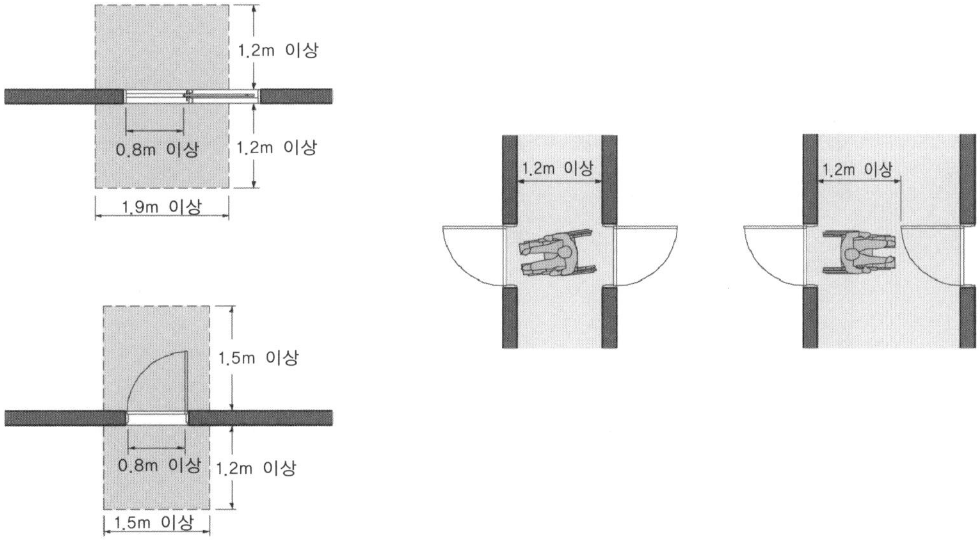

그림 Ⅸ-7. 출입구 활동 공간과 출입구 전면의 유효 거리

② 복도 계획

㉮ 계획 방향

- 최단 거리로 각 실에 도달할 수 있도록 복도를 짧게 한다.
- 복도를 복잡하게 연결하거나 원형 또는 방향 전환이 반복되는 구조일 경우, 시각장애인, 노인, 어린이 등의 이용이 어려워진다.
- 휠체어 사용자와 교행할 정도의 통로 폭이 확보되지 못하면 다양한 사용자의 통행에 어려움을 줄 수 있다.
- 복도는 대부분 어두우므로 턱이나 단차가 있으면 위험할 뿐만 아니라 통행에 어려움을 줄 수 있다.

- 바닥 마감재는 평탄하고 미끄럽지 않아야 하고 양탄자의 경우 지나치게 털이 길지 않아야 한다.
- 시각장애인이 방향을 인지하기에 용이한 구조로 되어야 하고 통로 안쪽으로 돌출물이나 기타 보행 장애물이 없어야 한다.

㉯ 기준

- 바닥 마감 재질은 충격이 적은 재료를 사용하되, 휠체어의 이동에 지장을 주는 털이 긴 양탄자 등은 사용하지 않는 것이 좋다.
- 바닥 마감 재료는 질감, 색상 등을 달리하여 시각장애인의 유도 및 경고용으로 활용할 수 있다.
- 휠체어가 다른 사람의 통행을 방해하지 않도록 하기 위해서는 **출입구 앞에 1.8m 이상의 여유 폭을 확보**하는 것이 좋다.
- **유효 폭 1.5m 미만의 복도는 길이 25m 이내마다 휠체어가 회전할 수 있도록 유효 폭 1.5m 이상을 확보**하는 것이 좋다.
- 유효 폭 1.5m 미만의 복도에서는 휠체어가 방향 전환을 할 수 있도록 **회전 부분의 벽 모서리를 0.3m 이상 사선 방향으로 면 처리**를 하는 것이 바람직하다.

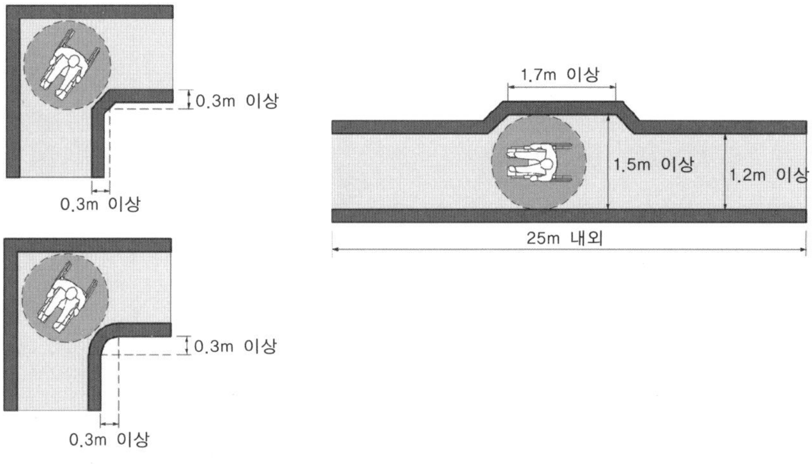

그림 Ⅸ-8. 휠체어 사용자의 방향 전환 및 회전을 위해 필요로 하는 공간

③ 경사로 계획

㉮ 계획 방향

- 휠체어 사용자의 통행에 적합한 위치와 기울기, 폭, 바닥의 마감 상태, 경사로 참, 손잡이 등에 대한 면밀한 배려가 필요하다.
- **다양한 유형의 사용자를 위하여 경사로만 설치하는 것보다는 계단을 병행 설치하는 것이 바람직**하다.
- 경사로를 대피로로 사용하기에는 배연 시설 등 많은 문제점이 있으므로 별도의 피난 대책을 수립하여야 한다.

㉯ 기준

- 모든 이용자의 안전한 수직 이동을 위하여 경사로는 직선 형태로 설치하는 것이 바람직하다.
- 시각장애인의 원활한 층간 이동을 위하여 경사로와 계단을 병행 설치하는 것이 좋다.
- 건물과 연결된 경사로를 외부에 설치하는 경우 기상변화에 대응할 수 있도록 지붕과 차양을 설치할 수 있다.
- **경사로의 기울기는 1/12 이하를 원칙**으로 한다.

그림 IX-9. 난간(Handrail)의 높이와 경사로의 기울기

④ 엘리베이터 계획

㉮ 계획 방향

- 주 출입구에서 눈에 잘 띄는 장소에 설치한다.
- 휠체어 사용자, 어린이, 노인, 시각장애인 등 모두가 이용 가능하도록 배려한다.
- 표준형 휠체어만 이용할 수 있는 휠체어 리프트보다는 누구나 함께 이용할 수 있는 엘리베이터를 우선적으로 설치한다.

㉯ 기준

- 장애인용 승강기는 주 출입구 가까운 위치에 접근 가능한 통로와 연결하여 설치하여 인지와 접근이 용이하도록 한다.
- **승강기 출입문 전면 활동공간의 법적 최소기준은 1.4m×1.4m 이상**이나, 휠체어 사용자들의 원활한 이용을 위하여 **1.5m×1.5m 이상 확보하는 것이 바람직**하다.
- 휠체어의 활동공간과 겹치지 않도록 승강장에는 **승강기 호출 버튼 0.3m 전면에는 시각장애인 등이 인지할 수 있도록 점형 블록을 설치하거나 바닥재의 질감을 달리**하여야 한다.
- 승강기 내부의 유효 바닥면적은 폭 1.6m 이상, 깊이 1.35m 이상으로 하여야 한다.
- **승강기 출입문의 통과 유효 폭은 0.9m 이상**으로 하여야 한다.
- **승강장 바닥과 승강기 바닥의 틈은 3cm 이하**로 하여야 한다.
- 감지기식 개폐 장치의 감지 높이 범위는 바닥 면으로부터 0.3m~1.4m 이내로 하도록 한다.

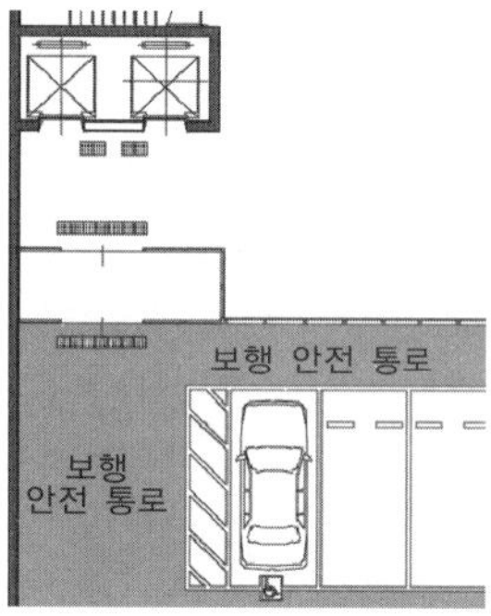

승강기의 설치 장소

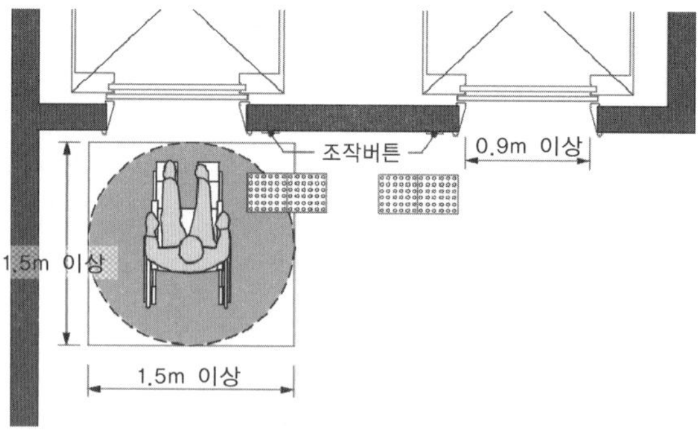

승강기 출입문의 유효 폭

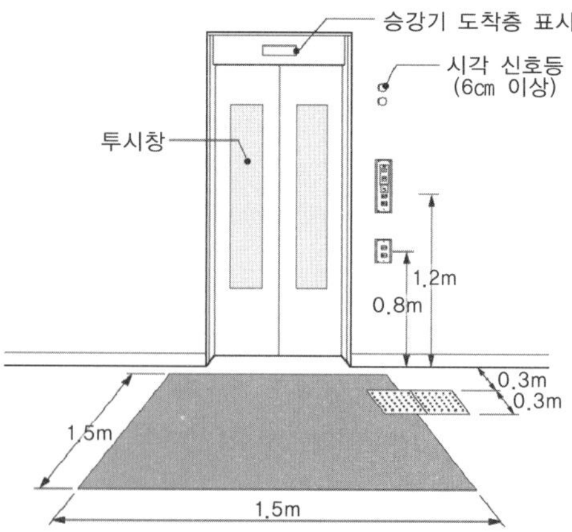

승강기 전면의 활동 공간

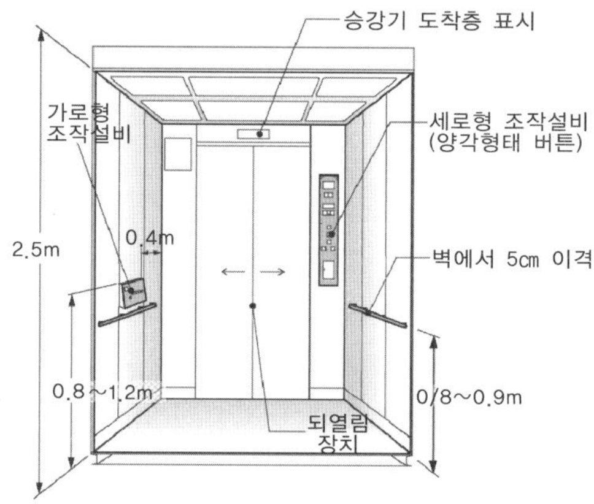

승강기 내부의 조작설비와 손잡이

그림 Ⅸ-10. 장애인을 위한 엘리베이터 계획

⑤ 화장실 계획

㉮ 계획 방향

- 장애인 등의 이용이 가능한 화장실은 휠체어 사용자를 포함한 이동 약자가 이용할 수 있는 다목적 공간으로 설치한다.
- 화장실 내에는 영유아용 거치대 등 임산부 및 영유아가 안전하고 편리하게 이용할 수 있는 시설을 구비하여 설치하여야 하며, 유아 침대 등을 함께 구비하는 것이 바람직하다.

㉯ 기준

- 일반 화장실 내에 설치하는 장애인 등의 이용이 가능한 화장실은 출입구(문)와 가장 가까운 위치에 설치한다.
- 장애인 등의 이용이 가능한 화장실은 별도의 장애인 전용 화장실을 설치하는 것보다 **가능하면 일반 남·여 화장실 내에 각각 장애인 등의 이용이 가능한 화장실을 설치하는 것이 좋다**.
- 화장실 바닥면에 높이 차이를 두어서는 안 된다.
- 바닥 표면은 물에 젖어도 미끄러지지 않는 재질로 마감하여야 한다.
- 원활한 출입을 위해서 출입문 유효 폭은 0.9m 이상 확보하는 것이 바람직하다.

- 화장실의 출입문은 미닫이문 또는 내부 공간이 확보된 접이문, 밖 여닫이문으로 할 수 있다.
- **출입문 전면에 문의 개폐와 휠체어 사용자의 접근 및 회전 등에 필요한 1.5m ×1.5m 이상의 활동공간을 확보**하는 것이 바람직하며, 화장실 잠금장치는 비상시 외부에서 열 수 있는 구조를 확보하는 것이 바람직하다.
- 대변기의 유효 바닥면적이 폭 1.4m 이상, 깊이 1.8m 이상이 되도록 설치하여야 하며, 휠체어의 측면 접근을 위하여 대변기 좌측 또는 우측에는 유효 폭 0.75m 이상의 활동공간을 확보하여야 한다.
- 대변기 양 옆에는 수직 및 수평 손잡이를 설치하되 수평 손잡이는 양쪽에 설치하고, 수직 손잡이는 한쪽에 설치할 수 있다.

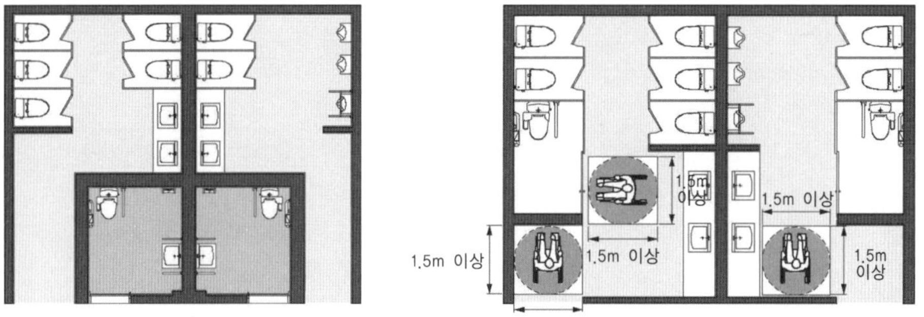

장애인 등의 이용이 가능한 화장실의 독립 설치　　장애인 등의 이용이 가능한 일반 화장실 내 설치

그림 IX-11. 장애인 등의 이용이 가능한 화장실의 설치 예

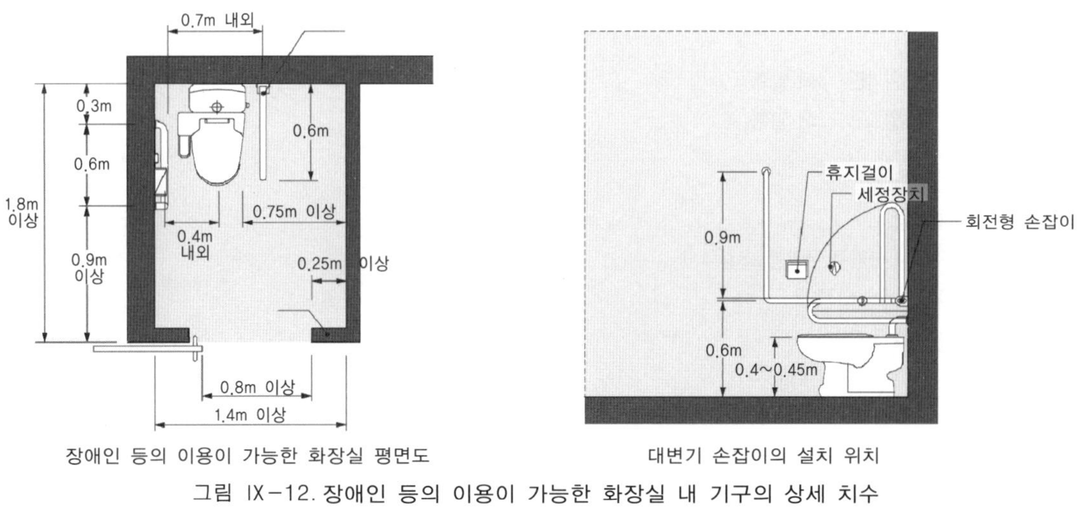

장애인 등의 이용이 가능한 화장실 평면도　　대변기 손잡이의 설치 위치

그림 IX-12. 장애인 등의 이용이 가능한 화장실 내 기구의 상세 치수

건축계획

2020년 8월 15일 1판 1쇄 발행
2026년 2월 25일 2판 3쇄 발행

저 자 김진모
발 행 처 기문당
주 소 서울시 성동구 무학봉 28길 4-1
전 화 02) 2295-6171~2
팩 스 02) 6971-8188
홈 페 이 지 www.kimoondang.com
I S B N 978-89-6225-983-4 93540